现代水声技术与应用丛书

杨德森 主编

水中静态目标声散射信号分析

李秀坤 贾红剑 于 歌 吴玉双 著

科 学 出 版 社

北 京

内 容 简 介

本书系统而深入地介绍了水中静态目标声散射机理的主要理论及其信号处理算法，结合目标声散射的实验结果，建立了与水中目标声散射物理规律相匹配的信号分析与处理的框架。书中围绕水中目标声散射理论、信号处理技术及实验三个方面展开研究，主要内容包括水中目标声散射的基本概念、基本理论，以及声散射特性、目标声散射回波信号时频域特征、多角度声散射特征、水中目标声散射实验研究等。

本书可供从事水声学理论及工程研究的科技人员及高等院校相关专业的高年级本科生、硕士研究生和博士研究生阅读与参考。

图书在版编目（CIP）数据

水中静态目标声散射信号分析/李秀坤等著. —北京：科学出版社，2020.7

（现代水声技术与应用丛书/杨德森主编）

ISBN 978-7-03-062554-0

Ⅰ. ①水… Ⅱ. ①李… Ⅲ. ①水下目标–水声散射–信号分析–研究 Ⅳ. ①O427.2

中国版本图书馆 CIP 数据核字（2019）第 222562 号

责任编辑：王喜军　高慧元　张　震/责任校对：樊雅琼
责任印制：吴兆东/封面设计：无极书装

科学出版社 出版
北京东黄城根北街 16 号
邮政编码：100717
http://www.sciencep.com

北京建宏印刷有限公司 印刷
科学出版社发行　各地新华书店经销
*
2020 年 7 月第　一　版　　开本：720 × 1000　1/16
2024 年 2 月第六次印刷　　印张：15
字数：300 000

定价：118.00 元
（如有印装质量问题，我社负责调换）

丛 书 序

海洋面积约占地球表面积的三分之二,但人类已探索的海洋面积仅占海洋总面积的百分之五左右。由于缺乏水下获取信息的手段,海洋深处对我们来说几乎是黑暗、深邃和未知的。

新时代实施海洋强国战略、提高海洋资源开发能力、保护海洋生态环境、发展海洋科学技术、维护国家海洋权益,都离不开水声科学技术。同时,我国海岸线漫长,沿海大型城市和军事要地众多,这都对水声科学技术及其应用的快速发展提出了更高要求。

海洋强国,必兴水声。声波是迄今水下远程无线传递信息唯一有效的载体。水声技术利用声波实现水下探测、通信、定位等功能,相当于水下装备的眼睛、耳朵、嘴巴,是海洋资源勘探开发、海军舰船探测定位、水下兵器跟踪导引的必备技术,是关心海洋、认知海洋、经略海洋无可替代的手段,在各国海洋经济、军事发展中占有战略地位。

从 1953 年中国人民解放军军事工程学院(即"哈军工")创建全国首个声呐专业开始,经过数十年的发展,我国已建成了由一大批高校、科研院所和企业构成的水声教学、科研和生产体系。然而,我国的水声基础研究、技术研发、水声装备等与海洋科技发达的国家相比还存在较大差距,需要国家持续投入更多的资源,需要更多的有志青年投入水声事业当中,实现水声技术从跟跑到并跑再到领跑,不断为海洋强国发展注入新动力。

水声之兴,关键在人。水声科学技术是融合了多学科的声机电信息一体化的高科技领域。目前,我国水声专业人才只有万余人,现有人员规模和培养规模远不能满足行业需求,水声专业人才严重短缺。

人才培养,著书为纲。书是人类进步的阶梯。推进水声领域高层次人才培养从而支撑学科的高质量发展是本丛书编撰的目的之一。本丛书由哈尔滨工程大学水声工程学院发起,与国内相关水声技术优势单位合作,汇聚教学科研方面的精英力量,共同撰写。丛书内容全面、叙述精准、深入浅出、图文并茂,基本涵盖了现代水声科学技术与应用的知识框架、技术体系、最新科研成果及未来发展方向,包括矢量声学、水声信号处理、目标识别、侦察、探测、通信、水下对抗、传感器及声系统、计量与测试技术、海洋水声环境、海洋噪声和混响、海洋生物声学、极地声学等。本丛书的出版可谓应运而生、恰逢其时,相信会对推动我国水声事业的发展发挥重要作用，为海洋强国战略的实施做出新的贡献。

在此，向 60 多年来为我国水声事业奋斗、耕耘的教育科研工作者表示深深的敬意！向参与本丛书编撰、出版的组织者和作者表示由衷的感谢！

中国工程院院士　杨德森

2018 年 11 月

自　序

目标识别是指从一类目标中分辨某个具体目标的特征及结构，属于模式识别范畴。模式识别问题是许多领域带有共性的问题，其主要任务是对求解对象进行深入分析，透过个性，抓住共性，概括和说明最本质的问题特征，提炼成适合识别系统求解的典型问题。

水下目标识别是水声领域的难题之一。水下目标识别技术是水下信息对抗的重要支撑技术，作为模式识别技术的一个分支，与多数目标识别问题一样，其核心是对目标特征的提取。所提取特征一般应具备良好的可分性、明确的物理含义及对水声环境具有良好的宽容性等。目标特征与产生目标信号的物理机理相关。水下目标声散射产生机理复杂，其特点是目标强度弱，回波随目标尺度、姿态、材质等变化而发生变化。实际探测中水下信道的时空变化特性、强混响和海洋环境噪声干扰等均会影响目标特征的稳定性，降低识别率。为提高对水下目标的识别效果，首先不考虑环境的影响，在自由场条件下提取目标回波中能够表征目标特性的精细的声散射特征，据此建立已知目标的特征数据库。在实际应用中，通过实时信号处理器提取未知目标特征，并将这些特征同数据库的特征进行比较即可作出决策。

本书以自由场环境下的水下静态目标声散射实验研究为基础，总结目标声散射回波信号的产生机理及理论基础、声散射信号特征分析与相应的提取方法。内容包括水下目标声散射理论基础，水下目标声散射回波在小波变换域、时频域与分数阶 Fourier 域内的特性分析，水下目标多角度声散射特征及水下目标自由场水池实验研究。全书共 6 章。第 1 章是绪论，概述水下目标声散射的物理机理研究及信号处理技术应用进展。第 2 章介绍水下目标声散射理论基础，总结目标散射声场微分方程、积分方程及其相关解法，分析典型目标的声散射特性及实验研究。第 3 章讨论小波变换域水下目标声散射回波特性，利用频域连续小波变换、频域离散小波变换提取弹性亮点的频谱干涉结构。第 4 章讨论水下目标声散射回波特征的时频域处理方法，包括改进的 Wigner-Ville 分布、图像形态学、Hough 变换、自适应径向高斯核函数设计及乘积高阶模糊函数设计等方法。第 5 章讨论分数阶 Fourier 变换域内声散射信号特性及对目标散射回波的分辨力。第 6 章讨论水下目标多角度声散射特征，包括目标声散射成分信号分离、弱几何声散射成分时延估计及完整的目标声散射成分时序结构。

作者深切感谢哈尔滨工程大学杨士莪院士等老一辈科研工作者在水下目标探测与识别领域做出的重大贡献。感谢上海交通大学范军教授等在水中目标声散射理论方面的科研成果，为本书工作提供重要的基础理论。本书是作者多年工作成果的总结。本书第 1 章和第 3 章由李秀坤执笔；第 2 章由李秀坤、吴玉双共同执笔；第 4 章和第 6 章由李秀坤、贾红剑共同执笔；第 5 章由李秀坤、于歌共同执笔。本书引用了作者所在课题组李婷婷、夏崚、孙世均、杨阳、李楠、孟祥夏等博士研究生及相关硕士研究生的论文研究成果，在此一并感谢。本书部分重要研究成果得到国家自然科学基金项目"水下小目标声散射全方位特征建模"（项目编号：11774073）的资助。

限于作者水平，疏漏之处在所难免，敬请读者批评指正。

作　者

2019 年 8 月

目　　录

丛书序
自序
第1章　绪论 …………………………………………………………………………… 1
  1.1　概述 …………………………………………………………………………… 1
  1.2　水下目标声散射物理机理及其信号处理方法 ……………………………… 4
    1.2.1　水下目标声散射理论 ………………………………………………… 5
    1.2.2　水下目标信号处理 …………………………………………………… 7
  参考文献 …………………………………………………………………………… 10
第2章　水下目标声散射理论基础 ………………………………………………… 16
  2.1　目标强度 ……………………………………………………………………… 17
  2.2　目标散射声场微分方程及相关解法 ………………………………………… 19
    2.2.1　目标散射声场微分方程 ……………………………………………… 19
    2.2.2　简正级数解 …………………………………………………………… 25
    2.2.3　共振散射理论 ………………………………………………………… 27
  2.3　目标散射声场积分方程及相关解法 ………………………………………… 30
    2.3.1　目标散射声场积分方程 ……………………………………………… 31
    2.3.2　边界元法和有限元法 ………………………………………………… 37
    2.3.3　Kirchhoff 近似方法 …………………………………………………… 39
    2.3.4　亮点模型 ……………………………………………………………… 41
  2.4　典型形状目标声散射特性分析 ……………………………………………… 42
    2.4.1　目标声散射成分及特性分析 ………………………………………… 42
    2.4.2　水下典型形状目标声散射 …………………………………………… 45
  2.5　水中目标声散射实验研究 …………………………………………………… 67
    2.5.1　消声水池悬吊目标散射特性测量实验 ……………………………… 67
    2.5.2　基于亮点模型的实验目标模型声散射特性分析 …………………… 69
    2.5.3　实验目标模型声散射特性理论计算分析 …………………………… 76
    2.5.4　实验目标模型数据处理结果分析 …………………………………… 77
  参考文献 …………………………………………………………………………… 82
  附录 ……………………………………………………………………………… 84

第3章　小波变换域水下目标声散射回波特性分析 ················· 90

3.1　小波变换理论概述 ··· 90

3.1.1　基于 Fourier 分析的小波变换 ······························ 90

3.1.2　小波分析的优势 ··· 90

3.2　小波分析基础 ··· 92

3.2.1　连续小波变换 ··· 92

3.2.2　离散小波变换 ··· 96

3.3　小波变换的目标回波分析 ······································· 102

3.3.1　目标回波频谱结构理论分析 ··································· 103

3.3.2　目标回波频域特性的小波仿真分析 ····························· 107

3.4　实验数据处理 ··· 115

3.4.1　FCWT 处理分析 ·· 115

3.4.2　FDWT 处理分析 ·· 117

参考文献 ··· 118

第4章　时频域水下目标声散射回波特性分析 ··················· 119

4.1　多分量线性调频信号的 Wigner-Ville 分布交叉项去除 ············ 119

4.1.1　Wigner-Ville 分布 ··· 119

4.1.2　WVD 坐标旋转滤波的交叉项去除 ······························ 122

4.1.3　实验数据处理 ··· 130

4.2　时频域图像形态学滤波交叉项去除 ······························· 131

4.2.1　形态学基本运算 ··· 131

4.2.2　目标回波交叉项抑制的形态学方法 ····························· 138

4.2.3　实验数据处理 ··· 141

4.3　WVD-Hough 变换方法 ··· 148

4.3.1　Hough 变换 ··· 148

4.3.2　WVD-Hough 变换的特征提取 ··································· 153

4.3.3　目标回波时频特征选择方法 ··································· 158

4.4　径向高斯核时频分析方法的声散射信号结构提取 ··················· 159

4.4.1　自适应径向高斯核时频分布 ··································· 160

4.4.2　RARGK 时频分析方法 ·· 167

4.4.3　实验数据处理 ··· 173

4.5　乘积高阶模糊函数的声散射信号时频特性分析 ····················· 175

4.5.1　乘积高阶模糊函数 ··· 175

4.5.2　乘积高阶模糊函数核的时频分布 ······························· 179

4.5.3　乘积高阶模糊函数与核函数的设计 ····························· 180

　　　4.5.4　多分量 LFM 信号理想核函数的时频分布 ······· 182
　　　4.5.5　实验数据处理 ···················· 183
　　参考文献 ·························· 188
第 5 章　分数阶 Fourier 变换域水下目标声散射回波特性分析 ······· 190
　　5.1　分数阶 Fourier 变换 ················ 190
　　　5.1.1　分数阶 Fourier 变换的定义 ··········· 190
　　　5.1.2　分数阶 Fourier 变换的相关性质 ········· 191
　　　5.1.3　分数阶 Fourier 变换的数值计算 ········· 192
　　5.2　目标几何声散射回波的分数阶 Fourier 变换 ······ 193
　　　5.2.1　镜反射回波 ··················· 193
　　　5.2.2　棱角反射回波 ················· 195
　　5.3　声散射回波在离散分数阶 Fourier 变换域的分辨 ····· 198
　　　5.3.1　离散分数阶 Fourier 变换域下散射回波的特性 ··· 198
　　　5.3.2　仿真分析 ···················· 200
　　　5.3.3　实验数据处理 ················· 201
　　参考文献 ·························· 204
第 6 章　水下目标多角度声散射特征 ················ 206
　　6.1　目标声散射成分信号分离 ·············· 206
　　　6.1.1　目标回波解调频 ················ 206
　　　6.1.2　仿真分析 ···················· 207
　　6.2　目标几何声散射时延估计 ·············· 213
　　　6.2.1　时延的谱估计方法 ··············· 213
　　　6.2.2　仿真分析 ···················· 215
　　6.3　实验数据处理 ···················· 217
　　　6.3.1　目标回波结构分析 ··············· 217
　　　6.3.2　目标声散射时延估计 ·············· 223
　　参考文献 ·························· 228

第1章 绪 论

1.1 概 述

迄今为止,声呐(sonar)仍是水中最有效的探测设备。随着水下目标向智能化、隐身化、信息化方向的发展,水下目标识别好比"大海捞针",是水声探测识别领域的难题,水下目标的分类与识别已成为现代声呐技术重要的发展方向之一。

声呐是声波导航和测距(sound navigation and ranging)的组合,通常被类比为水下的雷达。凡是利用水下声波进行探测、识别、定位、导航和通信的系统统称为声呐。根据工作方式的不同(系统中是否有发射声波的装置),声呐系统通常又分为主动声呐和被动声呐。主动声呐系统由发射机和接收机组成,发射机向海水中发射特定信息的声信号(发射信号),信号在水中传播时遇到障碍物(目标)就会产生回波信号,某一特定方向上的回波信号传播到接收机处,被接收机采集处理得到目标信息。被动声呐只有接收机,没有发射机,它通过对水下目标辐射的声波进行采集处理得到目标的状态和性质等信息。虽然主被动声呐的工作方式不同,但它们信息传输的物理过程相同,都是由海水介质、被探测目标和声呐设备三个基本部分组成。这些部分中影响声呐设备工作的因素在工程上被称为声呐参数,由声呐参数组成的声呐方程是声呐设计和声呐性能预报的理论依据,在水声领域有着重要应用,相关内容不属于本书关注的重点,在此不再赘述。

水下目标种类繁多,典型的目标包括水雷、鱼雷、潜艇、沉船、鱼群等。一部分目标可以由主动声呐探测,一部分目标可以由被动声呐探测。当目标是声学上的无源体或安静型时,目标声散射回波是唯一可利用的探测信息,这时只能采用主动探测方式。水雷是典型的水中安静型目标。水雷和反水雷是水下军事对抗的重要方面,在历次海战中水雷都发挥了重要的作用。即使在现代高科技战争条件下,水雷在近海防御中仍是维持海上优势的一个关键因素。因此,近几十年来水雷技术发展很快,特别是大深度的沉底水雷对探雷技术提出了新的课题和需求。从国内外的情况看,反水雷技术的发展落后于水雷兵器的发展,这更使水雷探测问题变得日益迫切和重要。以水中典型的安静型目标水雷为例,水中小目标主动探测的特点是:

(1)目标散射强度小;

(2)目标是静止的,无运动信息(如多普勒效应)可以利用;

（3）目标几何尺度小，几何形状多样化。

水雷种类有很多，按其在水下的状态大致分为漂雷、锚雷、沉底雷和掩埋雷。漂雷和锚雷探测的工作背景主要是海洋环境噪声，目标回波与背景噪声的特性差别较大，是水雷较为容易探测的一种状态。探测沉底雷时，干扰背景主要以海底混响为主。混响强度与发射功率、距离、海底底质、工作频率、掠射角等因素有关，这给目标的探测和识别带来极大的困难。探测掩埋雷时，不仅存在海底混响，而且掩埋层对声波的强烈吸收使探测工作变得更为艰难。因此对不同状态的水雷，探测方案不可同一而论。

水雷属水中静止目标，不向外辐射声波，因此只能采用主动声呐探测方式。探雷声呐的作用距离可分为近距离、中距离和远距离。以声波为载体进行水雷目标探测的方法通常有声阴影法、声成像法和回波法。

在几十米的近距离上，可以采用图像声呐的工作方式，因为图像声呐能给出目标的几何图像，在视觉上一目了然。但图像声呐要求具有很高的空间分辨率，需要采用的工作频率高，限制了声呐作用距离。在几十米到几百米的中等距离上，国外已经装备的探雷声呐使用的是声阴影法。这种方法利用沉底雷的声阴影进行探测和识别，识别的机理仍然是目标的几何图像，为保证一定的空间分辨率，工作频率不能太低。因此，声阴影法的识别作用距离大约为 200m 的量级。由于声成像法和声阴影法都是通过形成空间窄波束获取目标的声学图像进行识别，这两种方法的缺点在于声呐系统的工作频率偏高，声波在水中传播衰减大，沉积层吸收强，不适用于远距离探雷以及掩埋情况下的探测需要。声成像法和声阴影法的另一个缺点是，只利用了目标的几何形状，而忽略了目标的弹性特征部分。如果两个目标的几何形状相似而材料不同，声成像法和声阴影法则无法识别。目标的成像或阴影受海底地貌、杂物遮挡等影响较大，致使图像识别率下降。

从探雷的安全性和效率方面考虑可以采用远距离探测方案。回波法则是利用目标回波携带的目标的物理信息进行目标探测。其优点是可以同时利用目标的几何信息和弹性信息。不同材料弹性目标由于纵波波速和横波波速的相对值不同，即使形状相同，它们的散射频率特性差异明显，此时弹性信息是唯一可区分的特征，同时可以满足远距离目标和掩埋目标的探测需求。随着技术的发展，人工目标的形状也变得复杂多样，而且当目标处在掩埋状态，或者在其他物体的阴影中时，成像声呐难以进行探测和识别，此时，由目标材料、结构等因素所产生的弹性目标回波成为探测识别目标的关键特征。理论上回波探雷法比声成像法能识别更多种类的目标。但是水下目标回波的物理机理非常复杂，这使得回波法比声成像法和声阴影法在理论上更复杂。

已有研究表明，中低频声呐能够更好地探测掩埋目标，因为在中低频段，声波透射入海底时的衰减较小，而且更容易激发携带有目标属性信息的弹性回波，因此目前回波法探测应用更为广泛。水下小目标回波特性中包含目标丰富的材料、尺度、结构等重要信息，是对其进行探测和识别的重要特征。这就要求对目标回波的物理机理有深入的了解，在此基础上研究与目标散射机理相吻合的目标回波特性、回波特征提取方法及识别方案。因此，水下小目标回波特性分析是目标识别的基础。

水下小目标具有尺寸小、灵活性强、智能化高等特点，在水下军事对抗中发挥着重要的作用。对于目标"小"的定义，并没有统一的标准，一般可以从两方面考虑：一是指实际几何尺寸小的一类目标，如水雷、蛙人等；二是从声学的角度分析，不是指绝对几何意义的大小，而是相对于探测信号波长的小。当目标几何尺寸远小于探测信号波长 λ 时，可认为目标为声学意义上的小目标。反之，若选择适当的频率，使得信号波长接近于或者小于目标尺寸时，则可能会引起目标共振，增加了声呐对目标识别的特征。本书的内容是针对几何尺度的小目标而非声学小目标展开的。

水下目标声散射特性和现代信号处理是水下目标识别的理论基础。如何利用目标回波信号处理方法表征与目标声散射特性相匹配的特征是实现水下目标识别的前提。典型的信号产生与接收过程示意图如图 1-1 所示。信号是目标物理信息传递的载体，当信号源发射信号时，信号在信道中传播，传播途中会受到水体和信道边界的影响，携带有环境噪声、混响等干扰。此时，接收端接收信号可以表示为

$$r(t) = s(t) \otimes h(t) + n(t) + R(t) \qquad (1\text{-}1)$$

式中，$s(t)$ 为发射信号；$h(t)$ 为信道冲激响应；$n(t)$ 为环境噪声；$R(t)$ 为混响；$\otimes$ 表示卷积。

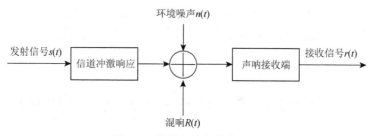

图 1-1　信号产生与接收过程

图 1-2 给出了采用主动声呐进行水下安静、无源目标探测的示意图。主动声呐系统通过发射具有特定形式的声波信号，经过水下信道的传播，到达声呐接收端，在实际海洋环境中，在接收端还会叠加海洋环境噪声和混响。发射声波在信道中传播，遇到目标时会产生特定的声学现象，如反射、散射等，其中包含目标的物理信息，是目标识别的依据。此时声呐接收端接收到的目标回波可以表示为

$$r(t) = s(t) \otimes h_f(t) \otimes h_{target}(t) \otimes h_b(t) + n_e(t) + R(t) \qquad (1\text{-}2)$$

式中，$h_f(t)$ 为发射信号在探测目标的过程中经历的传播信道的冲激响应函数；$h_b(t)$ 为目标回波在返回声呐接收端的过程中经历的传播信道的冲激响应函数；$h_{target}(t)$ 为表征目标特性的目标冲激响应函数；$n_e(t)$ 为海洋环境噪声；$R(t)$ 为混响。此时声呐系统接收到的回波 $r(t)$ 中包含有关目标属性的信息，通过对 $h_{target}(t)$ 所包含信息进行提取、辨识，可以达到对目标进行探测识别的目的。但是，实际探测中的难点在于对各部分等效单位冲激响应函数的非线性和时变特性的准确描述。

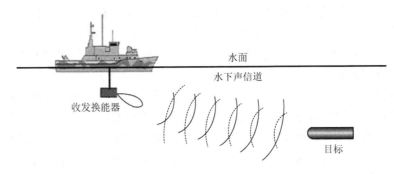

图 1-2 水下目标探测示意图

对于水下目标探测与识别，如何提取目标特征信息是该过程的关键，而其基础在于对目标声学机理的认知。此外，海洋环境会对声波的传播产生巨大的影响，对主动声呐系统来说，海面、海底混响对工作性能会产生严重干扰。本书主要针对主动声呐探测水中安静型小目标进行研究，为提取能够表征目标散射特性的精细的回波特征，忽略各种噪声、混响及传播信道的影响，重点研究自由场条件下目标反向声散射回波特性及相应的信号处理方法，本书的研究内容可为实际水下目标探测提供理论及技术依据。

1.2 水下目标声散射物理机理及其信号处理方法

准确表征目标声散射信号中包含的目标属性信息，是实现目标识别的关键，其基础在于对目标散射物理机理的认识，理解目标形成散射信号的物理过程，预测目标声散射特性，建立散射信号参数与目标属性之间的函数关系。对于具有简单形状的目标，在一定的边界条件下，可以给出严格的物理解；但对于复杂形状的目标，难以给出精确解，多使用近似解或者数值计算方法进行预测。

1.2.1 水下目标声散射理论

水下目标声散射是一个基本的声学问题，散射过程满足声学波动方程及一定的边界条件。对于一些简单目标，如实心球、无限长圆柱等，可通过分离变量法对波动方程求解获得散射场的严格表达式[1-13]。在此基础上发展的奇异点展开法与共振散射理论是分析弹性目标散射的重要工具[4-9]。当入射声波的频率接近目标的某些固有共振频率点时，会激发具有较强幅度的散射回波，即激发共振模态，这些模态在频域上表现为共振峰，具有明显的可识别特性。为提取共振谱，共振隔离与识别方法[10]被广泛应用于弹性目标散射回波的特性分析中。然而，受数学方程和边界条件的限制，对波动方程的求解仅局限于简单的目标形状。为描述复杂目标的散射特性，有限元[11, 12]、板块元[13, 14]等方法相继被提出，成为在无法获得精确解的情况下的近似求解方法。

根据对简单目标散射特性的研究，其回波成分主要可分为两部分，即几何类散射回波和弹性类散射回波。其中，几何类散射回波与目标的几何形状有关，而与目标的材质等信息基本没有关系，该类回波是声呐成像利用的主要成分，对于具有相同几何形状的不同目标，其几何类散射回波可能是相同的。弹性类散射回波主要由在目标表面或内部传播的各类表面环绕波组成，这类散射回波与目标的材料、结构等参数密切相关，是在相同几何形状下区分感兴趣目标的关键。

1. 目标几何声散射特性

目标几何声散射的形成服从线性声学原理，这类声散射成分的传递函数的计算与分析较为简单。应用声学理论中成熟的 Kirchhoff-Helmholtz 积分方法就可以获得绝大多数标准模型的几何声散射传递函数，如标准的刚性球、无限长圆柱等，但无法精确计算贴近实际水下目标形状的模型的几何声散射传递函数。汤渭霖等提出了声呐目标回波的亮点模型[15, 16]，将复杂的水下目标模型表面区域按形状划分为若干球面、柱面、平面与棱角等形状的组合，通过 Kirchhoff 方程的高频近似将目标表面某一个区域内的几何声散射等效为一个声学亮点，划分出球面亮点、柱面亮点、平面亮点与棱角亮点等，而总的目标回波是各个亮点回波信号的叠加。亮点模型虽然无法给出目标几何声散射传递函数的精确结果，但其对目标几何亮点时序结构的描述与实验中观察到的现象基本一致，可以作为一种工程上近似的目标几何散射预报模型。范军提出基于雷达散射截面（radar corss section，RCS）计算的板块元方法来计算水下复杂目标模型的几何散射场[17]，对目标进行几何建模以及网格划分，将目标模型外表面复杂的曲面分解为若干个平面板元，对每个板元应用物理声学方法获得其几何声散射传递函数并叠加，进而获得目标模型的整体几何声散射传递函数，基本解决了自由场条件下复杂目标几何声散射传递函数的简便计算问题。

2. 目标弹性声散射特性

目标弹性声散射特性比较复杂，其形成机理与目标形状、材质、内部填充物、外部环绕介质等因素有关。早期主要在简化模型与边界条件的情况下，研究标准目标模型的弹性声散射传递函数计算。1952 年，Junger[18]研究了中空弹性球壳的声散射问题，使用薄壳理论描述壳体的散射模式为刚性体散射加上平面波激励出的辐射散射，但是这个理论不能完全适用于壳体的弯曲振动。1962 年，Goodman 等[19]在理想流体与简化弹性球壳的条件下，研究了内部填充液体的弹性壳声散射严格理论解及匹配边界条件。1970 年，Brill 等[20, 21]研究了弹性圆柱体在平面波入射下的声散射场，认为此时目标的弹性声散射成分有两种，一种是圆柱体表面环绕波，另一种是圆柱体内部的反射波。后者需要满足高频近似，并且传播路径服从几何光学原理。水下目标弹性声散射问题围绕丰富目标模型的形状、材质以及边界条件，从理论与实验两方面对水下目标弹性声散射传递函数的解析形式展开深入研究[22-34]。理论表明，弹性类散射回波也可归纳为由幅度、时延和相移因子确定的函数形式[35-37]。

水下感兴趣的人工物体多为壳体结构，因此对壳体声散射的研究具有重要的实用意义。对于简单形状的壳体，如弹性球壳、无限长圆柱壳体等，散射场可以利用波动方程和边界条件给出完整理论解[19]。对于弹性球壳，其散射物理机理与流体负载的平板相似。对于壳体目标，其在弯曲波和压缩波的相互作用下会形成一种泄漏 Lamb 波，从壳体中向周围介质中辐射能量。此类 Lamb 波可以分为反对称和对称模态，常见的零阶反对称模态 A_0 波和对称模态 S_0 波是其中能量较强并且易于发现的模态，在目标探测识别中具有重大的意义，因为其可携带较强的能量，并且特性与目标属性相关。理论表明，在这些泄漏 Lamb 波中，球形壳体能产生中（高）频增强效应[38, 39]，也称吻合模态，主要是由 A_0 波沿壳体顺时针和逆时针绕行后叠加形成的[40]。A_0 波还可以分为两种，一种为沿壳体表面（即壳体负载）传播的 A_{0+} 波，另一种为沿流体表面（即水负载）的 A_{0-} 波，这两种波具有不同的频散特性[41]，其中 A_{0+} 波在传播过程中衰减较大，很难观测到，而 A_{0-} 波则是形成中（高）频增强的主要成分。类似的散射现象也可在有限长圆柱壳体上发现[42-44]，但在理论上，对有限长圆柱壳体散射场的求解是非常困难的，受端面等边界条件的影响，难以给出严格的理论解[45]，多以近似解，如基于弹性薄壳理论的解[34]，来解释该物理现象。

为了直观描述声波的传播机理，Marston 等采用射线理论（quantitative ray theory）

描述壳体的散射过程[22,46]。射线理论可以近似给出 Helmholtz 方程的高频近似解，这种高频近似解适用于壳体中（高）频增强范围，可以形象地给出多种回波类型以及它们的传播路径，包括上述的镜反射回波和弹性 A_0_ 波，在此基础上，回波成分的到达时间可以通过几何传播路径给出。对于弹性球壳，依据射线理论，其回波包括由壳体表面产生的镜反射回波，以及沿壳体表面绕行的泄漏 S_0 波和 A_0_ 波，它们以临界角进入壳体内部或表面传播，并不断向外辐射能量，沿入射方向返回的能量即形成弹性回波，而另一部分能量继续绕行，并再次辐射出回波信号，这种过程不断重复，形成一串连续的时间信号[47]。对于圆柱壳体，在正横入射情况下，除镜反射回波之外，同样会形成沿壳体周向传播的弹性表面波；而在斜入射情况下，表面波由周向传播转变为螺旋绕行[48]，还有一部分模态则是由表面波沿壳体轴向子午线传播[49,50]。根据射线的传播路径，各个散射回波的传播时间可以通过计算得到[51]，为回波结构的预测和实测散射信号的参数计算提供理论基础。

对于更为复杂的壳体，如内部加肋壳体，或者对于在界面附近的目标，如沉底或者掩埋目标，由于内部结构或者外部介质的复杂性，目标散射回波的计算和预测的难度增加，有限元和边界元等方法是解决上述问题的有效方法。随着计算机性能的提升，相关计算软件成为研究水下目标散射特性的有力工具[52]。例如，利用 COMSOL Multiphysics 有限元软件，可以构建掩埋弹性实心球[53]或者自由场复杂壳体[54]的有限元计算模型，其计算结果的正确性已由实验测量验证，为实际目标的探测识别提供指导意义。通过实验测量得到复杂目标在特定状态下的散射回波，利用有限元方法构建计算模型，对比研究计算结果与测量结果中的异同，是目前研究目标散射问题的主要方法[55-58]。

1.2.2　水下目标信号处理

根据目标散射特性，如何表征散射信号特征是实现目标探测与识别需要解决的关键问题[59-62]。首先是目标散射回波信号的稳定特征的提取问题，如时序结构、频域上的共振频谱结构、时频域上的频散结构等。但是在回波信号处理过程中，由于信号处理方法分辨率的限制，目标散射回波成分常常在时域、频域以及时频域上相互混叠，为信号的稳定特征分析带来了困难。其次是提取与目标物理属性相关的信号特征问题，确定与目标散射特性相匹配的信号处理方法，以及利用信号特征反演目标参数[63]。随着现代信号处理技术的发展，许多先进的信号处理理论被应用到水下目标探测中[64-68]。

根据水雷目标的声散射机理，可以对目标回波使用多种信号处理的方法。早期的特征提取工作中，研究者曾试图提取目标的冲激响应或系统函数。但是目标的冲激响应或系统函数与目标所处的位置即目标的姿态密切相关，同时混响、多途信道也将作为特征混淆其中。这种方法存在的问题是需要较高的信噪比，姿态的影响将增加特征样本量，混响和干扰将降低特征的稳定性。目标散射回波的时序结构和频谱特性是目标最基本的特征。早期主要对散射回波的时序结构进行分析[69]。随着共振散射理论的提出，共振频谱特性成为识别的一类特征[70]。通过理论分析与实验研究，人们对单个入射角度下的散射回波有了基本的认识[71]。随着计算能力和实验条件的提高，多角度散射信号的获取是实验研究向实际探测发展过程中的重要环节。由此发展出的时间-角度谱以及频率-角度谱为分析目标散射特性提供了多角度特征，已经获得了计算与实验的一致性结果[58]。由于散射回波随角度的变化是连续的，从中可以观测到回波成分的变化规律，实现对声散射回波成分的识别。

水下目标的信号特征调制在回波的时域和频域中，因此时域相关分析与傅里叶（Fourier）变换为简单且物理意义明确的方法。相关分析是声呐技术中最常用的信号处理手段，主要用于信号检测。在水下目标探测中，通过发射信号与回波信号的相关处理，可以提取回波中几何亮点的个数、结构及位置。但其问题一是相关处理的结果只描述了目标在时间上的几何亮点特征，而此时目标在频域上的弹性特征不仅没有被利用，而且变成了"干扰"，这直接影响了特征的质量；二是水雷目标尺度小，几何亮点之间延迟小，加上信道和混响等干扰，在实际应用中，简单的相关处理的分辨率不能将各几何亮点区分开来。同样，Fourier 变换在描述信号频谱结构的同时，失去了信号的时域信息，这些时域中的几何亮点特征在频域中也变成了"干扰"。因此，时域相关分析与 Fourier 变换方法都不能全面地描述目标的特征，甚至不能准确地描述目标的某一类特征。

时频分析方法能够同时表征信号的时序结构和频谱特性，能够提供更加详细的时频信息，已被广泛应用于水下目标探测识别的研究中，成为分析目标散射特性、抑制海洋混响的有力工具[72-74]。窗口 Fourier 变换（也称 Gabor 变换）作为应用最早的时频分析方法是 Gabor 于 1946 年提出的。其用 Gauss 函数作为窗口，是一种窗口大小及形状均固定的时频局部化分析，通常不适用于分析同时包含高频和低频信息的信号。进入 20 世纪 80 年代，随着时频分析理论的发展与完善，时频分析的应用渐成热点。其中最具代表性及应用最广的是 Wigner-Ville 变换和小波变换（也称子波变换），它们为水下目标特征提取提供了新的工具。数学家认为小波分析是一个新的数学分支，它是泛函分析、Fourier 分析、样条分析、调和分析、数值分析最完美的结合。在应用领域，它被认为是在工具和方法上的重大突破。Wigner-Ville 变换反映的是信号能量在时频域内的分布，物理意义直观，且具有较高的分辨率。但其代价是分析多分量信号时产生了交叉项，出现了虚假亮点。小波变换发展了短时 Fourier 变换的局部化思想，其窗口的形状随频率变化，以满足不同频率的分辨率。同时它还解决了 Wigner-Ville 变换的交叉项问题，计算量小，具有快速实现算法。但是其时频分辨率并没有突破测不准原理，即它的时频窗面积不变，只是形状变化。对于在时频域存在混叠的目标散射回波，以上方法对目标特征的提取会存在模糊与不准确。

1995 年，Hughes 等将 Wigner 分布用于两端半球形加肋圆柱壳模型的亮点综合分析[75]。模型被置于一个水箱中，因此回波的信噪比和信混比均很高，这时目标的几个弹性亮点在 Wigner 变换的时频面上被分离出来。Drumheller 等又将这一模型的回波用于小波变换[76]。相比之下，小波变换的结果优于 Wigner 变换。它识别的亮点数多于 Wigner 变换，且没有虚假亮点。值得注意的是，这里所用的模型两端是半球型，因此，它的几何亮点仅有两个镜反射波，而没有棱角波。这在模型上消除了几何亮点，仅用时频分析识别弹性亮点，且回波的信混比和信噪比均很高，与实际目标回波尚有差距。

目标回波信号中特定的声散射成分与小波基函数的匹配，是小波变换应用于水下目标回波信号研究的一个重点问题。依据弹性散射回波的特性，小波变换可以在频域上描述弹性回波的变化规律，应用连续小波变换和频域离散小波变换可以提取出弹性回波的频谱特性[77]；依据这种特性，频域小波变换还可应用于弹性散射回波的特征提取，并获得维数较低的特征向量，有效地实现目标的分类识别[78-80]。小波变换将目标散射回波信号进行分解，可实现在子带中进行信号检测[81]、参数估计[82]和分类识别[83]。

在时频平面上，散射回波中的各个散射成分可以被清晰地识别。根据识别出的各个回波类型，如 A_{0-} 波，结合其时间分布和频率分布，可以反演并估计壳体相关参数。文献[84]将 Wigner-Ville 分布（Wigner-Ville distribution，WVD）与神经网络技术结合，对球壳的外半径、厚度以及密度等参数进行了估计。文献[23]、[85]针对有限长圆柱壳体倾斜入射时，其散射回波信号的时频特征对沿子午线传播的泄漏 Lamb 波进行识别，取得了与理论相符的结果。当发射宽频脉冲时，应用 WVD[86, 87]、高分辨率修正 WVD[88]、Choi-Williams 和 Born-Jordan 时频表示[89, 90]以及平滑伪 WVD（smoothing pseudo WVD，SPWVD）[91, 92]等时频分析方法，在时频平面上可以观测到各个回波成分的频率特性以及相应的传播时延，该结果可应用于对弹性波群速度的估计，以及对弹性波截止频率的估计，获得与理论相符的估算结果。

对水下目标声散射回波来说，其中的散射成分是有限的，对应的散射亮点也是有限的。根据自由场水下目标声散射回波成分，定义一个过完备字典，其中包含多个可能的散射亮点的散射回波，将实际的散射回波表示为这个字典的稀疏加权和，利用稀疏信号表示理论，通过对稀疏性的控制，既可以提取主要回波分量的参数，又可以去除干扰的影响[93-95]。对水下目标散射回波应用稀疏信号表示理论实现高分辨参数估计是未来的重要研究内容。

阵列信号处理是声呐系统提高信号增益的核心部分，水下阵列设计和高分辨率的阵列信号处理算法是其关键技术[96-102]。阵列信号处理技术是在空间上实现抗噪声和抗混响的性能[103-107]，获得信号的空间处理增益[108-110]，增加系统作用距离，包括对宽带信号和窄带信号的处理。因此，基阵信号处理技术对提高水下目标定位精度[111-114]、跟踪能力[115-118]、探测性能[119-123]、目标识别率等具有重要的作用。

在时频域上结合阵列信号处理技术，利用阵增益可以实现对沉底及掩埋目标散射回波的增强。采用空-时-频联合空间高分辨率信号处理技术，提取与目标属性相关联的多维信号特征对目标进行识别是实际水下目标识别的发展方向。

参 考 文 献

[1] Doolittle R D，Überall H，Uginčius P. Sound scattering by elastic cylinders[J]. The Journal of the Acoustical Society of America，1968，43（1）：1-14.

[2] Faran J J. Sound scattering by solid cylinders and spheres[J]. The Journal of the Acoustical Society of America，1951，23（4）：405-418.

[3] Flax L，Varadan V K，Varadan V V. Scattering of an obliquely incident acoustic wave by an infinite cylinder[J]. The Journal of the Acoustical Society of America，1980，68（6）：1832-1835.

[4] Gaunaurd G C，Überall H. RST analysis of monostatic and bistatic acoustic echoes from an elastic sphere[J]. The Journal of the Acoustical Society of America，1983，73（1）：1-12.

[5] 蒋廷华，王润田，周根祥，等. 水下弹性圆柱的共振散射[J]. 声学学报，1990，15（4）：265-271.

[6] 刘国利，汤渭霖. 平面声波斜入射到水中无限圆柱的纯弹性共振散射[J]. 声学学报，1996，21（S1）：506-516.

[7] 刘国利，汤渭霖. 平面声波斜入射到水中无限长圆柱壳体的纯弹性共振散射[J]. 声学学报，1996，21（5）：805-814.

[8] 汤渭霖. 奇异点展开法（SEM）与共振散射理论（RST）之间的联系[J]. 声学学报，1991，16（3）：199-208.

[9] 汤渭霖. 可分离变量的水下弹性体的纯弹性共振散射[J]. 声学学报，1995，20（6）：456-465.

[10] Maze G. Acoustic scattering from submerged cylinders. MIIR Im/Re：Experimental and theoretical study[J]. The Journal of the Acoustical Society of America，1991，89（6）：2559-2566.

[11] Burnett D S. Finite-element modeling of acoustic scattering from realistic elastic structures[J]. The Journal of the Acoustical Society of America，2005，117（4）：2482.

[12] Hunt J T，Knittel M R，Nichols C S，et al. Finite-element approach to acoustic scattering from elastic structures[J]. The Journal of the Acoustical Society of America，1975，57（2）：287-299.

[13] 范军，汤渭霖，卓琳凯. 声呐目标回声特性预报的板块元方法[J]. 船舶力学，2012，16（Z1）：171-180.

[14] 万琳，范军，汤渭霖. 海底掩埋物的目标强度和回声混比[J]. 声学学报，2006，31（2）：151-157.

[15] 汤渭霖，陈德智. 水中有限弹性柱的回波结构[J]. 声学学报，1988，13（1）：29-37.

[16] 汤渭霖. 声呐目标回波的亮点模型[J]. 声学学报，1994，19（2）：92-100.

[17] 范军. 水下复杂目标回声特性研究[D]. 上海：上海交通大学，2001.

[18] Junger M C. Radiation loading of cylindrical and spherical surfaces[J]. The Journal of the Acoustical Society of America，1952，24（3）：288-289.

[19] Goodman R R，Stern R. Reflection and transmission of sound by elastic spherical shells[J]. The Journal of the Acoustical Society of America，1962，34（3）：338-344.

[20] Brill D，Überall II. Acoustic waves transmitted through elastic cylinders[J]. The Journal of the Acoustical Society of

America，1970，48（1A）：100-101.

[21] Brill D，Überall H. Acoustic waves transmitted through solid elastic cylinders[J]. The Journal of the Acoustical Society of America，1971，50（3B）：921-939.

[22] Marston P L，Sun N H. Resonance and interference scattering near the coincidence frequency of a thin spherical shell：An approximate ray synthesis[J]. The Journal of the Acoustical Society of America，1992，92（6）：3315-3319.

[23] Morse S F，Marston P L. Backscattering of transients by tilted truncated cylindrical shells：Time-frequency identification of ray contributions from measurements[J]. The Journal of the Acoustical Society of America，2002，111（3）：1289-1294.

[24] Talmant M，Überall H，Miller R D，et al. Lamb waves and fluid-borne waves on water-loaded，air-filled thin spherical shells[J]. The Journal of the Acoustical Society of America，1989，86（1）：278-289.

[25] Überall H，Gaunaurd G，Murphy J D. Acoustic surface wave pulses and the ringing of resonances[J]. The Journal of the Acoustical Society of America，1982，72（3）：1014-1017.

[26] Dariouchy A，Aassif E，Maze G，et al. Prediction of the acoustic form function by neural network techniques for immersed tubes[J]. The Journal of the Acoustical Society of America，2008，124（2）：1018-1025.

[27] 张小凤，赵俊渭，王荣庆，等. 非入射方向水下目标弹性声散射特性[J]. 声学与电子工程，2001，（4）：4-9.

[28] 苗涛，葛青，王志伟，等. 有限长双层弹性圆柱壳体声散射研究[J]. 舰船科学技术，2010，32（1）：71-75.

[29] 汤渭霖，范军. 水中双层弹性球壳的回声特性[J]. 声学学报，1999，24（2）：174-182.

[30] 汤渭霖，范军. 水中弹性球壳的共振声辐射理论[J]. 声学学报，2000，25（4）：308-312.

[31] 范军，汤渭霖. 覆盖粘弹性层的水中双层弹性球壳的回声特性[J]. 声学学报，2001，26（4）：302-306.

[32] 卓琳凯，范军，汤渭霖. 有吸收流体介质中典型弹性壳体的共振散射[J]. 声学学报，2007，32（5）：411-417.

[33] 郑国垠，范军，汤渭霖. 充水有限长圆柱薄壳声散射：I.理论[J]. 声学学报，2009，34（6）：490-497.

[34] 郑国垠，范军，汤渭霖. 充水有限长圆柱薄壳声散射：II.实验[J]. 声学学报，2010，35（1）：31-37.

[35] 汤渭霖. 用物理声学方法计算非硬表面的声散射[J]. 声学学报，1993，18（1）：45-53.

[36] 任鹏. 弹性圆柱壳体目标回波结构分析[D]. 哈尔滨：哈尔滨工程大学，2007.

[37] Marston P L. GTD for backscattering from elastic spheres and cylinders in water and the coupling of surface elastic waves with the acoustic field[J]. The Journal of the Acoustical Society of America，1988，83（1）：25-37.

[38] Kaduchak G，Marston P L. Observation of the midfrequency enhancement of tone bursts backscattered by a thin spherical shell in water near the coincidence frequency[J]. The Journal of the Acoustical Society of America，1993，93（1）：224-230.

[39] Zhang L G，Sun N H，Marston P L. Midfrequency enhancement of the backscattering of tone bursts by thin spherical shells[J]. The Journal of the Acoustical Society of America，1992，91（4）：1862-1874.

[40] Anderson S D. Space-Time-Frequency Processing from the Analysis of Bistatic Scattering for Simple Underwater Targets[D]. Atlanta：Georgia Institute of Technology，2012.

[41] Sammelmann G S，Trivett D H，Hackman R H. The acoustic scattering by a submerged，spherical shell. I：The bifurcation of the dispersion curve for the spherical antisymmetric Lamb wave[J]. The Journal of the Acoustical Society of America，1989，85（1）：114-124.

[42] Conti M. Mid-frequency Acoustic Scattering from Finite Internally-loaded Cylindrical Shells Near Axial Incidence[D]. Ann Arbor：Massachusetts Institute of Technology，1995.

[43] Jr Corrado C N. Mid-frequency Acoustic Backscattering from Finite Cylindrical Shells，and，The Influence of Helical Membrane Waves[D]. Ann Arbor：Massachusetts Institute of Technology，1993.

[44] Morse S F. High Frequency Acoustic Backscattering Enhancements for Finite Cylindrical Shells in Water at Oblique

Incidence[D]. Washington:Washington State University，1998.

[45] Tran-Van-Nhieu M. Scattering from a finite cylindrical shell[J]. The Journal of the Acoustical Society of America，1992，91（2）：670-679.

[46] Marston P L，Sun N H. Backscattering near the coincidence frequency of a thin cylindrical shell：Surface wave properties from elasticity theory and an approximate ray synthesis[J]. The Journal of the Acoustical Society of America，1995，97（2）：777-783.

[47] Kargl S G，Marston P L. Ray synthesis of the form function for backscattering from an elastic spherical shell：Leaky Lamb waves and longitudinal resonances[J]. The Journal of the Acoustical Society of America，1991，89（6）：2545-2558.

[48] Blonigen F J，Marston P L. Leaky helical flexural wave scattering contributions from tilted cylindrical shells：Ray theory and wave-vector anisotropy[J]. The Journal of the Acoustical Society of America，2001，110（4）：1764-1769.

[49] Morse S F，Marston P L. Meridional ray contributions to scattering by tilted cylindrical shells above the coincidence frequency：Ray theory and computations[J]. The Journal of the Acoustical Society of America，1999，106（5）：2595-2600.

[50] Morse S F，Marston P L. Meridional ray backscattering enhancements for empty truncated tilted cylindrical shells：Measurements，ray model，and effects of a mode threshold[J]. The Journal of the Acoustical Society of America，2002，112（4）：1318-1326.

[51] Bao X L. Echoes and helical surface waves on a finite elastic cylinder excited by sound pulses in water[J]. The Journal of the Acoustical Society of America，1993，94（3）：1461-1466.

[52] Zampolli M，Jensen F B，Tesei A. Benchmark problems for acoustic scattering from elastic objects in the free field and near the seafloor[J]. The Journal of the Acoustical Society of America，2009，125（1）：89-98.

[53] 胡珍，范军，张培珍，等. 水下掩埋目标的散射声场计算与实验[J]. 物理学报，2016，65（6）：170-177.

[54] 张培珍，李秀坤，范军，等. 局部固体填充的水中复杂目标声散射计算与实验[J]. 物理学报，2016，65（18）：273-281.

[55] Plotnick D S，Marston P L，Williams K L，et al. High frequency backscattering by a solid cylinder with axis tilted relative to a nearby horizontal surface[J]. The Journal of the Acoustical Society of America，2015，137（1）：470-480.

[56] Kargl S G，España A L，Williams K L，et al. Scattering from objects at a water-sediment interface：Experiment，high-speed and high-fidelity models，and physical insight[J]. IEEE Journal of Oceanic Engineering，2015，40（3）：632-642.

[57] Williams K L，Kargl S G，Thorsos E I，et al. Acoustic scattering from a solid aluminum cylinder in contact with a sand sediment：Measurements，modeling，and interpretation[J]. The Journal of the Acoustical Society of America，2010，127（6）：3356-3371.

[58] Xia Z，Li X K，Meng X X. High resolution time-delay estimation of underwater target geometric scattering[J]. Applied Acoustics，2016，114：111-117.

[59] 王锋. 水下被动目标特征提取及分析技术研究[D]. 北京：中国科学院声学研究所，2006.

[60] 赵安邦，沈广楠，陈阳，等. HHT与神经网络在舰船目标特征提取中的应用[J]. 声学技术，2012，31（3）：272-276.

[61] 陈云飞，李桂娟，王振山，等. 水中目标回波亮点统计特征研究[J]. 物理学报，2013，62（8）：1-11.

[62] 李洪亮，马启明，杜栓平. 一种基于典型相关分析的特征融合算法[J]. 声学与电子工程，2015，（1）：20-23.

[63] 杨坤德，马远良. 利用海底反射信号进行地声参数反演的方法[J]. 物理学报，2009，58（3）：1798-1805.

[64] 陈晓鹏，周利生. 掩埋小目标声探测技术研究[J]. 声学技术，2012，31（1）：30-35.

[65] Wang F，Du S，Su J . Experimental study on characteristics of echoes reflected by a cylindrical object in underwater

multi-path channel[J]. The Journal of the Acoustical Society of America，2018，143（3）：1854.

[66] 杜栓平，宋明凯. Pi-Sigma 网络在水声目标分类中的应用[J]. 声学学报，1997，22（4）：345-351.

[67] 潘翔，周洁，李建龙. 浅海沉底小目标时的反探测研究[J]. 浙江大学学报（工学版），2009，43（7）：1187-1191.

[68] 王强，潘翔. 水下沉底小目标回波的短时 FrFT 滤波分析[J]. 浙江大学学报（工学版），2008，42（6）：918-922.

[69] 鲍筱玲. 水中有限弹性圆柱的窄脉冲回波响应与螺旋表面绕行波[J]. 声学学报，1990，15（1）：20-27.

[70] Jia H，Li X，Meng X. Rigid and elastic acoustic scattering signal separation for underwater target[J]. Journal of the Acoustical Society of America，2017，142（2）：653-665.

[71] Li X，Xu T，Chen B. Atomic decomposition of geometric acoustic scattering from underwater target[J]. Applied Acoustics，2018，140：205-213.

[72] Ma N，Vray D，Delachartre P，et al. Time-frequency representation adapted to chirp signals：Application to analysis of sphere scattering [C]. Proceedings of the 1994 Proceedings of IEEE Ultrasonics Symposium，1994，1132：1139-1142.

[73] Yen N C，Dragonette L R，Numrich S K. Time-frequency analysis of acoustic scattering from elastic objects [J]. The Journal of the Acoustical Society of America，1990，87（6）：2359-2370.

[74] Sessarego J P，Sageloli J，Flandrin P，et al. Time-frequency analysis of signals related to scattering problems in acoustics part I：Wigner-Ville analysis of echoes scattered by a spherical shell[C]// Proceedings of the Wavelets. Heidelberg: Springer，1990：147-153.

[75] Hughes D H，Gaumond C F，Dragonette L R，et al. Synthesized wave packet basis for monostatic scattering from a randomly ribbed，finite cylindrical shell[J]. Journal of the Acoustical Society of America，1995，97（3）：1399-1408.

[76] Drumheller D M，Hughes D H，O'Connor B T，et al. Identification and synthesis of acoustic scattering components via the wavelet transform[J]. Journal of the Acoustical Society of America，1995，97（6）：3649-3656.

[77] 李秀坤，郭雪松，徐天杨，等. 基于小波变换的水下目标弹性散射提取方法研究[J]. 声学技术，2015，34（2）：314-316.

[78] 李秀坤，李婷婷，夏峙. 水下目标特性特征提取及其融合[J]. 哈尔滨工程大学学报，2010，22（7）：903-908.

[79] 李秀坤，杨士莪. 水下目标特征提取方法研究[J]. 哈尔滨工程大学学报，2001，13（1）：25-29.

[80] 李秀坤. 水雷目标特征提取与识别研究[D]. 哈尔滨：哈尔滨工程大学，2000.

[81] Chunhua Y，Azimi-Sadjadi M R，Wilbur J，et al. Underwater target detection using multichannel subband adaptive filtering and high-order correlation schemes [J]. IEEE Journal of Oceanic Engineering，2000，25（1）：192-205.

[82] Azimi-Sadjadi M R，Charleston S，Wilbur J，et al. A new time delay estimation in subbands for resolving multiple specular reflections [J]. IEEE Transactions on Signal Processing，1998，46（12）：3398-3403.

[83] Azimi-Sadjadi M R，De Y，Qiang H，et al. Underwater target classification using wavelet packets and neural networks [J]. IEEE Transactions on Neural Networks，2000，11（3）：784-794.

[84] Zakharia M E，Chevret P，Magand F. Estimation of shell characteristics using time-frequency patterns and neural network [C]. Proceedings of the 1996 IEEE Ultrasonics Symposium Proceedings，San Antonio，1996：713-716.

[85] Marston P L，Morse S F. Time-frequency analysis of transient high-frequency dispersive guided waves on tilted cylindrical shells：Review [J]. Proceedings of Meetings on Acoustics，2013，19（1）：055073.

[86] Latif R，Aassif E，Maze G，et al. Analysis of the circumferential acoustic waves backscattered by a tube using the time-frequency representation of Wigner-Ville [J]. Measurement Science and Technology，2000，11（1）：83-88.

[87] Latif R，Aassif E H，Maze G，et al. Determination of the group and phase velocities from time-frequency representation of Wigner-Ville [J]. NDT and E International，1999，32（7）：415-422.

[88] Latif R，Aassif E，Moudden A，et al. High-resolution time-frequency analysis of an acoustic signal backscattered by

a cylindrical shell using a modified Wigner-Ville representation[J]. Measurement Science and Technology，2003，14（7）：1063-1067.

[89] Elhanaoui A，Aassif E，Maze G. Evolution study of the phase and group velocities by Choi-Williams and Born-Jordan time-frequency representations[C]. 2012 International Conference on Multimedia Computing and Systems（ICMCS），Tangiers，2012：146-151.

[90] Laaboubi M，Dliou A，Latif R，et al. Spectrogram analysis of circumferential modes propagating around the cicular cylindrical shell immersed in water[J]. Canadian Acoustics，2012，40（4）：13-22.

[91] Laaboubi M，Aassif E，Latif R，et al. Application of the reassignment time-frequency method on an acoustic signals backscattered by an air-filled circular cylindrical shell immersed in water[J]. Aerospace Science and Technology，2013，27（1）：216-224.

[92] 夏峙，李秀坤. 水下目标回波的时频分布统计参数特征[C]. 2014 年中国声学学会全国声学学术会议，南京，2014：4.

[93] Meng X，Jakobsson A，Li X，et al. Estimation of chirp signals with time-varying amplitudes[J]. Signal Processing，2018，147：1-10.

[94] 孟祥夏. 基于稀疏信号表示的水下目标回波参数估计[D]. 哈尔滨：哈尔滨工程大学，2018.

[95] Meng X X，Li X K，Jakobsson A，et al. Sparse estimation of backscattered echoes from underwater object using integrated dictionaries[J]. The Journal of the Acoustical Society of America，2018，144（6）：3475-3484.

[96] 张仁和. 中国海洋声学研究进展[J]. 物理，1994，23（9）：513-518.

[97] 李启虎. 进入 21 世纪的声纳技术[J]. 应用声学，2002，28（1）：13-18.

[98] 孙大军，田坦. 合成孔径声呐技术研究（综述）[J]. 哈尔滨工程大学学报，2000，21（1）：51-56.

[99] 周利生，胡青. 水声发射换能器技术研究综述[J]. 哈尔滨工程大学学报，2010，31（7）：932-937.

[100] 孙贵青，李启虎. 声矢量传感器研究进展[J]. 声学学报，2004，（6）：481-490.

[101] 桑恩方，乔钢. 基于声矢量传感器的水声通信技术研究[J]. 声学学报，2006，31（1）：61-67.

[102] 郭俊媛，杨士莪，朴胜春，等. 基于超指向性多极子矢量阵的水下低频声源方位估计方法研究[J]. 物理学报，2016，65（13）：181-194.

[103] 鄢社锋. 基于二阶锥规划的任意传感器阵列时域恒定束宽波束形成[J]. 声学学报，2005，30（4）：309-316.

[104] Yan S，Ma Y，Hou C. Optimal array pattern synthesis for broadband arrays[J]. Journal of the Acoustical Society of America，2007，122（5）：2686-2696.

[105] 鄢社锋，马远良，孙超. 任意几何形状和阵元指向性的传感器阵列优化波束形成方法[J]. 声学学报，2005，30（3）：264-270.

[106] 杨益新，孙超，马远良. 宽带低旁瓣时域波束形成[J]. 声学学报，2003，28（4）：331-338.

[107] 孙超. 任意结构阵列宽带恒定束宽波束形成新方法[J]. 声学学报，2001，26（1）：55-58.

[108] 张揽月，杨德森. 基于 MUSIC 算法的矢量水听器阵源方位估计[J]. 哈尔滨工程大学学报，2004，25（1）：30-33.

[109] 杨德森，朱中锐，时胜国，等. 声矢量圆阵相位模态域目标方位估计[J]. 声学学报，2014，39（1）：19-26.

[110] 胡鹏，杨益新，杨士莪. 基于线性预测的虚拟阵元波束形成[J]. 声学技术，2007，26（4）：714-717.

[111] 王燕，梁国龙. 一种适用于长基线水声定位系统的声线修正方法[J]. 哈尔滨工程大学学报，2002，23（5）：32-34.

[112] 陈晓忠，梁国龙，王逸林，等. 非同步水声定位技术及其性能评价[J]. 声学学报，2003，28（4）：357-362.

[113] 李启虎. 水下目标被动测距的一种新方法：利用波导不变量提取目标距离信息[J]. 声学学报，2015，40（2）：138-143.

[114] 戚聿波，周士弘，张仁和，等. 一种基于 β-warping 变换算子的被动声源距离估计方法[J]. 物理学报，2015，64（7）：241-246.

[115] 杜选民. 基于方位-频率及多阵方位的无源目标跟踪性能研究[J]. 声学学报，2001，26（2）：127-134.

[116] 杜选民，李海森，姚蓝. 多波束条带测深系统中正交信号的获取技术[J]. 声学技术，1998，17（1）：41-44.

[117] 周天，朱志德，李海森，等. 高分辨率波束形成器在多波束测深系统中的应用[J]. 海洋测绘，2005，25（2）：9-12.

[118] 黎雪刚，杨坤德，张同伟，等. 基于拖曳倾斜线列阵的海底反射损失提取方法[J]. 物理学报，2009，（11）：7741-7749.

[119] 赵航芳，祝献，宫先仪. 混响背景下的信号检测[J]. 哈尔滨工程大学学报，2004，25（1）：34-37.

[120] 赵航芳，李建龙，宫先仪. 不确实海洋中最小方差匹配场波束形成对环境参量失配的灵敏性分析[J]. 哈尔滨工程大学学报，2011，32（2）：200-208.

[121] 李春晓，宫先仪，邹丽娜，等. 干扰环境下窄带信号时反算子分解聚焦性能分析[J]. 哈尔滨工程大学学报，2008，29（8）：867-871.

[122] 杨坤德. 不确定环境下的稳健自适应匹配场处理研究[J]. 声学学报（中文版），2006，31（3）：255-262.

[123] 徐晓男，马启明，杜栓平. 波束空间能量约束的稳健自适应波束形成[J]. 声学学报，2013，38（3）：258-264.

第2章 水下目标声散射理论基础

水下目标多种多样，如潜艇、鱼雷、水雷、礁石、鱼群等，根据它们的特性以及不同的应用背景，可以采用主动声呐和被动声呐进行目标的探测与识别。对于安静型目标，通常采用主动探测的方式，通过主动发射信号，并利用声波照射到目标表面时产生的回波信号实现对目标的探测、分类和识别。目标回波是入射波与目标相互作用后产生的，在这个过程中，与目标形状、尺寸、材质、内部结构等固有属性有关的特征信息会被调制到回波上，通过对目标回波进行处理分析，将目标的特征信息提取出来，再辅以某些先验知识，就可以实现对目标的探测、分类和识别。由此可见，研究目标回波的特性，在工程上具有重要的应用价值。

入射声波在传播过程中遇到障碍物（目标）时，部分声波偏离原来的传播路径，从障碍物四周散播开来，这一现象被称为声散射。障碍物在入射波的激励下成为一个次级声源，产生次级声波，即散射波，通常将返回到入射端的散射波称为目标回波。在障碍物附近，由于散射波和入射波叠加，形成衍射声场，因此，有人将近场的次级波称为衍射波，远场的次级波称为散射波。从波动理论来看，它们都是次级波，本质上并无差别，可以将它们统称为散射波。

散射波的产生涉及声波的反射、折射、透射、衍射或绕射等一系列物理过程，当目标为弹性体时还包括表面波的激发和再辐射。声波在传播过程中遇到介质特性发生变化，即从一种介质射向另一种介质的表面时，一部分声波会返回原介质，称为反射；一部分声波则会进入另一种介质，产生折射现象；声波经过折射穿过介质后的现象称为透射。衍射和绕射在英语中用同一个词 diffraction 表示，是指当声波波长大于目标的线度时，声波偏离原来的直线传播，绕过障碍物出现在其背后"声影区"的物理现象。由于大多数目标的声阻抗只比水的大一个数量级左右，水中金属固体目标被认为是弹性体或黏弹性体，在入射声波的激励下，目标的某些固有共振模式被激发，向周围介质中辐射声波，形成再辐射声波，也就是弹性散射波。

虽然不同的障碍物对声波的散射机理相同，但是散射成分不同。目标回波中所包含的散射成分与目标的尺寸、结构、材质以及入射声波的波长和入射角度等有关。通常，大目标（目标的线度远大于声波波长）前方（声波"照射"方）的回波称为反射波，而目标后面几何影区内的回波称为绕射波；对于小目标（目标的线度小于声波波长），它向空间各个方向辐射的次级波被称为散射波，这时，反射过程是次要的；对于线度大小可以与声波波长相比拟的目标，反射、绕射、散射等过程都将起作用，这时的散射波由这些过程辐射的次级波组成。

水下目标形状各不相同，但总的来说，它们通常可以看作由球形或圆柱形结构组成，这种近似处理可以极大地简化数学计算，而得到的结果也能用于对实际目标散射规律的分析。因此，本章从目标强度（target strength，TS）出发，讨论常见目标的目标强度特性、目标散射声场的理论求解方法以及球形和圆柱形等典型形状目标的声散射特性。

2.1　目　标　强　度

回波信号的强弱及其特性与目标的声散射特性密切相关，工程上，用目标强度这一参数来描述目标回波的强弱或目标反射能力的大小。目标强度是主动声呐方程中的一个重要参数，其定义为距离目标等效声中心 1m 处由目标反射回来的声强与远处声源入射到目标上的声强之比（dB）。

$$\text{TS}=10\lg\frac{I_\text{s}|_{r=1}}{I_\text{i}} \tag{2-1}$$

式中，I_i 为入射到目标上的声强，即假设目标不存在时该处的声强；$I_\text{s}|_{r=1}$ 是离目标 1m 处的回波声强。声呐方程中的目标强度是在远场中定义的，因此，实际上目标强度的计算测量是在远场中进行，然后按照球面波规律将测量值换算至目标等效声中心 1m 处。任何一个有限尺寸的散射体，远场中的声波都服从球面波扩展规律，且局部可以近似为平面波，于是有

$$\text{TS}=10\lg\left(\lim_{r\to\infty}r^2\frac{I_\text{s}}{I_\text{i}}\right) \tag{2-2}$$

根据声压与声强之间的关系 $I=|p|^2/(\rho c)$，ρc 是声介质的特性阻抗，目标强度也可以由声压计算得到：

$$\text{TS}=10\lg\left(\lim_{r\to\infty}r^2\left|\frac{p_\text{s}}{p_\text{i}}\right|^2\right) \tag{2-3}$$

实际上，目标强度与发射信号的时间波形有关。测量结果表明，用短脉冲测得的值小于长脉冲测得的值，随着脉冲变长，目标强度值变大，直至脉冲足够长时，测量值才不再随脉冲长度而变，这是由对回波有贡献的表面积的大小不同所引起的。由于大多数主动声呐采用长连续波（continuous wave，CW）脉冲，因此，如无特殊说明，目标强度是指稳态即脉冲足够长时的值，它只是频率的函数。此外，目标强度的大小，还取决于物体几何形状、体积大小和组成材料以及声源、接收点的方位等因素。

对于半径为 a 的刚性大球，其反射系数为 ±1，根据简单的几何声学方法可以证明，该球的目标强度为

$$TS = 10\lg(a^2 / 4) \tag{2-4}$$

由此可以看出，刚性球的目标强度与声波的频率、声源接收位置等因素无关，只与球的半径有关，当半径为 2m 时，它的目标强度为 0dB。需要说明的是，这里得到的刚性球的目标强度仅考虑镜反射的平均效果，不是严格解。与之相比，圆柱形物体的目标强度值对入射角的变化敏感，入射角稍有变化，就会引起 TS 的很大变化，通常正横方向时，TS 最大，随着入射角变大，TS 值迅速变小。

对于水下常见的目标，潜艇的目标强度随着方位角的变化呈"蝴蝶"形，在正横方向上，目标强度值最大，主要是由艇壳的镜反射引起的；在艇首和艇尾方向，目标强度值较小，这是壳体表面的不规则性以及尾流的遮蔽效应引起的目标强度降低。对于鱼雷和水雷，其几何形状基本上都是半球头圆柱体，鱼雷的尾部装有推进器，水雷的雷体上安装有翼并有凹凸不平处，因此正横方向或头部会有较强的目标强度，因为在这些方位上有强的镜反射，在其他地方的目标强度则一般比较小。

对于简单形状物体的目标强度，如球、圆柱、平板、椭球、锥体等，已有研究给出了相应的表达式[1]。尽管这些公式所给出的是一种近似值，但作为一种估计，这些公式在实际工作中是十分有用的。对于几何形状不规则但又与简单形状十分相似的目标，在估计目标强度时，可以应用相应的公式进行计算。对于几何形状十分复杂的目标，则可以将其分解成若干个具有简单几何形状的子目标，先计算每个子目标的目标强度，然后将子目标的目标强度值合成就得到复杂形状目标的目标强度值。

关于各种常见的声呐目标的目标强度值，人们已经进行了大量的实验测量，一般来说，所得的结果具有较大的离散性，但即便如此，这些测量还是从统计意义上给出了规律性的结果。表 2-1 给出了常见声呐目标的目标强度标准值，作为水声工程中处理问题时的一般估值，这些结果很有参考意义。

表 2-1　常见声呐目标的目标强度标准值

目标	方位	TS/dB		
		小型艇	大型艇，有涂层	大型艇
潜艇	正横	5	10	25
	中间	3	8	15
	艇首或艇尾	0	5	10
水面舰艇	正横	25		
	非正横	15		
水雷	正横	0		
	偏离正横	−25～−10		

续表

目标	方位	TS/dB
鱼雷	随机	15
拖曳基阵	正横	0（最大）
鲸，30m	背脊方向	5
鲨鱼，10m	背脊方向	−4
冰山	任意	10（最小）

2.2　目标散射声场微分方程及相关解法

目标强度描述的是目标回波的强弱，目标回波的物理特性则需要通过理论计算来进行分析。通过理论分析，不仅能得到目标强度值，更能从理论上给出声散射的物理本质和规律特性，深入理解目标声散射现象，进而从回波中提取有用信息，进行目标探测和识别。

水中目标声散射是一个复杂的物理过程，当声波与目标相互作用时会发生反射、透射，激发起表面波并再辐射到周围介质中，涉及流-固表面波运动和振动-声耦合的所有现象。虽然过程复杂，但在数学上目标声散射可以模型化为一个数学物理问题：水中入射波和散射波均满足声波波动方程；目标中的波满足弹性体波动方程；界面、障碍物或者目标表面上由边界条件衔接。该数学物理问题可以用微分方程法和积分方程法进行描述求解，两种描述方法在形式上不同，但本质上是等价的。本节主要讨论微分方程法及其相关解法，关于积分方程法及其解法将在 2.3 节进行讨论。

2.2.1　目标散射声场微分方程

声波是连续介质（流体和固体）中的一种运动形式。流体（含气体）中的声波表现为在压力变化（声压）作用下密度变化的传播，是疏密波。固体中的声波表现为在应力作用下弹性体应变的传播，本质上也是疏密波。流体中声波满足的方程是众所周知的波动方程，理想流体（忽略黏性）运动的完备方程组为

$$\begin{cases} \dfrac{\partial \tilde{\rho}}{\partial t} + \nabla \cdot (\tilde{\rho} v) = 0 \\[2mm] \tilde{\rho} \dfrac{\partial v}{\partial t} + \tilde{\rho}(v \cdot \nabla)v = -\nabla \tilde{P} \\[2mm] \Phi(\tilde{P}, \tilde{\rho}, S) = 0 \end{cases} \tag{2-5}$$

由上至下分别为连续性方程、运动方程和状态方程。式中，$\tilde{\rho}$ 是瞬时密度；v 是介质质点振速；$\nabla = i\,\partial/\partial x + j\,\partial/\partial y + k\,\partial/\partial z$ 是 Hamilton 算子；$\tilde{P}$ 是瞬时压力；S 是

热力学函数熵。对于常温条件下的小振幅声波运动，可以假设：①运动是绝热等熵的，$S = S_0$ 是常数；②压力变化 $p = \tilde{P} - P_0$、密度变化 $\rho' = \tilde{\rho} - \rho_0$ 和质点振速 $\boldsymbol{v}$ 都是小量。在这些假设条件下从状态方程导出

$$p = \left(\frac{\partial \tilde{P}}{\partial \tilde{\rho}} \right)_{S_0} \rho' = c^2 \rho' \tag{2-6}$$

式中，$c^2 = (\partial \tilde{P} / \partial \tilde{\rho})_{S_0}$，$c$ 是声速。将式（2-6）代入连续方程和运动方程，略去高阶小量得到小振幅条件下的线性化方程为

$$\begin{cases} \dfrac{1}{c^2} \dfrac{\partial p}{\partial t} + \rho_0 \nabla \cdot \boldsymbol{v} = 0 \\ \rho_0 \dfrac{\partial \boldsymbol{v}}{\partial t} = -\nabla p \end{cases} \tag{2-7}$$

由此导出声压满足的波动方程为

$$\nabla^2 p(\boldsymbol{r},t) - \frac{1}{c^2} \frac{\partial^2 p(\boldsymbol{r},t)}{\partial t^2} = 0 \tag{2-8}$$

随时间变化的声压 $p(\boldsymbol{r},t)$ 可以分解为各种频率成分的叠加，数学上通过 Fourier 变换得到频谱分解式，将其代入波动方程得到简谐情况下的 Helmholtz 方程：

$$\nabla^2 p(\boldsymbol{r},\omega) + k^2 p(\boldsymbol{r},\omega) = 0 \tag{2-9}$$

式中，$k = \omega / c$ 为波数。声学中常引入速度势函数 $\phi(\boldsymbol{r},t)$，对于无旋运动可以用标量势函数表示振速，得到

$$\boldsymbol{v}(\boldsymbol{r},t) = -\nabla \phi(\boldsymbol{r},t), \qquad p(\boldsymbol{r},t) = \rho_0 \frac{\partial \phi(\boldsymbol{r},t)}{\partial t} \tag{2-10}$$

速度势函数 $\phi(\boldsymbol{r},t)$ 可以唯一地确定声场。在无源情况下，势函数满足与声压类似的波动方程：

$$\nabla^2 \phi(\boldsymbol{r},t) - \frac{1}{c^2} \frac{\partial^2 \phi(\boldsymbol{r},t)}{\partial t^2} = 0 \tag{2-11}$$

和简谐情况下的 Helmholtz 方程：

$$\nabla^2 \phi(\boldsymbol{r}) + k^2 \phi(\boldsymbol{r}) = 0 \tag{2-12}$$

式中，$\phi(\boldsymbol{r})$ 只包含空间变化部分。这时，声压和振速可表示为

$$p(\boldsymbol{r}) = -\mathrm{i}\omega\rho_0 \phi(\boldsymbol{r}), \qquad \boldsymbol{v}(\boldsymbol{r}) = \frac{1}{\mathrm{i}\omega\rho_0} \nabla p(\boldsymbol{r}) \tag{2-13}$$

与固体界面衔接时，用声压和位移表示声场，位移可表示为

$$\boldsymbol{u}(\boldsymbol{r}) = \frac{1}{-\mathrm{i}\omega} \boldsymbol{v}(\boldsymbol{r}) = \frac{1}{\omega^2 \rho_0} \nabla p(\boldsymbol{r}) \tag{2-14}$$

显然，声压或势函数是描述小振幅声场的唯一物理量，振速或位移是由其导出的

量，用声压或者势函数表示声场是等价的。相关推导过程在声学教科书中有详细描述，在此不再赘述。

当声波遇到目标即障碍物时，散射波是由激励源——入射声波引起的。这时空间中总的声场可以分为入射场和散射场，其中，入射场就是当目标不存在时的声场，散射场是引入目标后产生的附加部分。设入射场的源点矢径是 r_0，场点矢径是 r，总声场势函数是 $\phi(r_0,r)$，入射势函数是 $\phi_i(r_0,r)$，散射势函数是 $\phi_s(r_0,r)$，根据势函数的可加性，有

$$\phi(r_0,r) = \phi_i(r_0,r) + \phi_s(r_0,r) \tag{2-15}$$

发射、接收都在流体介质中，但是目标可以是弹性或黏弹性体。目标的特性由目标内部满足的方程及表面边界条件反映。对于单频情况，省略时间因子，入射声场势函数应该满足有源 Helmholtz 方程：

$$(\nabla^2 + k^2)\phi_i(r_0,r) = -4\pi q(r_0,r) \tag{2-16}$$

式中，$q(r_0,r)$ 是空间分布的源函数。若声源是集中在 r_0 点的简单源，方程等号右边的源函数应该表示成 $-4\pi\delta(r-r_0)$。$\delta(r-r_0)$ 是 Dirac δ 函数，是数学物理中专门描述点电荷、点声源和集中点力的函数。点源在无界空间中产生的势函数是 $\phi_i(r_0,r) = \mathrm{e}^{ikR}/R$，$R = |r-r_0|$。平面波入射相当于源在无限远处，方程等号右边为零，空间中的总声场应该满足如下方程：

$$(\nabla^2 + k^2)\phi(r_0,r) = -4\pi q(r_0,r) \tag{2-17}$$

将它减去式（2-16）后得到散射场满足的无源波动方程：

$$(\nabla^2 + k^2)\phi_s(r_0,r) = 0 \tag{2-18}$$

无源流体介质中，简谐平面声波从目标的声散射可以归纳为下面的数学问题，入射场和散射场分别满足 Helmholtz 方程：

$$\begin{cases} \nabla^2\phi_i(r) + k^2\phi_i(r) = 0 \\ \nabla^2\phi_s(r) + k^2\phi_s(r) = 0 \end{cases} \tag{2-19}$$

总声场满足表面边界条件和无限远辐射条件。表面边界条件根据散射表面特性，可能取声学上的硬边界、软边界或弹性边界条件等。对于硬边界，表面振速为零，于是有

$$\left.\frac{\partial\phi(r)}{\partial n}\right|_S = 0 \text{ 或 } \left.\frac{\partial\phi_s(r)}{\partial n}\right|_S = -\left.\frac{\partial\phi_i(r)}{\partial n}\right|_S \tag{2-20}$$

对于软边界，表面声压为零，即

$$\phi(r)|_S = 0 \tag{2-21}$$

在空气中，固体目标的声散射可以看作刚性体的散射，因为固体的声阻抗通常比空气的大四个数量级以上。而在水中，固体的声阻抗只比水的大一个数量级

左右，因此，在水中大多数固体目标不能简单地看作刚性体，必须看作弹性或黏弹性目标。在处理水中目标声散射问题时不可避免地要涉及弹性和黏弹性介质中的波动问题。

建立固体弹性体中的波动方程，需要了解固体的基本弹性性质。当固体受到外力作用时，体内会产生形变，一般用物理量——应变来描述，弹性体内各部分之间产生相互作用力，这种力一般用应力来描述。定义 $\boldsymbol{u}$ 为位移矢量，$\boldsymbol{u} = (u_x, u_y, u_z)$ 分别代表直角坐标系中 x、y、z 方向的位移，则固体中的形变可以用九个应变分量来表示。线形变为

$$\varepsilon_{xx} = \frac{\partial u_x}{\partial x}, \quad \varepsilon_{yy} = \frac{\partial u_y}{\partial y}, \quad \varepsilon_{zz} = \frac{\partial u_z}{\partial z} \qquad (2\text{-}22)$$

切形变为

$$\varepsilon_{xy} = \varepsilon_{yx} = \frac{\partial u_x}{\partial y} + \frac{\partial u_y}{\partial x}, \quad \varepsilon_{yz} = \varepsilon_{zy} = \frac{\partial u_y}{\partial z} + \frac{\partial u_z}{\partial y}, \quad \varepsilon_{xz} = \varepsilon_{zx} = \frac{\partial u_x}{\partial z} + \frac{\partial u_z}{\partial x} \qquad (2\text{-}23)$$

同样，弹性体任意一个面上的应力也可以用九个应力分量来表示，包括切向应力和法向应力。作用于平面 x 上的有法向应力 τ_{xx} 和切向应力 τ_{xy}、τ_{xz}，九个分量中有六个独立分量。研究表明，对固体来说，可以用六个应变分量来描述形变，用六个应力分量来描述应力，应力和应变之间满足广义 Hooke 定律：

$$\begin{cases} \tau_{xx} = \lambda_e \Delta + 2\mu_e \varepsilon_{xx}, \quad \tau_{xy} = \tau_{yx} = \mu_e \varepsilon_{xy} \\ \tau_{yy} = \lambda_e \Delta + 2\mu_e \varepsilon_{yy}, \quad \tau_{yz} = \tau_{zy} = \mu_e \varepsilon_{yz} \\ \tau_{zz} = \lambda_e \Delta + 2\mu_e \varepsilon_{zz}, \quad \tau_{xz} = \tau_{zx} = \mu_e \varepsilon_{xz} \end{cases} \qquad (2\text{-}24)$$

$$\Delta = \nabla \cdot \boldsymbol{u} = \frac{\partial u_x}{\partial x} + \frac{\partial u_y}{\partial y} + \frac{\partial u_z}{\partial z}$$

弹性体的力学性能可以用密度 ρ_e、拉梅常量 λ_e 和 μ_e 表征，其中描述应力-应变关系的两个拉梅常量也可以用工程上常用的杨氏模量 E 和泊松比 σ 表示，它们之间的换算关系满足

$$\lambda_e = \frac{E\sigma}{(1+\sigma)(1-2\sigma)}, \quad \mu_e = \frac{E}{2(1+\sigma)} \qquad (2\text{-}25)$$

没有外力作用时，弹性体中密度为 ρ_e 的介质微元的运动方程为

$$\begin{cases} \rho_e \dfrac{\partial^2 u_x}{\partial t^2} = \dfrac{\partial \tau_{xx}}{\partial x} + \dfrac{\partial \tau_{yx}}{\partial y} + \dfrac{\partial \tau_{zx}}{\partial z} \\[2mm] \rho_e \dfrac{\partial^2 u_y}{\partial t^2} = \dfrac{\partial \tau_{xy}}{\partial x} + \dfrac{\partial \tau_{yy}}{\partial y} + \dfrac{\partial \tau_{zy}}{\partial z} \\[2mm] \rho_e \dfrac{\partial^2 u_z}{\partial t^2} = \dfrac{\partial \tau_{xz}}{\partial x} + \dfrac{\partial \tau_{yz}}{\partial y} + \dfrac{\partial \tau_{zz}}{\partial z} \end{cases} \qquad (2\text{-}26)$$

弹性体中的位移波就是声波，不同于流体中，固体中的声波除了纵波外还有横波。将式（2-24）代入式（2-26）就得到

$$\rho_e \frac{\partial^2 \boldsymbol{u}}{\partial t^2} = (\lambda_e + \mu_e)\nabla(\nabla \cdot \boldsymbol{u}) + \mu_e \nabla^2 \boldsymbol{u}$$

$$= (\lambda_e + 2\mu_e)\nabla(\nabla \cdot \boldsymbol{u}) - \mu_e \nabla \times (\nabla \times \boldsymbol{u}) \tag{2-27}$$

根据向量场理论，位移向量总可以表示成

$$\boldsymbol{u} = \nabla \Phi + \nabla \times A, \quad \nabla \cdot A = 0 \tag{2-28}$$

式中，Φ 是标量位移势函数，它所对应的分量是无旋的，因为恒有 $\nabla \times \nabla \Phi = 0$，表示与转动无关的位移分量；$A$ 是向量位移势函数，它所对应的分量散度恒为零，$\nabla \cdot (\nabla \times A) \equiv 0$，表示纯转动（切向）分量。将式（2-28）代入式（2-27），向量波动方程被分解成两个方程：

$$\frac{\partial^2 \Phi}{\partial t^2} = c_{\mathrm{L}}^2 \nabla^2 \Phi, \quad \frac{\partial^2 A}{\partial t^2} = c_{\mathrm{T}}^2 \nabla^2 A \tag{2-29}$$

式中，c_{L}、c_{T} 是无限弹性介质中的纵横波波速，也就是说标量势描述的是纵波，而矢量势描述的是横波。

$$c_{\mathrm{L}} = \sqrt{(\lambda_e + 2\mu_e)/\rho_e}, \quad c_{\mathrm{T}} = \sqrt{\mu_e/\rho_e} \tag{2-30}$$

在单频情况下有

$$\begin{cases} \nabla^2 \Phi + k_{\mathrm{L}}^2 \Phi = 0, & k_{\mathrm{L}} = \omega/c_{\mathrm{L}} \\ \nabla^2 A + k_{\mathrm{T}}^2 A = 0, & k_{\mathrm{T}} = \omega/c_{\mathrm{T}} \end{cases} \tag{2-31}$$

标量势 Φ 满足标量 Helmholtz 方程，向量势 A 满足向量 Helmholtz 方程。$\nabla \cdot A = 0$ 是附加条件，用来保证从 Φ 和 A 的 4 个分量唯一地确定 $\boldsymbol{u}$ 的 3 个分量[2]。

　　两种弹性介质界面上的边界条件是：法向应力和位移连续，切向应力和位移连续。弹性体的流体界面上的边界条件是：法向应力和位移连续，切向应力为零。弹性体在水中的散射波就是满足波动方程和上述边界条件的解。如果弹性体与空气相接触，通常将空气看作真空，边界条件变成法向应力，也等于 0，法向位移不限，只有两个。例如，当声波在水中从中空的弹性球壳散射时，外壁满足 3 个边界条件，内壁满足 2 个边界条件，共要满足 5 个边界条件；如果球壳内部充液体，则有 6 个边界条件。弹性散射问题中目标的形状很少能够用直角坐标描述，更多的是用诸如球、圆柱等各种正交曲线坐标描述，这时波动方程和本构方程（应力、应变）都要用相应坐标系中的表示式。

　　对于形状规则的表面，满足边界条件的 Helmholtz 方程可以利用分离变量法得到其精确解，将解表示成一些特殊函数的级数和，称为简正级数解或 Rayleigh

级数解。根据数学物理方法的研究，只有具有 11 种形状的表面可以进行分离变量得到严格解[3]，常见的有圆柱面、球面、椭圆柱面、旋转抛物面、长旋转椭球面、扁旋转椭球面等。

用 Rayleigh 级数解表示声场时存在两个重要的问题：一是散射场的解是一个无穷级数，级数的收敛性差，计算量随着频率的增加而增加；二是级数和的表示缺乏清晰的物理图像，无法直接分析回波中各个成分及其形成机理。因此，出现了共振散射理论（resonance scattering theory，RST）、表面环绕波分析理论等方法，深入阐述了声散射机理和回波成分及其特性。

共振散射理论是仿照量子力学散射理论将散射场分解为一个背景项和一些共振项，将散射场与目标的弹性共振现象——振动模态相联系，对共振现象进行了深入的解释，揭示了声散射的物理本质。它的最初应用是从散射形态函数中减去背景项得到纯弹性分波形态函数，从而分离出各阶共振散射贡献。因此，共振散射理论不仅解释了散射场随频率起伏的物理机理，而且提供了从散射场中提取目标共振谱的理论基础，发展了共振隔离与识别方法（method of isolation and identification of resonances，MIIR）[4]。

表面环绕波分析最初被称为蠕波分析。蠕波（creeping wave）是 Franz 在分析电磁波在地壳表面的波动现象时发现的一种沿着界面传播的波，又称爬波。类似于电磁波从导体表面圆柱散射，声波从刚性圆柱散射时，圆柱周围的介质中存在的一种慢速（速度略小于周围介质中的波速）传播的波，也就是蠕波。而当目标是弹性体时，在弹性体表面存在速度较快的弹性类表面波，其在球面和圆柱面这样的光滑封闭表面上是循环绕行的，因此称为环绕波（circumferential wave）而不是蠕波。对于环绕波的分析通常采用 Sommerfeld-Watson 变换（Sommerfeld-Watson transform，SWT）的分析方法，对经典的简正级数解进行 SWT 将原来对 n 求和的级数变成复 ν（对应 n）平面上的一个回路积分，不同的积分路径对应不同的散射成分，从而将散射场表示为各种波成分的叠加，使得回波的物理机理清晰。常用的环绕波分析的方法有两种：一种是 Überall 等采用的环绕波分析传统方法[5, 6]；另一种是汤渭霖等用广义奇异点展开法推导出的环绕波表示式[7]，详情请参阅相关文献。

共振散射理论和表面环绕波分析理论从不同的侧面揭示了弹性目标声散射的机理，本质上也是弹性结构声辐射的机理。共振散射理论将目标的散射用一系列弹性共振项来描述，这些弹性共振项在频域的分布——共振谱反映了目标的固有特性。表面环绕波分析理论则将目标散射用一系列弹性环绕波来描述，这些环绕波在时域上的分布也是目标的固有特性。因此，共振散射理论适合于在频域中研究目标散射（稳态问题），表面环绕波分析理论适合于在时域中研究散射问题（瞬态问题）。

2.2.2　简正级数解

简正级数解是将入射波和散射波表示成由基本波函数构成的 Rayleigh 简正级数，再根据边界条件和入射波求出级数的展开系数得到的散射波的解[8-10]。作为水下目标典型形状之一，球类目标（刚性球、软球、弹性球、真空弹性球壳以及不同填充下的球壳）和圆柱类目标的声散射已经得到深入研究。

对于实心球，由于形状简单，其解析解很容易得到。以待分析球体的球心为空间球坐标系 (r,θ,φ) 的原点 O，球的半径为 a，如图 2-1 所示。

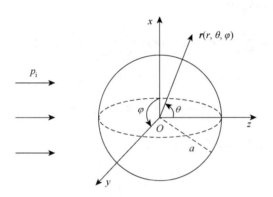

图 2-1　球的平面波散射

一平面波沿 z 轴入射到该目标，当 $\theta = \pi$ 时反向散射波即为目标回波。入射波和散射波都与方位角 φ 无关且关于 θ 对称，不考虑幅度和时延因子，该入射波可以表示成 $e^{ikz} = e^{ikr\cos\theta}$。为了与众多参考文献一致，用声压 p 表示声场 ϕ，则入射平面波按照球面波分解[11]：

$$p_i = e^{ikr\cos\theta} = \sum_{n=0}^{\infty} i^n (2n+1) j_n(kr) P_n(\cos\theta) \tag{2-32}$$

式中，$j_n(\cdot)$ 是 n 阶球 Bessel 函数；$P_n(\cdot)$ 是 n 阶 Legendre 函数。对于散射波，球坐标中依赖于 r 的解要取第一类球 Hankel 函数 $h_n^{(1)}(kr)$，略去时间因子，则散射波可以表示成

$$p_s = \sum_{n=0}^{\infty} i^n (2n+1) b_n h_n^{(1)}(kr) P_n(\cos\theta) \tag{2-33}$$

式中，$b_n = -B_n/D_n$ 是待定的散射系数，B_n 和 D_n 是由球面上的边界条件确定的行列式，不同边界条件得到的行列式的阶次不同。

当目标为刚性球时，球体在入射声波作用下不发生形变，声波也透不到球体内部，球体不参与周围流体介质质点的运动，因此，相应的边界条件为 Neumann 边值问题，质点振速为零，以此可以推导出 b_n：

$$r = a, \quad \frac{\partial(p_{\mathrm{i}} + p_{\mathrm{s}})}{\partial(r)} = 0 \quad \Rightarrow \quad b_n(x) = -\frac{j_n'(x)}{h_n^{(1)\prime}(x)} \tag{2-34}$$

式中，$x = ka = \omega a / c$ 为无量纲频率，又称归一化频率或无因次频率。散射声压可以表示成

$$p_{\mathrm{s}} = -\sum_{n=0}^{\infty} \mathrm{i}^n (2n+1) \frac{j_n'(x)}{h_n^{(1)\prime}(x)} h_n^{(1)}(kr) P_n(\cos\theta) \tag{2-35}$$

介质中的总声压可以写成

$$p = \sum_{n=0}^{\infty} \mathrm{i}^n (2n+1) \left(j_n(x) - \frac{j_n'(x)}{h_n^{(1)\prime}(x)} \right) h_n^{(1)}(kr) P_n(\cos\theta) \tag{2-36}$$

当目标为软球时，如水中气泡，边界条件和散射系数为

$$r = a, \quad p_{\mathrm{i}} + p_{\mathrm{s}} = 0 \quad \Rightarrow \quad b_n(x) = -\frac{j_n(x)}{h_n^{(1)}(x)} \tag{2-37}$$

这里引入形态函数的概念，其定义为

$$f(x,\theta) = \frac{2r}{a} \frac{p_{\mathrm{s}}(x,\theta)}{p_{\mathrm{i}}(x)} \mathrm{e}^{-\mathrm{i}kr} \tag{2-38}$$

式中，$f(x,\theta)$ 去除了目标相对距离以及传播相位因子的影响，完全描述了目标的远场散射特性。形态函数为目标对入射声波的响应，它是目标尺寸、材料力学参数、声波频率等参数的复杂函数。形态函数与接收点角度有关，当 $\theta = \pi$ 时就得到反向散射形态函数 $f(x,\pi)$。

上面给出了散射声场的一般表达式，人们更关心它的远场特性，在远场情况下，利用球 Hankel 函数的渐近展开式：

$$h_n^{(1)}(kr) \underset{kr \gg 1}{\longrightarrow} \frac{1}{kr} \mathrm{e}^{\mathrm{i}\left(kr - \frac{n+1}{2}\pi\right)} \tag{2-39}$$

根据形态函数的定义得到其声散射形态函数为

$$\left| f(x,\theta) \right| = \frac{2}{x} \left| \sum_{n=0}^{\infty} (2n+1) \frac{j_n'(x)}{h_n^{(1)\prime}(x)} P_n(\cos\theta) \right| \tag{2-40}$$

特别地，当 $\theta = \pi$ 时，$P_n(-1) = (-1)^n$，其反向散射形态函数为

$$\left| f(x,\pi) \right| = \frac{2}{x} \left| \sum_{n=0}^{\infty} (2n+1) \frac{j_n'(x)}{h_n^{(1)\prime}(x)} (-1)^n \right| \tag{2-41}$$

类似于平面波入射到球的情况，当平面波垂直入射到无限长圆柱时，如图 2-2 所示，入射波可以展开为

$$p_i = e^{ikr\cos\varphi} = \sum_{n=0}^{\infty} \varepsilon_n i^n J_n(kr)\cos n\varphi \qquad (2\text{-}42)$$

式中，ε_n 为 Neumann 因子，当 $n=0$ 时，$\varepsilon_n=1$，当 $n>0$ 时，$\varepsilon_n=2$；$J_n(\cdot)$ 为 n 阶 Bessel 函数。同样地，散射声压应该用第一类 Hankel 函数表示为

$$p_s = \sum_{n=0}^{\infty} \varepsilon_n i^n b_n H_n^{(1)}(kr)\cos n\varphi \qquad (2\text{-}43)$$

散射系数 $b_n = -B_n/D_n$ 由柱面上的边界条件确定。

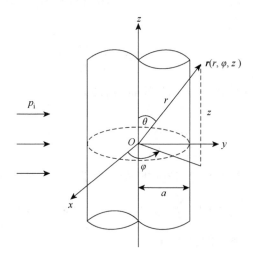

图 2-2　圆柱的平面波散射

对于无限长圆柱和圆柱壳体等二维问题，其形态函数定义为

$$f(x,\theta) = \left(\frac{2r}{a}\right)^{1/2} \frac{p_s(x,\theta)}{p_i(x)} e^{-ikr} \qquad (2\text{-}44)$$

远场条件下，同样可以利用柱 Hankel 函数的渐近展开式，得到无限长圆柱散射的形态函数。

2.2.3　共振散射理论

共振散射理论是用来描述共振散射现象的一种方法，由 Überall 等从核振动理论引入散射声场[12-14]。

以弹性圆柱和圆柱壳为例，其散射场 Rayleigh 级数解可以表示成

$$p_s(r,\varphi) = \sum_{n=0}^{\infty} \varepsilon_n i^n \frac{-B_n(x)}{D_n(x)} H_n^{(1)}(kr)\cos n\varphi \tag{2-45}$$

式中

$$\begin{cases} B_n(x) = \rho_0' x_T^2 J_n(x) D_n^{(1)}(x) - x J_n(x) D_n^{(2)}(x) \\ D_n(x) = \rho_0' x_T^2 H_n^{(1)}(x) D_n^{(1)}(x) - x H_n^{(1)\prime}(x) D_n^{(2)}(x) \end{cases} \tag{2-46}$$

对于实弹性圆柱，$\rho_0' = \rho_0 / \rho_e$，$D_n^{(1)}(x)$ 和 $D_n^{(2)}(x)$ 为 2×2 阶行列式。对于中空弹性圆柱壳，$D_n^{(1)}(x)$ 和 $D_n^{(2)}(x)$ 为 4×4 阶行列式。散射系数表示为

$$b_n(x) = -\frac{B_n(x)}{D_n(x)} = -\frac{J_n(x)F_n(x) - xJ_n'(x)}{H_n^{(1)}(x)F_n(x) - xH_n^{(1)\prime}(x)} \tag{2-47}$$

式中

$$F_n(x) = \rho_0' x_T^2 \frac{D_n^{(1)}(x)}{D_n^{(2)}(x)} \tag{2-48}$$

F_n^{-1} 与模态机械阻抗成比例。系统的特征方程为

$$D_n(x) = 0 \tag{2-49}$$

$$D_n^{(1)}(x) = \begin{vmatrix} d_{22} & d_{23} \\ d_{32} & d_{33} \end{vmatrix}, \quad D_n^{(2)}(x) = -\begin{vmatrix} d_{12} & d_{13} \\ d_{32} & d_{33} \end{vmatrix}$$

Überall 等提出的共振散射理论仿照量子力学散射理论，将散射场写成

$$p_s(r,\varphi) = \sum_{n=0}^{\infty} \varepsilon_n i^n (S_n - 1) H_n^{(1)}(kr)\cos n\varphi \tag{2-50}$$

式中，系数 S_n 与散射系数的关系为

$$S_n - 1 = 2b_n \tag{2-51}$$

如果弹性圆柱接近刚性体，像金属的实圆柱或厚圆柱壳，需要分离出刚性背景。根据刚性圆柱的 $b_n(x) = -J_n'(x)/H_n^{(1)\prime}(x)$，得到

$$S_n^r = -H_n^{(2)\prime}(x)/H_n^{(1)\prime}(x) = e^{2i\delta_n^r} \tag{2-52}$$

$$\tan\delta_n^r = J_n'(x)/Y_n'(x) \tag{2-53}$$

如果弹性圆柱接近软性体，像非常薄的中空壳体，需要分离出软背景，得到

$$S_n^s = -H_n^{(2)}(x)/H_n^{(1)}(x) = e^{2i\delta_n^s} \tag{2-54}$$

$$\tan\delta_n^s = J_n(x)/Y_n(x) \tag{2-55}$$

式中，上标 r、s 分别表示与刚性背景和软背景对应的量。当背景为刚性时，从散射系数中提取刚性背景得到

$$S_n = S_n^r \frac{F_n^{-1} - z_n^{(2)-1}}{F_n^{-1} - z_n^{(1)-1}} \tag{2-56}$$

式中，$z_n^{(1)} = xH_n^{(1)\prime}(x) / H_n^{(1)}(x)$；　$z_n^{(2)} = xH_n^{(2)\prime}(x) / H_n^{(2)}(x)$。$z_n^{(1)-1}$ 和 $z_n^{(2)-1}$ 分别与向外发散的和向内汇聚的柱面波的模态声阻抗成比例。将 $z_n^{(1,2)-1}$ 分成实部和虚部：

$$z_n^{(1,2)-1} = \varDelta_n^r \pm i\varLambda_n^r \tag{2-57}$$

式中

$$\begin{cases} \varDelta_n^r = \dfrac{J_n(x)J_n'(x) + Y_n(x)Y_n'(x)}{x(J_n'^2(x) + Y_n'^2(x))} \\ \varLambda_n^r = -\dfrac{2}{\pi x^2}\dfrac{1}{J_n'^2(x) + Y_n'^2(x)} \end{cases} \tag{2-58}$$

当方程

$$F_n^{-1}(x) = \varDelta_n^r \tag{2-59}$$

成立时散射达到共振，由此解出一系列共振频率 x_{nl}^r，$l = 1, 2, \cdots$。x_{nl}^r 是第 n 阶模态的第 l 个共振。将 $F_n^{-1}(x)$ 在某个共振频率 x_{nl}^r 附近进行 Taylor 级数展开：

$$F_n^{-1}(x) \approx \varDelta_n^r + b_{nl}^r(x - x_{nl}^r) \tag{2-60}$$

定义共振宽度为

$$\varGamma_{nl}^r = -2\varLambda_n^r / b_{nl}^r \tag{2-61}$$

将系数 S_n 表示成所有共振频率的展开式之和得到

$$S_n = S_n^r \sum_{l=1}^{\infty} \frac{x - x_{nl}^r - i\varGamma_{nl}^r / 2}{x - x_{nl}^r + i\varGamma_{nl}^r / 2} \tag{2-62}$$

散射系数可以表示成

$$b_n(x) = \frac{1}{2}(S_n - 1) = \frac{1}{2}\left((S_n^r - 1) + S_n^r \frac{2i\varLambda_n^r}{F_n^{-1} - \varDelta_n^r - i\varLambda_n^r}\right) \tag{2-63}$$

利用 $S_n^r = e^{2i\delta_n^r}$，$S_n^r - 1 = e^{i\delta_n^r}2i\delta_n^r$ 得到

$$b_n(x) = ie^{i\delta_n^r}\left(\frac{\varLambda_n^r}{F_n^{-1} + \varDelta_n^r - i\varLambda_n^r} + e^{-i\delta_n^r}\sin\delta_n^r\right) \tag{2-64}$$

将其在共振频率附近展开得到共振散射公式：

$$b_n(x) = ie^{i\delta_n^r}\left(\sum_{l=0}^{\infty}\frac{\varGamma_{nl}^r / 2}{x - x_{nl}^r + i\varGamma_{nl}^r / 2} + e^{-i\delta_n^r}\sin\delta_n^r\right) \tag{2-65}$$

式中，小括号中第一项表示共振的贡献；小括号中第二项表示平滑的"背景"项，也就是刚性圆柱的散射。分离出刚性背景后得到"纯"共振散射场，即

$$p_s^e(r, \varphi) = \sum_{n=0}^{\infty}\sum_{l=1}^{\infty}\varepsilon_n i^n \frac{\varGamma_{nl}^r / 2}{x - x_{nl}^r + i\varGamma_{nl}^r / 2}e^{2i\delta_n^r}H_n^{(1)}(kr)\cos n\varphi \tag{2-66}$$

那么其形态函数可以表示为

$$f_\infty(\varphi) = \sum_{n=0}^{\infty} f_n(\varphi) = \frac{2}{(\mathrm{i}\pi x)^{1/2}} \sum_{n=0}^{\infty} \varepsilon_n b_n(x) \cos n\varphi \qquad (2\text{-}67)$$

其中每一阶模态的形态函数成为分波形态函数。共振形式的分波形态函数可表示为

$$f_n(\varphi) = 2\mathrm{i}\varepsilon_n(\mathrm{i}\pi x)^{1/2} \mathrm{e}^{2\mathrm{i}\delta_n^r} \left(\sum_{l=1}^{\infty} \frac{-\Gamma_{nl}^r/2}{x - x_{nl}^r + \mathrm{i}\Gamma_{nl}^r/2} + \mathrm{e}^{-\mathrm{i}\delta_n^r} \sin \delta_n^r \right) \cos n\varphi \quad (2\text{-}68)$$

此外，汤渭霖用复变函数论中的奇异点展开法同样推导出了共振散射公式[15]，应用 Wronskian 行列式直接从总的散射场中分列出刚性背景项，得到"纯"弹性散射场。

背景项的选择将影响纯共振散射场的提取，当目标为实体时，可以认为是刚性背景，然而，当目标为壳体时，各背景区分并不严格。文献[16]指出，对于球壳目标，当球壳内半径与外半径之比为 0.7 时，背景项可以用刚性背景来代替；当内外半径之比为 0.9 时，背景项不能用刚性背景来代替。壳体的背景与壳厚有关，用 b/a 衡量壳体厚度，b 和 a 分别为壳体的内外半径，$b/a \leqslant 0.9$ 时认为是厚壳，$b/a \geqslant 0.995$ 时认为是薄壳。经过研究表明，这样简单地区分是不准确的，实际上，壳体的厚薄还与频率有密切关系。1%的壳体在低频时接近软壳体，到高频时（如 $ka > 100$）则接近于硬壳体。因此，一个合适的背景应该随着 ka 的增加从软背景逐渐过渡到硬背景，这种背景称为中间背景（intermediate background）。目前，比较好的中间背景表达式是由 Werby 提出的形式[17]。

物体的共振模式与物体的几何形状、尺寸大小和组成材料性质密切相关，这些信息蕴含在散射信号中，通过共振散射理论分析，将目标特征信息提取出来，再结合先验知识，采用适当的决策方法，就可以对目标的某些性质做出判别。文献[18]建立了柱形物体共振频率与材料密度、纵横波波速之间的关系，然后利用共振散射理论分析，得到目标的共振频率，利用已建立的关系，反演出材料纵横波波速和密度值。文献[19]利用理论计算和实验测量得到物体共振频率，采用聚类分析反演了材料纵横波波速，结果表明，由理论计算共振频率反演材料纵横波波速，相对误差小于 5%；由实验测量共振频率反演材料纵横波波速，相对误差小于 8%。尽管材料密度反演误差值较大，但仍具有参考价值。

2.3 目标散射声场积分方程及相关解法

对于简单形状目标的散射问题，首先是用分离变量法解出的级数解进行理论计算，诸如球函数、柱函数等这些常见特殊函数的计算已有现成的程序可用，容易实现。当目标形状比较复杂时，分离变量法不再适用，此时，波动方程的解可以用 Kirchhoff 解法表示成表面积分的形式，在单频情况下又称为 Helmholtz 积分

公式。通过离散可以将 Helmholtz 积分公式和积分方程转换成线性代数方程组进行数值计算，使得非规则目标辐射和散射声场的数值计算成为可能。目标受到入射声波的激励产生振动，其外表面会向外界发出散射声波，这时目标表面如同次级声源，借助 Helmholtz-Kirchhoff 远场积分公式可以得到散射声波的积分方程严格解[20]。

理论上，积分方程的解是精确的且可以应用于任意复杂形状的目标。但是，在实际计算过程中，积分方程要用数值方法进行求解，因此，在现代声学理论研究中数值计算方法是重要的发展方向。常用的声散射数值计算方法有边界元法、有限元法、T 矩阵法等。此外，对于实际目标，由于形状和结构过于复杂，很难进行精确估计，且在计算过程中，频率越高、计算量越大，一般的台式计算机只能计算很低频段的回波特性，无法实现实时预报，因此发展起来一些近似解法，如物理声学方法、亮点模型、板块元法等。

2.3.1 目标散射声场积分方程

图 2-3 为散射声场的 Helmholtz 积分公式推导示意图。

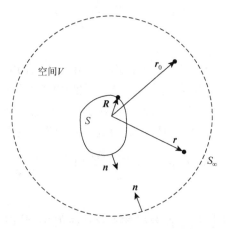

图 2-3 散射 Helmholtz 积分公式推导示意图

设已知 S 面上的 ϕ 和 $\partial\phi/\partial n$，n 是表面外法线。S 面可以是实际声源的振动面，也可以是空间任何一个封闭面。取一个半径趋近于无限大的面 S_∞，将 S 面和 r 场点包围起来。在 r_0 处增加一个点源，求由 r_0 发出的声波经 S 面散射后在场点 r 处产生的散射声场 $\phi_s(r_0, r)$。由点源产生的入射声场 $\phi_i(r_0, r)$、S 面的散射场 $\phi_s(r_0, r)$ 和总声场 $\phi = \phi_s + \phi_i$ 分别满足 Helmholtz 方程：

$$\left(\nabla^2 + k^2\right)\begin{Bmatrix}\phi_i(r_0,r) \\ \phi_s(r_0,r) \\ \phi(r_0,r)\end{Bmatrix} = \begin{Bmatrix}-4\pi\delta(r-r_0) \\ 0 \\ -4\pi\delta(r-r_0)\end{Bmatrix} \qquad (2\text{-}69)$$

以及 S 面上的边界条件和无线远辐射条件。r_0 总是处在 S 面外，而 r 可以处在 S 面外或者 S 面内，也可以在 S 面上。引入积分动点 r' 和辅助函数——Green 函数 $G(r,r')$，这里 Green 函数就是不存在散射面时的入射波。$\phi(r')$ 也满足方程 $\nabla^2\phi(r') + k^2\phi(r') = 0$，$G(r,r')$ 满足

$$(\nabla^2 + k^2)G(r,r') = -4\pi\delta(r-r') \qquad (2\text{-}70)$$

散射声场 ϕ_s 满足积分公式：

$$(\nabla^2 + k^2)\phi_s(r_0,r') = 0 \qquad (2\text{-}71)$$

用 $G(r,r')$ 乘以式（2-71），$\phi_s(r_0,r')$ 乘以式（2-70），二者相减得到

$$G(r,r')\nabla^2\phi_s(r_0,r') - \phi_s(r_0,r')\nabla^2 G(r,r') = 4\pi\phi_s(r_0,r')\delta(r-r') \qquad (2\text{-}72)$$

两边对 r' 积分，左边利用 Green 公式将体积分变成 $S + S_\infty$ 面的积分并略去无限大球面 S_∞ 上的积分。右边的体积分考虑 δ 函数的作用，得到散射声场满足的 Helmholtz 积分公式：

$$\int_S\left(\phi_s(r_0,r_s)\frac{\partial G(r,r_s)}{\partial n} - G(r,r_s)\frac{\partial \phi_s(r_0,r_s)}{\partial n}\right)\mathrm{d}S = \begin{cases}4\pi\phi_s(r_0,r), & r\text{在}S\text{面外} \\ 0, & r\text{在}S\text{面内}\end{cases}$$

$$(2\text{-}73)$$

该公式与辐射声场的 Helmholtz 积分公式十分相似，它们的物理意义也是相似的。空间中任意一点的散射声场都是由 S 面上的次级声源产生的波在该点贡献叠加而成的，脉动源的强度是 $-(\partial\phi_s / \partial n)\mathrm{d}S$，偶极子声源的强度是 $\phi_s\mathrm{d}S$。

对于入射声场，进行同样的操作，得到入射声场满足的 Helmholtz 积分公式：

$$\int_S\left(\phi_i(r_0,r_s)\frac{\partial G(r,r_s)}{\partial n} - G(r,r_s)\frac{\partial \phi_i(r_0,r_s)}{\partial n}\right)\mathrm{d}S = \begin{cases}0, & r\text{在}S\text{面外} \\ -4\pi\phi_i(r_0,r), & r\text{在}S\text{面内}\end{cases}$$

$$(2\text{-}74)$$

这个结果反映了入射声场是假设散射体不存在时的场，这时 S 面是一个虚假的面，S 内也存在场，它可以用表面上的 ϕ_i 和 $\partial\phi_i / \partial n$ 描述，负号是因为现在规定的法线是外法线。另外，当 r 处在 S 面外时虚假 S 面产生的场应该为 0，空间中的场只有来自声源 r_0 的直达声场。将散射声场和入射声场的 Helmholtz 积分公式结合在一起，就得到总声场满足的 Helmholtz 积分公式。

$$\int_S\left(\phi(r_0,r_s)\frac{\partial G(r,r_s)}{\partial n} - G(r,r_s)\frac{\partial \phi(r_0,r_s)}{\partial n}\right)\mathrm{d}S = \begin{cases}4\pi\phi_i(r_0,r), & r\text{在}S\text{面外} \\ -4\pi\phi_i(r_0,r), & r\text{在}S\text{面内}\end{cases}$$

$$(2\text{-}75)$$

当 r 在 S 面外时，又常写成

$$\phi(r_0, r) = \phi_i(r_0, r) + \frac{1}{4\pi}\int_S \left(\phi(r_0, r_s)\frac{\partial G(r, r_s)}{\partial n} - G(r, r_s)\frac{\partial \phi(r_0, r_s)}{\partial n}\right)\mathrm{d}S$$

$$(2\text{-}76)$$

根据上面介绍的积分公式，只要同时已知表面上的 ϕ 和 $\partial\phi / \partial n$ 或 ϕ_s 和 $\partial\phi_s / \partial n$ 就可以用面积分计算表面外任意一点的声场。因此，这是计算任意形状表面声散射的基本公式，前提是要通过某种途径同时获得表面上的 ϕ 和 $\partial\phi / \partial n$。

进一步推导 Helmholtz 表面积分方程，也就是 r 处在 S 面上时所满足的方程。因为用 Helmholtz 积分公式计算散射声场必须同时给出表面上的 ϕ 和 $\partial\phi / \partial n$。然而在许多实际问题中，通常只已知入射到散射体表面的声压。因此，首先要根据这个已知条件求解表面上的 ϕ_s 和 $\partial\phi_s / \partial n$，也就是散射问题的表面积分方程。上面在推导 Helmholtz 积分公式时并没有允许 r 处在 S 面上，因为当 r 处在 S 面上时面积分在 $r \to r_s$ 时产生奇异性，需要专门计算积分主值。

分别考虑散射场 ϕ_s 和入射场 ϕ_i。考察当场点 r 从外部趋向于表面 S 上的 r_s 时，下述散射场的表面积分的值：

$$\int_S \left(\phi_s(r_0, r_s)\frac{\partial}{\partial n}\left(\frac{\mathrm{e}^{ikR}}{R}\right) - \frac{\mathrm{e}^{ikR}}{R}\frac{\partial\phi_s(r_0, r_s)}{\partial n}\right)\mathrm{d}S \qquad (2\text{-}77)$$

当场点 r 趋于表面 S 上的 r_s 时，Green 函数中的 $R = |r - r_s| \to 0$，积分存在奇异性，要计算主值。将积分面上邻近 r 的小面元 ΔS 分离出来，面积分区域分成 S_0 和 ΔS 两部分。在大部分区域 S_0 中积分无奇异性，且当 $\Delta S \to 0$ 时，$S_0 \to S$。在小区域 ΔS 中积分的第二项趋于 0，实际上无奇异性。因为当 $R \to 0$ 时，$\mathrm{d}S$ 以 $R^2 \to 0$。奇异性发生在 ΔS 积分的第一项，当 $R \to 0$ 时，令指数上的 $R = 0$，于是有

$$\int_{\Delta S} \phi_s(r_0, r_s)\frac{\partial}{\partial n}\left(\frac{1}{R}\right)\mathrm{d}S \qquad (2\text{-}78)$$

对于凸光滑表面，r 在 S 面外时法线与直线 R 之间的夹角是锐角：

$$\frac{\partial}{\partial n}\left(\frac{1}{R}\right)\mathrm{d}S = -\frac{1}{R^2}\frac{\partial R}{\partial n}\mathrm{d}S = \frac{\cos\theta\mathrm{d}S}{R^2} = \mathrm{d}\Omega \qquad (2\text{-}79)$$

式中，$\mathrm{d}\Omega$ 是面元 $\mathrm{d}S$ 所对应的立体角；$\partial R / \partial n = -\cos\theta$。因此有

$$\lim_{\Delta S \to 0}\int_{\Delta S}\phi_s(r_0, r_s)\frac{\partial}{\partial n}\left(\frac{1}{R}\right)\mathrm{d}S = \Omega\phi_s(r_0, r) \qquad (2\text{-}80)$$

式中

$$\Omega = \lim_{\Delta S \to 0}\int_{\Delta S}\frac{\partial}{\partial n}\left(\frac{1}{R}\right)\mathrm{d}S = \lim_{\Delta S \to 0}\int_{\Delta S}\mathrm{d}\Omega \qquad (2\text{-}81)$$

是从 S 面外趋于表面时的立体角，对于凸光滑表面 $\Omega = 2\pi$。如果表面上存在向外

突出的尖角 Λ，$\Omega = 4\pi - \Lambda$。因此表面积分的主值为

$$\lim_{R \to 0} \int_S = \int_S + \Omega \phi_s(r_0, r) \qquad (2\text{-}82)$$

从式（2-73）出发让场点 r 从外部趋向表面 S，利用式（2-82）得到

$$\int_S \left(\phi_s(r_0, r_s) \frac{\partial G(r, r_s)}{\partial n} - G(r, r_s) \frac{\partial \phi_s(r_0, r_s)}{\partial n} \right) dS + \Omega \phi_s(r_0, r) = 4\pi \phi_s(r_0, r)$$

$$(2\text{-}83)$$

或者一般地写成

$$C_0(r) \phi_s(r_0, r_s) = \int_S \left(\phi_s(r_0, r_s) \frac{\partial G(r, r_s)}{\partial n} - G(r, r_s) \frac{\partial \phi_s(r_0, r_s)}{\partial n} \right) dS \qquad (2\text{-}84)$$

式中

$$C_0(r) = \begin{cases} 2\pi, & \text{凸光滑表面} \\ \Lambda, & \text{向外突出的尖角} \Lambda \\ 4\pi - \int_S \frac{\partial}{\partial n} \left(\frac{1}{R} \right) dS, & \text{任意表面} \end{cases} \qquad (2\text{-}85)$$

奇异积分本来是在 $R \to 0$ 的小邻域 ΔS 中进行的，现在扩展到整个表面 S。由于离开奇异点被积函数正比于 R^{-2}，所以奇异点以外的区域对于积分的贡献为 0。因此，对于凸光滑表面，结合式（2-73）以及式（2-75）得到总声场的表达式：

$$\int_S \left(\phi(r_0, r_s) \frac{\partial}{\partial n} \left(\frac{e^{ikR}}{R} \right) - \frac{e^{ikR}}{R} \frac{\partial \phi(r_0, r_s)}{\partial n} \right) dS = \begin{cases} 4\pi \phi_s(r_0, r), & r \text{在} S \text{面外} \\ 2\pi \phi_s(r_0, r) - 2\pi \phi_i(r_0, r), & r \text{在} S \text{面上} \\ -4\pi \phi_s(r_0, r), & r \text{在} S \text{面内} \end{cases}$$

$$(2\text{-}86)$$

其中，第二式给出表面上满足的积分方程：

$$\phi_s(r_0, r) = \phi_i(r_0, r) + \frac{1}{2\pi} \int_S \left(\phi(r_0, r_s) \frac{\partial G(r, r_s)}{\partial n} - G(r, r_s) \frac{\partial \phi(r_0, r_s)}{\partial n} \right) dS \qquad (2\text{-}87)$$

或

$$\phi(r_0, r) = 2\phi_i(r_0, r) + \frac{1}{2\pi} \int_S \left(\phi(r_0, r_s) \frac{\partial}{\partial n} \left(\frac{e^{ikR}}{R} \right) - \frac{e^{ikR}}{R} \frac{\partial \phi(r_0, r_s)}{\partial n} \right) dS \qquad (2\text{-}88)$$

此式就是根据表面上的振速 $\partial \phi / \partial n$ 求声压的积分方程，其中入射声场 ϕ_i 是已知的激励源。根据这个方程求出 $\partial \phi / \partial n$ 和 ϕ，再利用 Helmholtz 积分公式（2-76）可以计算空间任意一点的散射场。或者从表面积分方程解出 $\partial \phi / \partial n$ 和 ϕ 先减去表面上的 $\partial \phi_i / \partial n$ 和 ϕ_i 直接得到 $\partial \phi_s / \partial n$ 和 ϕ_s，再用表面积分公式计算散射场。

Helmholtz 积分公式和表面积分方程常写成更为一般的形式：

$$C(r)\phi(r_0,r) = 4\pi\phi_i(r_0,r) + \int_S \left(\phi(r_0,r_s) \frac{\partial}{\partial n}\left(\frac{e^{ikR}}{R} \right) - \frac{e^{ikR}}{R} \frac{\partial\phi(r_0,r_s)}{\partial n} \right) dS \quad (2\text{-}89)$$

$$C(r) = \begin{cases} 4\pi, & r\text{在}S\text{面外} \\ 4\pi - \int_S \frac{\partial}{\partial n}\left(\frac{1}{R} \right) dS, & r\text{在}S\text{面上} \\ 0, & r\text{在}S\text{面内} \end{cases} \quad (2\text{-}90)$$

在数学上 Helmholtz 积分公式从微分形式的波动方程导出，并被证明解是唯一的。而从物理上，Helmholtz 积分公式表示波传播的 Huygens 原理（介质中任意一处的波动状态是由各处的波动决定的）。表面积分方程规定了 $\partial\phi/\partial n$（正比于法向振速）和 ϕ（正比于声压）之间的联系，如果二者之一已知，就可以利用这个方程根据 $\partial\phi/\partial n$ 求出 ϕ，反之亦然。

根据表面积分求出的振速和声压利用 Helmholtz 积分公式可以计算空间任意一点的散射场。或者，从表面积分方程解出振速和声压，先减去表面的声压和振速得到散射的声压和振速，再利用表面积分公式计算散射场。在利用计算机进行数值计算时将表面离散成许多面单元，这些单元是声场边界面上的基本单元，所以将其称为边界元（boundary element，BE），这就是边界元法的基础。离散之后，积分方程变成线性代数方程组，积分公式变成线性叠加公式。随着数值计算技术的快速发展，边界元法能够计算任意表面形状的散射问题的优点越来越突出。

当散射体是弹性结构时，在激励力或入射声压作用下结构发生振动和声散射，辐射声压对于结构振动产生反作用，总声场是结构振动和辐射声场耦合的结果。这类结构声学问题必须将表面积分方程与结构振动方程结合起来才能解出表面上的 $\partial\phi/\partial n$ 和 ϕ。在进行数值计算时，主要采用结构有限元（finite element，FE）结合声学边界元法计算，结构用有限元离散，辐射表面用边界元离散，这是现今数学计算结构声学问题的主要方法。此外，各学者也一直在寻找其他高效计算方法，如结构和声场都用有限元离散的单纯有限元法。

在散射问题中，有时候利用表面积分公式的外场和内场公式消去表面上的 $\partial\phi/\partial n$ 和 ϕ，直接建立散射场和入射场的联系，这是 T 矩阵法的基本思路，这样能够避免解表面积分方程。T 矩阵（transition matrix）法[21-23]又称为扩展边界条件法或零场法，其基本思想是将入射场、散射场和 Green 函数都用一个基本函数组展开，然后利用内、外两个方程消除表面上的场，这样就可以得到联系散射场和入射场的传递矩阵，即 T 矩阵。一旦获得目标的 T 矩阵，任意入射角下的散射声场都可以计算。T 矩阵法较成功的计算例子是长椭球、两边有半球帽的有限长圆柱体这样一些形状，包括刚性体、弹性体和弹性壳体。由于巧妙地避开了解表面积分方程，T 矩阵法的优点是计算工作量显著减少，能够计算较高频率声散射。T 矩阵本身与入射波无关，只与目标本身材料、外形等量有关，在计算中可以自动检查正确性和调节精度，因此 T 矩阵法的适应性较强，可以计算复杂形状目标的声散射，得到较为广泛的应用[24, 25]。其主要缺点是不能计算有边有棱角的情况，因为当表面有棱角或法向导数不连续时，基本函数在散射体表面不完备，不满足 T 矩阵法的假设。另外，由于通常都选用球谐函数作为基函数，该方法不适用于长宽比较大的情况，且只适用于散射问题。

由于工程应用需求的不断增加，基于表面积分方程，逐渐发展出了一些近似解法，如物理声学方法、亮点模型、板块元法等。

物理声学方法又称 Kirchhoff 近似方法，实质是如果目标的尺寸比声波波长大很多，并且这个面的曲率半径也比波长大很多，则可以认为在目标表面上的声压和振动速度的比值近似平面波。这样积分方程被简化为一个面积分，得到了极大的简化，由此可见 Kirchhoff 近似方法是一种高频平面波近似。该方法首先被应用在刚性表面，后被推广到界面附近目标的回波分析[26, 27]。Kirchhoff 近似方法虽然不能精确阐述目标声散射的深层产生机理，但它利用目标表面局部平面波近似，将声散射积分方程转化为常规的面积分，简化了计算，且对简单目标几何声散射特征的描述与实际基本相符，适用于实际工程实践应用，如目标强度预报。

亮点这一概念是从光学散射引入的，在光散射情况下，镜反射点的反射波看上去最亮，称为亮点。同理，在声学领域，用亮点表示反（散）射信号的发出点。当声波从凸光滑曲面上散射时，到达接收点的散射波主要来自镜反射点的几何反射波。由于入射波和散射波满足反射定律，入射角等于反射角，这一点的反射波最强。在高频（ $ka>2\pi$ ）情况下，任何一个复杂目标的回波都是由若干个子回波叠加而成的，每个子回波可以看作从某个散射点或者散射中心发出的波，这个散射点即为亮点，它既可以是真实的亮点也可以是等效亮点。亮点模型是在入射声为高频、带限信号条件下，总结理论和实验研究结果得出的，在工程上具有一定的应用价值，如估计复杂几何形状目标的目标强度值或在理论上模拟目标回声信号等。

Kirchhoff 近似方法直接对面积分进行数值计算需要先对目标进行几何建模，建模的精度影响计算结果的精度。通过几何建模将表面分成许多单元，然后对每个单元应用 Kirchhoff 近似方法，计算出目标强度。这种方法对目标形状的拟合比较准确，但是划分的单元数很大（数万至数百万个），计算面积分的速度较慢。随着声呐技术和水下武器系统的发展，要求目标回声特性预报的精度更高、速度更快。特别是，水声对抗和反对抗的发展对于目标回声特性预报提出了一些新的需求。随着隐身技术的发展，声呐目标表面敷设吸声覆盖层，因此需要预报非刚性目标的回声。随着水中精确制导技术的发展，需要预报近距离目标的回声特性。并且，要求给出二维和三维回声图像，计算的工作量显著增加，迫切要求提高计算速度。根据这些需求，发展出了一种适用于声呐目标远场、近场回声特性预报的数值计算方法——板块元法[28]。

板块元法在应用 Kirchhoff 近似方法求解水中目标散射声场时，用一组平面板块元近似目标曲面，将所有板块元的散射声场叠加得到总散射声场的近似值。文献[28]对板块元法的计算精度和速度进行了讨论。板块元法可以计算刚性、表面敷设黏弹性材料目标的远场、近场回声特性。只要 Kirchhoff 近似方法适用的场合都可以用板块元法进行计算。与直接数值积分相比，这种方法具有运算速度快、精度高的特点，在水下目标回波特性预报中应用广泛，如 Benchmark 潜艇模型目标强度计算[29]、双层壳体和敷瓦潜艇目标强度计算、界面附近目标回波计算等。

2.3.2　边界元法和有限元法

利用数值方法求解 Helmholtz 积分方程，首先将表面 S 离散成许多小面元，这就是原始的边界元法[30, 31]。设表面 S 离散成 M 个单元，每个单元足够小，使得面元上的声压和振速基本均匀，显然要求其最大尺寸远小于 λ。这样在面元的积分中可以把 $\phi(r_s)$ 和 $\phi'(r_s) \equiv \partial\phi(r_s)/\partial n$ 移出积分号，使得 $\int_S \to \sum\limits_{m=1}^{M}\int_{S_m}$。

将积分方程

$$\phi(r_0,r)=2\phi_i(r_0,r)+\frac{1}{2\pi}\int_S\left(\phi(r_0,r_s)\frac{\partial G(r,r_s)}{\partial n}-G(r,r_s)\frac{\partial\phi(r_0,r_s)}{\partial n}\right)\mathrm{d}S,\quad r\in S \quad (2\text{-}91)$$

离散，当积分号外的 ϕ 和 ϕ_i 中场点 r 取 S 面上的第 m 个单元位置 r_{sm} 时，积分号内的 r 可以取 S 面上包括第 m 个单元在内的所有单元 r_{sn}，$n=1,2,\cdots,M$。离散后的方程组为

$$\phi_m-\sum_{n=1}^{M}\int_{S_n}\phi_n\frac{1}{2\pi}\frac{\partial}{\partial n}\left(\frac{\mathrm{e}^{ikR}}{R(r_{sm},r_{sn})}\right)\mathrm{d}S+\sum_{n=1}^{M}\int_{S_n}\phi'_n\frac{1}{2\pi}\frac{\mathrm{e}^{ikR}}{R(r_{sm},r_{sn})}\mathrm{d}S=2\phi_{im}$$

$$m=1,2,\cdots,M \quad (2\text{-}92)$$

式中，$\phi_m=\phi(r_0,r_{sm})$ 是第 m 个单元的声势，其法向导数为 $\phi'_m=\partial\phi(r_0,r_{sm})/\partial n$；$\phi_{im}$ 是第 m 个单元的入射声势。该式可以改成

$$\phi_m+\sum_{n=1}^{M}A_{mn}\phi_n+\sum_{n=1}^{M}B_{mn}\phi'_n=2\phi_{im} \quad (2\text{-}93)$$

式中，$A_{mn}=-\dfrac{1}{2\pi}\int_{S_n}\dfrac{\partial}{\partial n}\left(\dfrac{\mathrm{e}^{ikR}}{R(r_{sm},r_{sn})}\right)\mathrm{d}S$；$B_{mn}=\dfrac{1}{2\pi}\int_{S_n}\dfrac{\mathrm{e}^{ikR}}{R(r_{sm},r_{sn})}\mathrm{d}S$；$R(r_{sm},r_{sn})$ 是从第 m 个单元的中心坐标 r_{sm} 到积分单元 S_n 内任意一点 r_{sn} 的距离。需要注意的是，当 $m=n$ 时要计算奇异积分。式（2-93）可以表示成矩阵的形式 $I\phi+A\phi+B\phi'=2\phi_i$，

其中，I 是单位矩阵，A 和 B 是系数矩阵，都是 M 阶矩阵，ϕ、ϕ' 和 ϕ_i 是 M 元矢量或列矩阵。对于散射问题，必须已知表面上的 ϕ 和 ϕ' 之间的关系才能解此方程，因此，应用边界元法时必须进行矩阵求逆运算。

理论上，只要单元分得足够细，边界元法可以获得较高的计算精度，但是单元数的增加无疑会导致系数矩阵阶数增加，使得矩阵求逆越来越困难。为了在保证计算精度的同时节省计算时间，可以对单元的取法和声学量的表示方法加以改进。研究表明[32]，用合适的曲面单元代替平面单元可以更好地拟合表面形状，用插值函数表示声学量比假设单元上声学量均匀更加精确。

用边界元法计算声散射问题的最大困难是大阶次矩阵的求逆计算。矩阵的阶次取决于单元的数量，单元的数量又取决于结构的尺寸与波长之比。经验规律指出，为了保证计算精度，要求每个波长距离内不少于 6 个单元。因此，频率越高，划分的单元数越多，矩阵越大，求逆计算的稳定性越差。

边界元法只联系表面上的 $\phi' = \partial \phi / \partial n$ 和 ϕ，不涉及散射体本身的振动，因此，对于散射问题，单独使用边界元法只能计算表面上 ϕ' 和 ϕ 之间有确定关系的情况，包括硬（刚性）、软和阻抗表面这几种情况。当目标为弹性结构时，必须考虑结构在入射声压作用下的振动，边界面上的 ϕ' 和 ϕ 不仅受到边界积分方程的制约，而且要满足振动方程。这时仅靠边界元法就无能为力了，必须与其他分析振动的力学方法联合求解。于是，有限元法被引入其中。

有限元法[33]是工程结构力学分析中最常用的数值计算方法，已应用于结构力学、流体力学、电路学、热力学、声学、化学化工反应等。它能够直接用来计算结构在空气（真空）中的振动，将它用于水中的振动和声辐射主要解决结构振动与声场的耦合问题，即振动所产生的声压反过来又激励振动。在数学上就是要将结构的被激振动方程和流体的 Helmholtz 方程联合求解。有限元法不仅计算精度高，而且能够适应各种复杂形状，其基本操作是将求解域看作由许多小的互连子域——有限元组成的，对每个单元假定一个较简单的近似解，然后推导求解整个求解域满足的条件。原则上，结构外部的流体介质也可以用有限元离散，因为流体可以看作剪切模量为零的一种特殊固体。但是这样一来，对于结构外的三维声场，流体单元数极其庞大。而边界元法只需在表面边界上进行离散，使得流体部分的单元维数降低了一维。所以，有限元结合边界元法是处理结构声学问题的一种有效数值计算方法。

随着计算机技术的发展，出现了很多软件来帮助人们进行计算机仿真计算。在水下目标声散射计算方面，常用的仿真软件有基于有限元和边界元分析的 ANSYS、SYSNOISE 以及 COMSOL Multiphysics。

ANSYS 是一款有限元分析软件，由于具有多种计算机辅助设计软件接口，如 NASTRAN、I-DEAS、Auto-CAD 等，被应用在众多领域。SYSNOISE 则是一款基于有限元、无限元和边界元的声振耦合分析软件，用户可根据不同的需要选择不同的计算方法，功能强大，能够计算声辐射、声散射、空气噪声、结构声辐射、结构-声场耦合系统分析等。SYSNOISE 的软件建模功能相对较弱，在建立大型复杂目标模型方面存在困难，因此，可以将二者结合，即有限元＋边界元法，通过ANSYS 软件进行建模提取网格结构，并将其导入 SYSNOISE 中进行计算[34]。商德江等通过有限元软件 ANSYS 和边界元软件 SYSBOISE 两个商业软件，运用有限元和边界元法分析了加肋双层圆柱壳的振动和声辐射[35, 36]。

　　COMSOL Multiphysics 仿真软件同样是一款被广泛应用在结构力学、化学、热传导、电磁学等各种物理场分析的基于有限元理论的软件，它最大的优势在于多物理场之间的耦合。它可以方便高效地设计完美匹配层（perfectly matched layers，PML）模拟无限场的条件，实现模拟声场和弹性体的耦合。文献[37]通过数学研究，将轴对称目标在三维空间下的弱形式体积分转化成二维面上的面积分，并利用 COMSOL 的自建计算模块功能，将该弱形式面积分输入计算模块，建立了水下轴对称目标声散射计算模型，有效提高计算精度和计算效率，同时给出了自由场球类、圆柱类和球冠类目标散射以及沉底球类目标散射的计算结果。文献[38]在上述结果基础上，推导了掩埋情况下目标声散射 Green 函数以及相应的Helmholtz-Kirchhoff 积分公式，建立了掩埋球目标声散射模型。文献[39]利用COMSOL 仿真了半球头圆柱目标的声散射，解释了正横入射下真空和局部填充模型散射信号中几何回波各种弹性波的产生机理。

2.3.3　Kirchhoff 近似方法

　　Kirchhoff 近似方法类似于光学中的物理光学方法，高频情况下，将目标的散射近似成表面亮区的一个面积分，这样通过数值积分可以计算任意形状表面的声散射。经过不断的发展和改进，工程上应用的 Kirchhoff 近似方法基于以下两个基本假设[40]。

　　假设一：散射表面可以分成亮区和影区，亮区产生声波的散射，影区不产生声波的散射。

　　假设二：亮区反射面的每个局部都可以看成平面，波的反射特性服从局部平面波反射规律。

　　利用 Kirchhoff 近似方法计算目标表面几何声散射的示意图如图 2-4 所示。目标散射体表面为 S，散射面元为 ds，声散射面元的外法线矢量为 n，M_1、M_2 分别为发射换能器和接收换能器位置，r_1、r_2 分别为声散射面元指向发射换能器和接收换能器的方向矢量，α_1、α_2 分别为声散射面元外法线矢量与 r_1、r_2 之间的夹角。

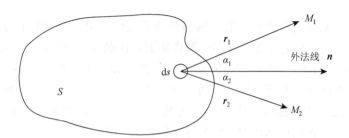

图 2-4　Kirchhoff 近似方法计算目标表面几何声散射示意图

根据 Kirchhoff 理论，目标声散射回波的势函数计算如下：

$$\varphi_s = \frac{1}{4\pi} \int_S \left(\varphi_s \frac{\partial}{\partial n} \left(\frac{e^{ikr_2}}{r_2} \right) - \frac{\partial \varphi_s}{\partial n} \frac{e^{ikr_2}}{r_2} \right) ds \qquad (2\text{-}94)$$

远场条件下，刚性边界条件下的目标远场散射势函数为

$$\varphi_s = -\frac{ikA}{4\pi} \int_{S_0} \frac{e^{ik(r_1+r_2)}}{r_1 r_2} (\cos\alpha_1 + \cos\alpha_2) ds \qquad (2\text{-}95)$$

式中，S_0 是入射声波在目标表面产生几何散射的有效声散射区域面积；α_1、α_2 是声线与声散射面元的外法线夹角，$\cos\alpha_1 = \partial r_1/\partial n$，$\cos\alpha_2 = \partial r_2/\partial n$。对于收发合置声呐系统，取 $r_1 = r_2$，$\alpha_1 = \alpha_2$，式（2-95）可表示为

$$\varphi_s = -\frac{ikA}{2\pi} \int_{S_0} \frac{e^{i2kr}}{r^2} \cos\alpha\, ds \qquad (2\text{-}96)$$

设 Δr 是散射面元与参考点之间的相对距离，r_0 是参考点到声呐接收端的距离，则散射面元到接收换能器的距离为 $r = r_0 + \Delta r$，由于 $r_0 \gg \Delta r$，$r \approx r_0$，有

$$\varphi_s = -\frac{ik\varphi_0}{2\pi r_0} e^{ikr_0} I \qquad (2\text{-}97)$$

$$I = \int_{S_0} e^{i2k\Delta r} \cos\alpha\, ds \qquad (2\text{-}98)$$

式中，$\varphi_0 = -Ae^{ikr_0}/r_0$ 是目标位置处的入射波势函数；积分项 I 是目标几何声散射的传递函数。

远场条件下，入射波可近似为一系列的平面波，设 z 为声波的入射波方向，目标表面可以有效产生反向声散射波的面元在 z 方向的投影面积为 $\cos\alpha\, ds$，取 $dA(z) = \cos\alpha\, ds$，则 I 可表示为

$$I = \int_a^b e^{i2kz} \frac{dA(z)}{dz} dz \qquad (2\text{-}99)$$

在物理上，Kirchhoff 近似表示面上的每一点都相当于在无限大平面障板上的简单源在 2π 立体角内辐射，所以是高频近似。原则上要求 $ka \gg 1$，a 是目标的特征尺度，如球形目标的半径或突光滑目标的曲率半径。

由于假设影区对声波的散射不起作用,积分面只取亮区表面,造成积分在亮区–影区边界上不连续,导致边界产生在实际中测量不到的虚假回波成分,这是Kirchhoff 近似方法的严重缺陷。另外,当用于收发分置情况时,如果 M_1 和 M_2 点对应的亮区不重叠,Kirchhoff 近似方法得不出双站散射截面,所以这种方法不适用于分置角较大的情况,如前向散射问题。

2.3.4　亮点模型

亮点模型认为,任何一个复杂的目标都可以等效成若干个亮点的组合,每个亮点产生一个回波,总的回波是这些亮点相干叠加的结果[41]。目前使用的亮点模型是一种近似模型。在线性声学假设下,目标可以看作一个线性时不变系统,回波就是目标对入射声波的响应。根据目标声散射基础研究结果,任意一个亮点的传递函数都可以表示成

$$H_i(\boldsymbol{r},\omega) = A_i(\boldsymbol{r},\omega)\mathrm{e}^{\mathrm{i}\omega\tau_i}\mathrm{e}^{\mathrm{i}\varPhi_i} \tag{2-100}$$

式中,$A(\boldsymbol{r},\omega)$ 是幅度因子,通常是频率的函数;τ 是时延,由亮点与参考点之间的声程决定;$\varPhi$ 是相位跳变。当目标回波包含 n 个亮点时,其传递函数表示成

$$H(\boldsymbol{r},\omega) = \sum_{i=1}^{n} A_i(\boldsymbol{r},\omega)\mathrm{e}^{\mathrm{i}\omega\tau_i}\mathrm{e}^{\mathrm{i}\varPhi_i} \tag{2-101}$$

由这三个参数完全可以确定亮点的特性,它们可以通过 Kirchhoff 近似方法推导得出。对于典型形状,相关参数详细表达式请参见文献[7]。当目标表面敷设消声瓦时,文献[42]对此加以改进,利用修正的 Kirchhoff 近似公式处理非刚性表面声呐目标的回波,提出了包括幅度、时延、相位跳变和局部平面波反射系数的非刚性表面声呐目标的修正四参数几何亮点模型。

目标回波信号主要由几何回波和弹性再辐射波组成,它们产生回声的机理不同,因此便有了几何亮点和弹性亮点两类亮点。几何亮点由目标的几何形状和材料表面的声学性质决定,包括镜反射亮点以及棱角和边的反射亮点。当表面曲率半径较大时,镜反射亮点通常是最重要的。弹性亮点由目标的几何形状和材料弹性性质决定,描述在特定条件下才会出现的弹性散射波,它并不是几何上的真实亮点,是需要根据波的传播声程确定的等效亮点。

需要说明的是,目标回波是各个亮点相干叠加的结果,但是在大多数情况下,相位的随机性很大,且用 Kirchhoff 近似方法计算得到的相位是不准确的,因此在进行目标强度计算时,各亮点的贡献按能量叠加,而非相干叠加。由于亮点的参数采用解析公式表示,不需要诸如积分和矩阵求逆这类运算,计算简单,特别适合声诱饵和目标模拟器。但它只是用与目标相似的规则形状来近似代替,不能精细地反映表面形状对回波的作用,因此,不适用于高精度线性设计。

2.4　典型形状目标声散射特性分析

声波入射到弹性物体上，首先产生几何回波，同时，也可能激发起物体的某些共振模态，物体振动而辐射形成弹性回波，这些波叠加组成总的回波。当入射声波频率改变时，激发起物体的另一些共振模态，其辐射的声波也随之改变，最终导致散射声场的变化。研究结果表明，对于弹性目标，回声波形受入射声波脉冲宽度和入射声频率的影响很大。在回波序列中，由于弹性回波总要比最靠近的几何亮点产生的几何散射波滞后，这样，用短脉冲入射时，回波时序中可以区分出几何散射波和弹性散射波，各回波幅度依次指数衰减。长脉冲入射时，回波成分相互叠加，入射声波频率稍有变化，回声信号的幅度和波形就可能产生很大的变化。

除了入射信号外，目标回波主要受目标声散射特性的影响，不同形状和性质的目标其回波中所包含的成分各不相同。前面介绍了水中目标强度以及目标声散射的理论计算方法，本节以水中典型形状——球形和圆柱形目标的声散射为例，对水下目标声散射成分及相关特征进行分析。

2.4.1　目标声散射成分及特性分析

根据产生机理，水下目标回波可以分为刚性（几何）声散射和弹性声散射。起初，人们并没有认识到弹性声散射的重要性，研究主要集中在刚性声散射。随着研究的深入，弹性声散射的重要性才逐渐被认识到。对于弹性目标，入射声波会透射进目标内部，激发其内部的声场，引起目标共振，从而向周围介质中辐射声波，它也是回波信号的组成部分。刚性声散射与目标的尺寸、形状有关，而弹性声散射除形状、尺寸外，还与目标的材质、内部结构等息息相关。

1. 刚性声散射

刚性声散射主要取决于目标的几何形状及表面的阻抗特性，因此也称为几何声散射。根据回波产生位置的不同，几何回波可以分为两类：一类是由光滑曲面（如平面、球面、椭球面、圆柱面等）产生的回波，称为镜反射回波；另一类则是由边缘和棱角产生的回波，称为棱角波。目标几何声散射回波在线性系统中满足线性叠加原理，可采用 Kirchhoff-Helmholtz 积分方法求解几何声散射传递函数[20]。

对于曲率半径大于波长的目标，其回波基本上由镜反射过程产生。声波投射到大曲率半径目标表面时，在与入射波垂直的点（或面）上会产生镜反射回波，而与垂直入射点相邻的那些目标表面，则产生相干反射回波，它们和目标上不规则处产生的散射信号叠加，组成目标回波信号。在这些组成信号中，镜反射信号总是最强的，而且最先到达，其波形是入射波形的重复，二者高度相关。对于潜艇和水雷目标，正横方向上的回声，镜反射是主要过程。

目标表面上的不规则性，如棱角、边缘和小的凸起物等，其曲率半径一般小于声波波长，声波入射到这些表面上时，就会发生不规则散射，这种散射信号也是目标回波的组成部分，棱角波的强度较弱，只有镜反射回波不存在时才对回波起重要作用，其产生位置即棱角所在位置，不随入射角的变化而变化。大多数声呐目标表面都有这种不规则性，所以，回波中总包含这种不规则散射信号。如果某个不规则散射信号也很强，则在回波信号的包络上可以发现它们所形成的"亮点"。

2. 弹性声散射

当声波入射到弹性体表面时，除几何回波外，还会激发出各种表面波以及弹性体中透射的纵波和横波，这部分回波由目标的弹性响应引起，其特性与材料的弹性参数关系密切，因此称为弹性散射波。弹性散射波的激发受到多种因素的影响，目标的几何形状、组成材料的力学参数、目标与入射声波的相对位置、入射声波频率、入射声波脉冲宽度等，都会对再辐射波的激发产生影响。由于纵波和横波衰减较快，而且要经过多次反射才能到达接收点，对回波的作用较小，而表面波衰减小，能够绕行长距离后对散射场产生贡献，因此，通常所说的弹性散射波指的是表面波。在水介质中，除了在固体表面传播的表面波外，流体介质中也存在波，它是由固体表面波泄漏到流体中的那部分能量维持的。正是因为有能量泄漏，表面波在传播过程中才会衰减。

水中目标的声散射成分研究是从平板中的表面波研究开始的，从平板过渡到壳体，表面波的变化主要发生在低频 Rayleigh 区。当弹性散射体的曲率很大（$ka_0 \gg 1$，a_0 是曲率半径）时，如果散射体是实心体或厚壳体，其特性近似于流-固界面情况，若散射体是薄壳，其特性近似于弹性平板。由此，水中目标可以分为实心目标和壳体目标，根据环绕波分析结果，前者的弹性声散射回波主要包括 Rayleigh 波和 Whispering-Gallery 波，后者则包括类 Lamb 波和 Whispering-Gallery 波。对于水中目标，还会在目标表面的流体中产生 Stoneley 波或者 Franz 波，这类波在自由表面上是不存在的，其能量主要集中在流体中。下面对各种波进行总结，关于各种波的提取及相关参数的推导，参见文献[7]。

Whispering-Gallery 波也就是"回音廊"波，简单地说就是在目标内部按折射定律传播的波。透射到目标表面上的声波，除产生镜反射波以外，还按折射定律产生折射波透射到目标内部。折射波在目标内部传播，同样会产生反射和折射，如图 2-5 所示，到达某一点时，折射波恰好在返回声源的方向上，这种波也是回波的一部分。根据产生机理，它被形象地称为"回音廊"波。

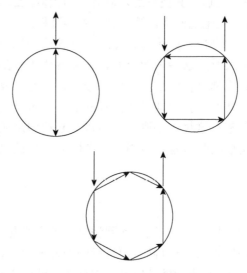

图 2-5　　实心球中的 Whispering-Gallery 波传播路径

　　Rayleigh 波是由英国著名物理学家 Rayleigh 发现的在无限固体自由表面传播的弹性波，其能量主要集中在固体中，振幅随离表面深度的增加迅速减弱，是实体目标或厚壳目标的主要散射成分。Rayleigh 波的速度与物体的泊松比有关，但是恒小于介质中的横波波速。

　　低阶类 Lamb 波是薄壳目标声散射的主要成分。1917 年，Lamb 首先研究了薄板中的声场特性，因此，通常将薄板中的声波称为 Lamb 波。对于薄板，板的两个界面都会对声波的传播产生影响，薄板中存在两组声波，每一组都满足波动方程和边界条件，可在板中独立传播。其中一组使上下界面上的质点垂直于板面的位移大小相等但符号相反，称为对称 Lamb 波；另一组使上下界面上的质点垂直于板面的位移大小和符号均相同，称为反对称 Lamb 波。对称 Lamb 波使板沿厚度方向呈现膨胀收缩的形变，而反对称 Lamb 波在厚度方向弯曲，因此又被称为弯曲波。板中可以同时存在多个模式的 Lamb 波，每个模式具有各自的相速度、群速度、位移和应力分布，对称 Lamb 波通常用 $S_0, S_1, S_2, \cdots$ 表示，反对称 Lamb 波通常用 $A_0, A_1, A_2, \cdots$ 表示。薄壳目标中低阶类 Lamb 波 S_0 波和 A_0 波的传播形式为环绕表面波，二者具有不同的频率特性。根据研究结果发现 S_0 波与 A_0 波的传播特性与目标固有性质有关。当相速度接近水中声速时 A_0 波分叉成两个不同的波 A_{0+} 波与 A_{0-} 波，传播轨迹分为目标壳体内部和壳体表面。S_0 波和 A_{0+} 波的相速度均大于声波在水中的速度，A_{0-} 波的相速度小于水中声速。S_0 波的共振从低频到高频都有，但其能量较小。A_{0-} 波最显著的作用是在吻合频率附近引起形态函数的突起，称为吻合共振，在弹性回波频谱结构中表现出中频增强效应（mid-frequency enhancement，MFE），这是 A_{0-} 在目标流-固分界面传播，向流体介质中辐射能量，在传播过程中叠加干涉的结果。

Stoneley 波首先是在地球物理学中引入的，现在这个名字经常用在被入射声波激发的水中弹性目标的表面波上。Stoneley 波是自由表面所没有的波，它的能量主要集中在流体中。这种波的波数 k_{S} 是实数并略大于水中波数 k，所以速度略小于水中声速，其能量衰减较慢。

Franz 波是一种衰减很快的圆周波，当声波入射到物体上时，除了产生几何光学意义上的声反射波外，在散射体影区的边缘上还产生衍射波。这种波以低于散射体周围介质中自由声波的传播速度在目标的流体一侧向影区蠕动，并环绕散射体做圆周运动，同时，在环绕物体的每一点上以切线方向向周围介质辐射能量。由于 Franz 波的衰减比较大，且只有 ka 小、阶次低的 Franz 波才可能对散射场有贡献，在实验中很难测量到。

2.4.2　水下典型形状目标声散射

1. 球类目标声散射

对于水下球类目标，根据 2.2.2 节中的目标声散射简正级数解，利用边界条件可以直接求导出目标声散射场。

1）刚性球

根据前面的计算可知，刚性球的散射声场为

$$P_{\mathrm{s}}(r,\theta) = -\sum_{n=0}^{\infty} \mathrm{i}^n (2n+1) \frac{j_n'(ka)}{h_n^{(1)\prime}(ka)} P_n(\cos\theta) h_n^{(1)}(kr) \qquad (2\text{-}102)$$

形态函数为

$$|f(r,\theta)| = \frac{2}{x} \left| \sum_{n=0}^{\infty} (2n+1) \frac{j_n'(ka)}{h_n^{(1)\prime}(ka)} P_n(\cos\theta) \right| \qquad (2\text{-}103)$$

当材料参数如表 2-2 所示时，得到刚性球的反向散射形态函数如图 2-6 所示。

表 2-2　材料参数

材料	密度/(kg/m³)	纵波波速/(m/s)	横波波速/(m/s)
水	1000	1470	0
空气	1.29	331	0

续表

材料	密度/(kg/m³)	纵波波速/(m/s)	横波波速/(m/s)
不锈钢	7900	5940	3100
铝	2790	6380	3100

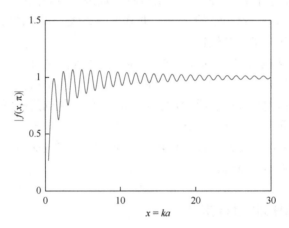

图 2-6　刚性球反向散射形态函数

特别地，在此引入散射截面的概念，它是从雷达的电磁波散射中沿用而来的物理量。雷达散射截面是用来度量雷达波照射下所产生回波强度的一种物理量，简记为 RCS，用来度量雷达目标的散射本领，一般用符号 σ 来表示。散射截面的定义为目标向接收点附近单位立体角内散射的声功率与入射到目标上的声强之比的 4π 倍，单位为 m^2。远场条件下，在接收点附近取面积 $\mathrm{d}S$，它所对应的立体角为 $\mathrm{d}\Omega = \mathrm{d}S / r^2$，散射声功率为 $I_{\text{s}}\mathrm{d}S$，取 $\mathrm{d}\Omega = 1$，也就是 $\mathrm{d}S = r^2$，就有

$$\sigma_{\text{s}} = 4\pi \lim_{r \to \infty}\left(r^2 \frac{I_{\text{s}}}{I_{\text{i}}}\right) = 4\pi \lim_{r \to \infty}\left(r^2 \frac{|p_{\text{s}}|^2}{|p_{\text{i}}|^2}\right) \tag{2-104}$$

当 $\theta = \pi$ 时，得到刚性球的反向散射形态函数和散射截面为

$$\left|f(x,\pi)\right| = \frac{2}{x}\left|\sum_{n=0}^{\infty}(2n+1)\frac{j_n'(ka)}{h_n^{(1)\prime}(ka)}(-1)^n\right| \tag{2-105}$$

$$\frac{\sigma}{\pi a^2} = \left|f(x,\pi)\right|^2 \tag{2-106}$$

一个半径为 a 的理想反射球的散射截面等于它的几何截面的 πa^2。任意物体的散射截面可以大于也可以小于它的几何截面。

　　根据刚性球反向散射截面随无因次频率 ka 的变化，可以将整个无因次频率分成以下几个区域。

　　（1）低频 Rayleigh 区，$0 < ka < 1$。

　　当散射体的尺寸远小于声波波长时，从散射场的 Rayleigh 简正级数解取 $ka \ll 1$ 时的零阶和一阶分量得到散射声强度的近似解，并根据定义得到其反向散射截面：

$$\sigma = 4\pi r^2 \frac{|I_s|}{|I_i|} = 25\pi^3 \frac{V_0^2}{\lambda^4} \tag{2-107}$$

式中，V_0 是散射球的体积。因此，在 Rayleigh 区目标的反向散射截面与频率的 4 次方成正比，也就是与波长的 4 次方成反比。Rayleigh 区的另一重要特点就是，反向散射截面基本上与散射体的形状无关，只依赖于体积。

　　（2）谐振区，$1 < ka < 2\pi$。

　　在谐振区，由于各个散射场分量之间的干涉作用，散射截面随着频率迅速变化。此时，σ 的计算非常困难，原则上必须通过波动方程的严格解，如简正级数解（规则形状）或积分方程解（非规则形状）来计算，至今无普适的近似方法。

　　（3）几何光学区，$ka > 2\pi$。

　　一般来说，对于刚性目标，当目标尺寸远大于波长时，散射截面趋于常数，这就是光（声）学区的高频极限。在该范围内，光（声）线的概念成立，因此导出了物理光（声）学方法，这也是雷达中计算 RCS 和声呐中计算 TS 的最基本方法。

　　根据目标强度的定义 $\mathrm{TS} = 10\lg\left(\lim\limits_{r \to \infty} r^2 \left| \dfrac{p_s}{p_i} \right|^2 \right)$，容易得到刚性不动球的目标强度表达式为

$$\mathrm{TS} = 10\lg\left(\lim_{r \to \infty} r^2 \left| \frac{p_s}{p_i} \right|^2 \right) = 10\lg\left| \frac{a}{x} \sum_{n=0}^{\infty} (2n+1) \frac{j_n'(x)}{h_n^{(1)\prime}(x)} (-1)^n \right|^2 \tag{2-108}$$

$$\mathrm{TS} = 10\lg(a^2 |D(\theta)|^2) \tag{2-109}$$

　　根据散射声压的表达式，散射波的振幅正比于入射波振幅。散射波是各阶球面波的叠加，具有球面波的某些特性，如振幅随距离 $1/r$ 衰减。散射波在空间中的分布是不均匀的，具有明显的指向性，它由指向性函数 $D(\theta)$ 决定，指向性函数 $D(\theta)$ 是 ka 的函数，当 ka 值改变时，散射波在空间中的分布也随之变化。对于平面波入射至刚性球这样高度对称的问题，其散射声的空间分布也是不均匀的[43, 44]，如图 2-7 所示。在低频时，如 $ka = 1$，球的反向散射比较均匀，刚性球背面的前向散射波很弱，几乎保留原来的自由场。随着频率的逐渐增高，前向散射声强度越来越强，其空间分布也逐渐变得复杂，指向性图案开始出现旁瓣，且频率越高，旁瓣越多。

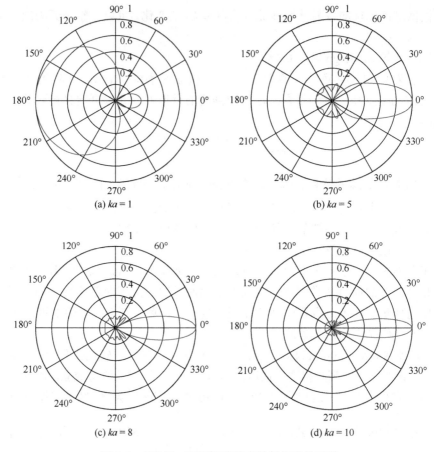

图 2-7　不同 ka 下刚性球的声散射指向性函数

2）弹性球

当目标为弹性体时，也就是目标为弹性球时，需要考虑流-固界面上的波动现象[45]。采用分离变量法可以得到波动方程在球内部的解：

$$
\begin{cases}
\varphi = \sum_{n=0}^{\infty} i^n (2n+1) c_n j_n(k_L r) P_n(\cos\theta) \\
\psi = \sum_{n=0}^{\infty} i^n (2n+1) d_n j_n(k_T r) P_n(\cos\theta)
\end{cases}
\tag{2-110}
$$

式中，c_n、d_n 由 $r = a$ 的边界条件确定。根据球坐标系中的应力和应变关系[46]，应用球体表面与外部流体的应力和振速连续条件，其边界条件可以表示成

$$
\tau_{rr} = -p, \quad \tau_{r\theta} = 0, \quad u_r = \frac{1}{\rho_1 \omega^2} \frac{\partial p}{\partial r}
\tag{2-111}
$$

式中，τ_{rr} 和 $\tau_{r\theta}$ 为应力；u_r 为位移[45]，将其代入边界条件简化后得到待定系数的联立方程组，并由此可以解出散射系数：

$$b_n = -B_n / D_n \tag{2-112}$$

式中，B_n 和 D_n 为 3×3 行列式。图 2-8 给出了钢球的反向散射形态函数。弹性球的散射声场远比刚性球复杂得多，它和球体组成材料的弹性参数、观测点的方位角、频率和球半径等有着密切的关系。弹性球的散射声场随着 ka 的变化有着明显的极大、极小变化，在小 ka 时，这种变化相对不很剧烈，随着 ka 的变大，这种变化越来越剧烈，说明弹性物体的散射声场特性强烈依赖于入射声波频率。

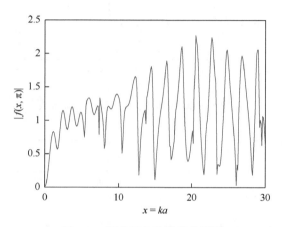

图 2-8　钢球反向散射形态函数

弹性球的反向散射形态函数可以表示成 $|f| = \dfrac{2}{x}\left|\displaystyle\sum_{n=0}^{\infty}(2n+1)b_n(-1)^n\right|$，由各阶散射波的分波所对应的散射谱 f_n 叠加而成，$f_n = \left|\dfrac{2}{ikr}(2n+1)b_n\right|$。根据共振散射理论，将散射场分成两部分，即共振项和背景项。对水中金属实心球来说，通常将绝对刚性球的散射声场看成背景项，即为与目标具有相同参数的刚性球的散射谱。从弹性球的 n 阶分波反向散射谱中减去刚性球的相应阶分波反向散射谱就得到了散射体的 n 阶分波共振谱。

图 2-9 给出了钢球纯弹性反向声散射形态函数，在低频处存在几个具有稳定间隔的共振峰，随着频率的增加，共振峰变得复杂。图 2-10 给出了 $n = 1,3,5,7$ 时的散射谱 $|f_n^{\text{ela}}|$、背景项 $|f_n^{\text{rig}}|$ 和共振谱 $|f_n^{\text{ela}} - f_n^{\text{rig}}|$。每一阶分波的共振谱中均含有多个共振峰，它们的位置与钢球反向散射形态函数中极小值的位置相同。实心球的弹性回波主要成分包括 Rayleigh 波和 Whispering-Gallery 波。共振峰的序号用 l 表示，即 f_n^l，$l = 1,2,\cdots$，其中，$l = 1$ 为 Rayleigh 波共振峰，$l \geqslant 2$ 为 Whispering-Gallery 波共

振峰。与 Whispering-Gallery 波共振峰相比，Rayleigh 波共振峰更宽，能量更大，起主要作用。

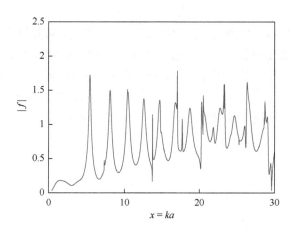

图 2-9　钢球纯弹性反向声散射形态函数

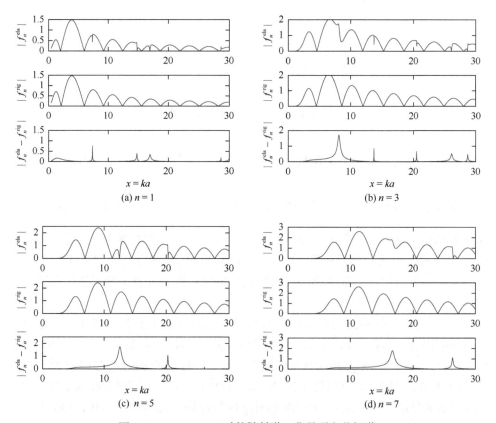

图 2-10　$n = 1, 3, 5, 7$ 时的散射谱、背景项和共振谱

弹性球声散射也具有明显的指向性，图 2-11 给出了不同 ka 下弹性球的声散射指向性函数。与刚性球声散射类似，低频时，反向散射比较强而前向散射很弱，随着频率的逐渐增高，前向散射声强度越来越强，其空间分布也逐渐变得复杂，指向性图案开始出现旁瓣。频率越高，旁瓣越多，前向散射指向性主瓣越窄。

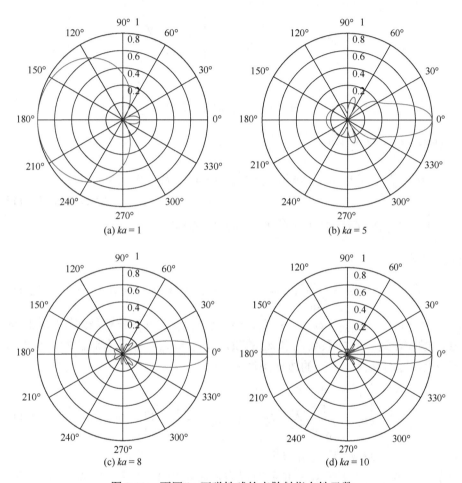

图 2-11　不同 ka 下弹性球的声散射指向性函数

3）球壳

当目标为球壳时，如图 2-12 所示，多了内壁边界，同时球壳内的场要包含球 Neumann 函数——y_n。并且，不同填充下，边界条件不同：如果内部填充弹性固体，内外壁共 7 个边界条件；如果内部填充流体，内外壁共 6 个边界条件；如果内部真空，则边界条件减为 5 个。以内部填充空气，即流体情况为例，其密度为 ρ_1，声速为 c_1。

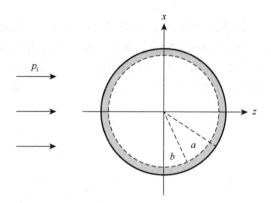

图 2-12　球壳散射示意图

弹性球壳中的声场表示为

$$
\begin{cases}
\varphi_2 = \sum_{n=0}^{\infty} \mathrm{i}^n (2n+1) P_n(\cos\theta)(c_n j_n(k_{d2}r) + d_n y_n(k_{d2}r)) \\[2mm]
\psi_2 = \sum_{n=0}^{\infty} \mathrm{i}^n (2n+1) P_n(\cos\theta)(e_n j_n(k_{s2}r) + f_n y_n(k_{s2}r))
\end{cases}
, \quad b \leqslant r \leqslant a \quad (2\text{-}113)
$$

球壳内的声场表示为

$$
p_1 = \sum_{n=0}^{\infty} \mathrm{i}^n (2n+1) P_n(\cos\theta) g_n j_n(k_1 r), \quad r < b \qquad (2\text{-}114)
$$

式中，$k_1 = \omega/c_1$；$k_{d2} = \omega/c_{d2}$；$k_{s2} = \omega/c_{s2}$；c_{d2}、c_{s2} 分别是弹性球壳的纵波波速和横波波速。解中系数 c_n 和 d_n 的项以及 e_n 和 f_n 的项具有对偶性，差别只是函数 j_n 和 y_n 的互换。球壳的边界条件为

$$
\begin{cases}
\tau_{rr} = -p, \quad \tau_{rr} = -p_1 \\[2mm]
u_r = \dfrac{1}{\rho_0 \omega^2}\dfrac{\partial p}{\partial r} \quad (r=a), \quad u_r = \dfrac{1}{\rho_1 \omega^2}\dfrac{\partial p_1}{\partial r} \quad (r=b) \\[2mm]
\tau_{r\theta} = 0, \quad \tau_{r\theta} = 0
\end{cases}
\qquad (2\text{-}115)
$$

从边界条件解出的散射系数 b_n 仍然可以表示成式（2-112）所示形式，只是 B_n 和 D_n 为 6×6 行列式[47, 48]。若壳内为真空，边界条件为 5 个，在原行列式 B_n、D_n 中去掉第 5 行和第 6 列得到 5×5 的行列式。另外，在原行列式 B_n、D_n 中去掉第 4、5、6 行和第 3、5、6 列得到 3×3 的行列式即为弹性球声散射。

　　图 2-13 给出了充气球壳的反向散射形态函数随相对厚度（厚度与半径的比值）h 的变化。图 2-14 给出了 $h = 0.01, 0.015, 0.03, 0.1, 0.3, 0.5$ 时充气球壳的反向散射形态函数，目标声散射成分随壳厚的变化而变化。当球壳很薄时，如 $h = 0.01$，形态函数在计算范围内近似周期性变化，起伏不大，变化比较简单，主要反映了壳体的共振散射

特性，此时主要起作用的成分是低阶对称 Lamb 波 S_0 波。当壳厚增加到一定厚度时，在某一频段范围内出现了明显的凸起，这就是中频增强现象，即吻合模态，这主要是由反对称 Lamb 波 A_{0-} 波引起的。随着壳厚的增加，中频增强的频段范围向低频移动，并逐渐消失。壳厚继续增加，声散射形态函数逐步趋近于实心球的形态函数。

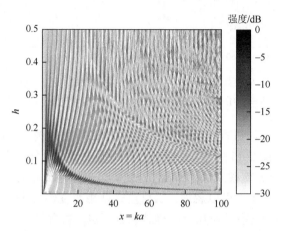

图 2-13　充气球壳反向散射形态函数随相对厚度的变化

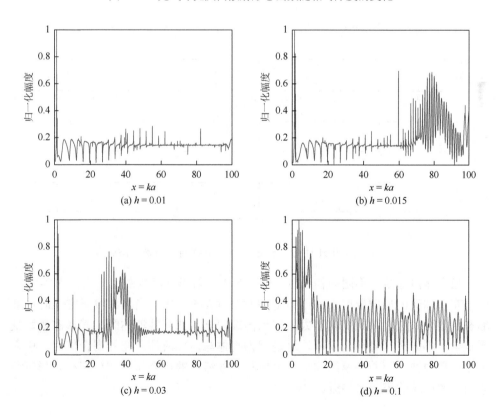

(a) $h = 0.01$　　　　　　　　　　　(b) $h = 0.015$

(c) $h = 0.03$　　　　　　　　　　　(d) $h = 0.1$

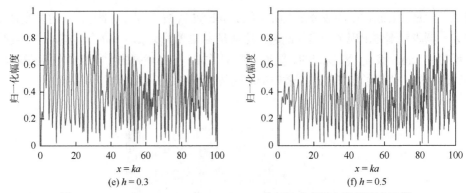

图 2-14　　$h = 0.01, 0.015, 0.03, 0.1, 0.3, 0.5$ 时充气球壳反向散射形态函数

　　对球壳声散射分波进行分析,以厚度为 1% 的球壳为例,其 $n = 0 \sim 7$ 阶的纯弹性分波形态函数如图 2-15 所示。目标声散射回波主要由最低阶对称模式 S_0 波和反对称模式 A_0 的两个分支模式 A_{0-} 和 A_{0+} 决定。其中,当 ka 小时,相速度小于声速,A_{0+} 处在吻合频率以下,可以忽略。A_{0-} 模式是相速度始终小于水中声速的慢波,对于 1% 的钢球壳,低频段的几个窄峰就来自于 A_{0-} 的贡献。

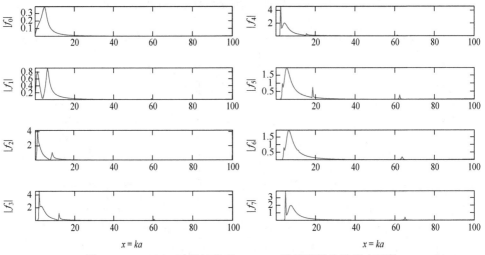

图 2-15　　$h = 0.01$ 时充气球壳 $n = 0 \sim 7$ 阶纯弹性分波形态函数

　　当壳体内部填充不同的物质时,球壳的声散射形态函数发生变化,图 2-16 给出了充水球壳的反向散射形态函数随相对厚度 h 的变化。当内部填充空气时,其形态函数与真空时相比变化不大,但当内部填充水或其他液体时,其形态函数变得复杂,不如充气时那么简单,这是因为壳体与内部流体之间的耦合作用,引入了流体负载波。随着壳厚的增加,壳体与内部流体的耦合作用越来越小,形态函数向着实心球的声散射趋近。

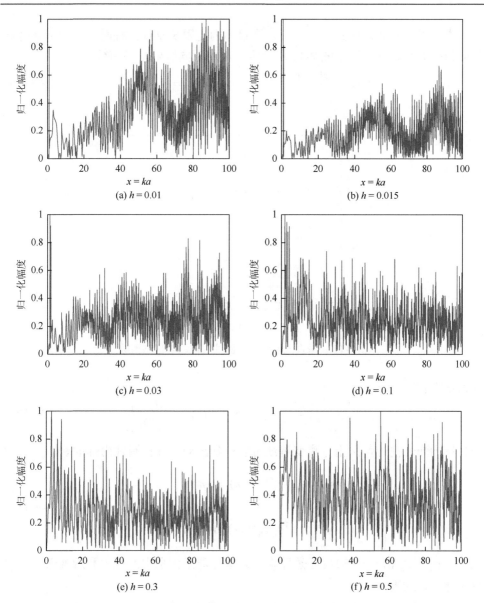

图 2-16　　$h=0.01, 0.015, 0.03, 0.1, 0.3, 0.5$ 时充水球壳反向散射形态函数

2. 圆柱类目标声散射

圆柱类目标的声散射也可以用严格理论解来分析，但是这种分析主要针对无限长圆柱。当圆柱为无限长时，由于不能分离变量，其严格理论解是不存在的，可采用近似解来进行分析。对于有限长圆柱声散射，在实验过程中，可以通过对参数选择，如发射换能器主瓣宽度、圆柱的长度等，来近似无限长情况下的声散射。

　　类似于平面波入射到球的情况，当目标为无限长刚性圆柱时，其边界条件和相应的散射系数解如下，图 2-17 所示为相应的反向散射形态函数。

$$r = a, \quad \frac{\partial(p_i + p_s)}{\partial(r)} = 0 \quad \Rightarrow \quad b_n(x) = -\frac{J_n'(x)}{H_n^{(1)\prime}(x)} \tag{2-116}$$

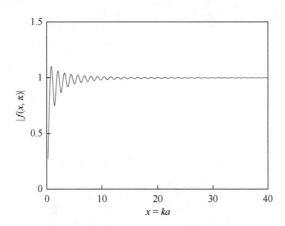

图 2-17　垂直入射时刚性圆柱反向散射形态函数

当目标为软圆柱时：

$$r = a, \quad p_i + p_s = 0 \quad \Rightarrow \quad b_n(x) = -\frac{J_n(x)}{H_n^{(1)}(x)} \tag{2-117}$$

当目标为弹性柱时，采用分离变量法可以得到波动方程在圆柱内部的解：

$$\begin{cases} \Phi(r,\varphi) = \sum_{n=0}^{\infty} \varepsilon_n i^n c_n J_n(k_L r)\cos(n\varphi) \\ \Psi(r,\psi) = \sum_{n=0}^{\infty} \varepsilon_n i^n d_n J_n(k_T r)\cos(n\varphi) \end{cases}, \quad 0 \leqslant r \leqslant a \tag{2-118}$$

式中，c_n、d_n 由 $r = a$ 的边界条件确定。根据球坐标系中的应力和应变关系，边界条件可表示为

$$\tau_{rr} = -(p_i + p_s), \quad u_r = \frac{1}{\rho_0 \omega^2}\frac{\partial(p_i + p_s)}{\partial r}, \quad \tau_{r\varphi} = 0 \tag{2-119}$$

式中，τ_{rr}、$\tau_{r\varphi}$ 为应力；u_r 为位移，代入边界条件简化后得到待定系数的联立方程组，并由此可以解出散射系数：

$$b_n = -B_n / D_n \tag{2-120}$$

式中，B_n 和 D_n 为 3×3 行列式[49]。当目标为圆柱壳且其中填充另一种流体时，增加 3 个内壁边界条件，求解得到 B_n 和 D_n 为 6×6 行列式[50, 51]；当平面波斜入射时，

弹性体在轴向激励作用下做三维运动,详细的参数请参见文献[52]、[53]。

当声波垂直入射到无限长圆柱时[54],与声波入射到实心球目标相似,目标回波由镜反射波和一系列沿柱面绕行再辐射的圆周环绕波叠加而成。镜反射波服从几何声学的反射规律;圆周环绕波是表面波,能量集中在界面附近的液体或弹性体中。在液体一侧绕行的波,其相速度总是小于但接近于液体中的声速,只在极低频时起作用。在圆柱表面绕行的波是 Rayleigh 表面波,在高频极限下,其相速度趋于 Rayleigh 波的相速度。此外,还有 Whispering-Gallery 波。

对于实心铝圆柱,平面波垂直入射时,其声散射形态函数以及去除刚性背景后得到的纯弹性声散射如图 2-18 所示,当 $n=0\sim7$ 阶时,得到的纯弹性分波共振如图 2-19 所示。同样地,弹性回波主要包括 Rayleigh 波和 Whispering-Gallery 波,Rayleigh 波共振峰宽,具有很大的辐射效率,而 Whispering-Gallery 波共振峰窄,辐射效率低。

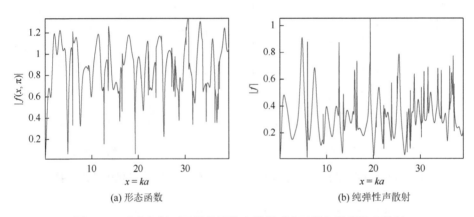

(a) 形态函数　　　　　　　　　　　　(b) 纯弹性声散射

图 2-18　垂直入射下无限长铝柱声散射形态函数和纯弹性声散射

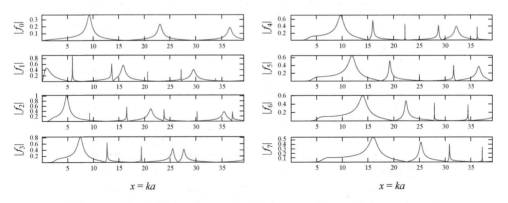

图 2-19　垂直入射下无限长铝柱声散射 $n=0\sim7$ 阶纯弹性分波形态函数

对于内部为空气或真空的圆柱壳，其纯弹性共振仍可以分为两类。图 2-20 给出了厚度为 10%的铝柱壳在垂直入射下的声散射形态函数以及纯弹性声散射。图 2-21 则为 $n = 0 \sim 7$ 阶时的纯弹性分波形态函数。对于圆柱壳，从共振散射谱可以清楚地区分出流体波（$l = 0$，Franz 波）共振模式和两个 Lamb 波（$l = 1,2$，分别对应 A_0 和 S_0）共振模式。$l = 0$ 和 $l = 1$ 对应波的频散曲线在吻合频率处交叉，在吻合频率或耦合频率以下，$l = 1$ 对应波的共振峰十分窄，一超过吻合频率立即变得很宽，这正说明在吻合频率上下的不同再辐射特性。共振峰的宽度反映模式的再辐射效率或者流-固耦合强度，在耦合频率以下，这类共振只有很少的能量能够辐射到周围介质。超过耦合频率后，共振峰变得很宽，成为有效辐射的模式，其形状与实心柱的 Rayleigh 波共振模式相似。

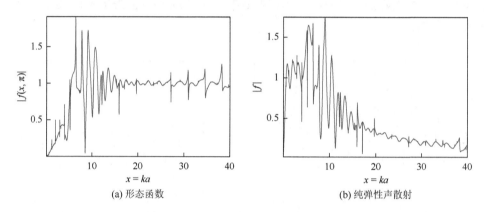

(a) 形态函数   (b) 纯弹性声散射

图 2-20   垂直入射下无限长 10%铝柱壳声散射形态函数和纯弹性声散射

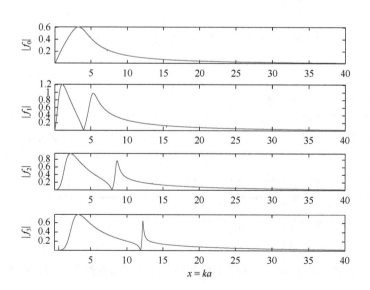

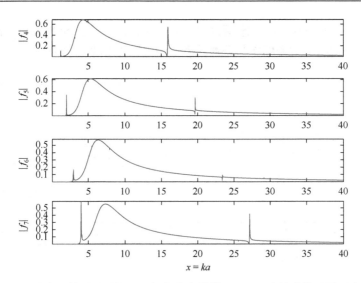

图 2-21　垂直入射下无限长 10%铝柱壳声散射 $n=0\sim7$ 阶纯弹性分波形态函数

　　对于圆柱形目标的声散射特性，早期的研究主要集中在声波垂直入射的情况，而在实际问题中更普遍的情况是倾斜入射。根据表面波的激发和再辐射机理，在倾斜入射情况下，圆柱表面可能激发与柱轴成一定角度的倾斜传播的表面波。当圆柱足够长时，表面上可能传播螺旋形环绕波。当 ka 足够大时，流体波和内部穿透波可以忽略，散射波可以描述为镜反射波和螺旋环绕波的叠加。

　　螺旋表面波以相速度 c_p 沿内表面传播，c_p 随 ka 以及入射角变化而变化。当声波入射角方向与柱面法线夹角满足 $\sin\theta=c_0/c_p$ 时（c_0 为水中声速），声能透入柱内并形成沿表面传播的螺旋环绕波。表面波沿柱面螺旋绕行，在绕行过程中，不断向周围辐射声波，其辐射方向与柱表面法线间夹角也等于临界角 θ，表面波的幅度随绕行距离的增加按指数规律衰减。

　　图 2-22～图 2-24 分别给出了 10°、20°和 30°入射角下声波斜入射到无限长铝柱时的声散射形态函数和去除刚性背景后得到的纯弹性声散射，以及相应的 $n=0\sim7$ 阶纯弹性分波形态函数。对比不同入射角下的分波共振谱，可以看出与垂直入射时相比，斜入射时增加了新的共振峰。随着入射角度的增大，共振峰的位置都向高频移动，这是因为从垂直入射变到斜入射时，波的运动从圆周环绕波变成螺旋环绕波，波数 k 由周向波数 k_θ 和轴向波数 k_z 合成，同一阶的共振波数 k 总是大于 k_θ，而且入射角 α 越大，增加越多。另外，随着 α 的增加，附加共振的宽度逐渐增加，两组共振峰互相耦合，不容易分辨。在 $ka<5$ 的低频段，形态函数主要受形状和流体波共振影响，随入射角的变化很小。隔离掉刚性背景项后可以发现，此处主要为流体波共振的贡献。由于它主要由流体负荷所引起，所以与入射角

的关系不大。从纯弹性散射形态函数中，还可以清楚地识别出弹性波共振以及附加共振的存在，它们的共振频率与分波共振谱中的共振频率完全对应。

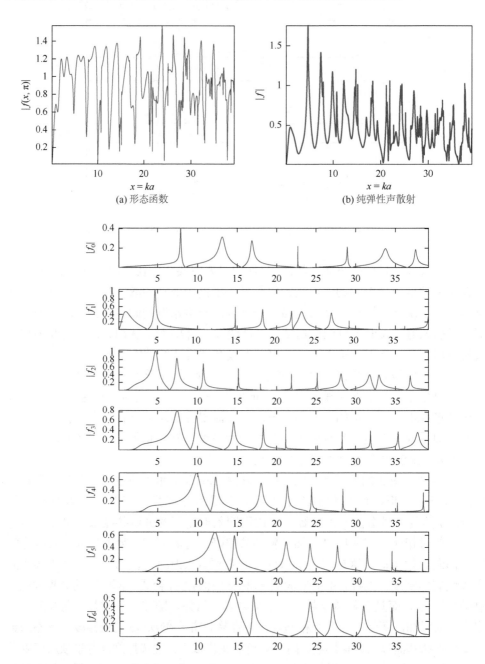

(a) 形态函数　　　　　　　　　　　(b) 纯弹性声散射

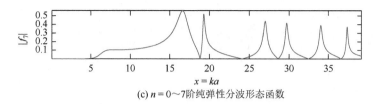

(c) $n = 0 \sim 7$ 阶纯弹性分波形态函数

图 2-22　入射角为 10°时无限长铝柱声散射形态函数和纯弹性声散射以及 $n = 0 \sim 7$ 阶纯弹性分
波形态函数

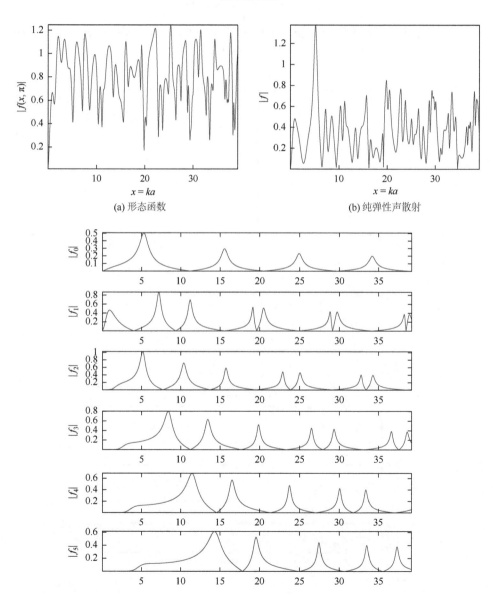

(a) 形态函数　　　　　　　　　　　　　　　(b) 纯弹性声散射

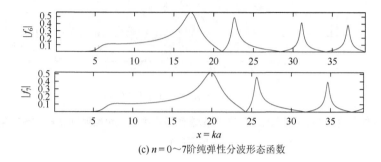

(c) $n = 0 \sim 7$ 阶纯弹性分波形态函数

图 2-23　入射角为 20° 时无限长铝柱声散射形态函数和纯弹性声散射以及 $n = 0 \sim 7$ 阶纯弹性分波形态函数

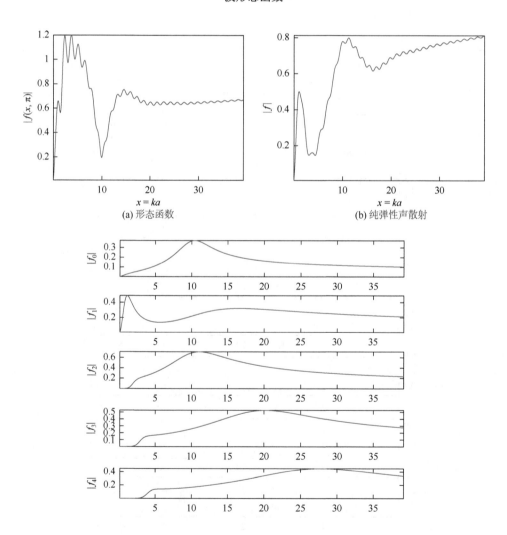

(a) 形态函数　　　　　　　　　　　　　　　　　(b) 纯弹性声散射

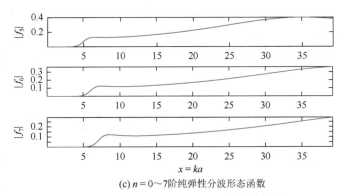

(c) $n = 0 \sim 7$ 阶纯弹性分波形态函数

图 2-24　入射角为 30°时无限长铝柱声散射形态函数和纯弹性声散射以及 $n = 0 \sim 7$ 阶纯弹性分波形态函数

当入射角逐渐增大时，除低端的流体波共振外，其他弹性波共振逐渐减少。在横波临界角 $(\sin \alpha_T = c_0 / c_T)$ 附近，除 Rayleigh 波共振外，其他弹性波共振都变得很弱。而在 Rayleigh 临界角 $(\sin \alpha_R = c_0 / c_R)$ 附近，Rayleigh 波共振也被抑制变弱。

图 2-25～图 2-27 分别给出了 10°、20°和 30°入射角下无限长 10%铝柱壳声散射形态函数和纯弹性声散射以及 $n = 0 \sim 7$ 阶纯弹性分波形态函数。当声波斜入射到圆柱壳体时[53]，同样增加了一些附加共振模式，也就是导波（guided wave）模式，它们在小角度时宽度很小，辐射效率很低。这些附加共振峰表现为叠加在垂直入射时原有峰谷之上的较小起伏。随着入射角的增大，各阶弹性共振频率都逐渐向高频移动，但其移动速度有较大差异，其中，A_0 波的模式开始随入射角变化不大，仅在横波临界角 α_T 附近速度才有较大增加，S_0 和 $A_1 (l = 3)$ 模式共振随入射角的增加右移很快，且入射角越大移动速度越快，共振峰也变得很宽。而附加共振模式在小角度时右移很慢，并且共振峰很窄，但在接近横波临界角时速度显著增加，且共振峰逐渐变宽。在所计算的频域内，未发现类似与实心柱情形时共振峰重叠的耦合现象。在 ka 很小的低频段，目标弹性声散射主要受形状和流体波共振的影响，因而随角度的变化较小。

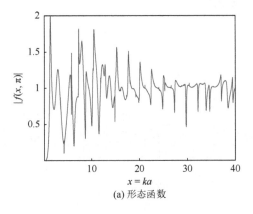

(a) 形态函数

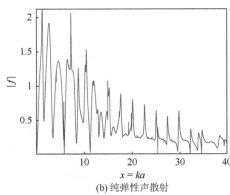

(b) 纯弹性声散射

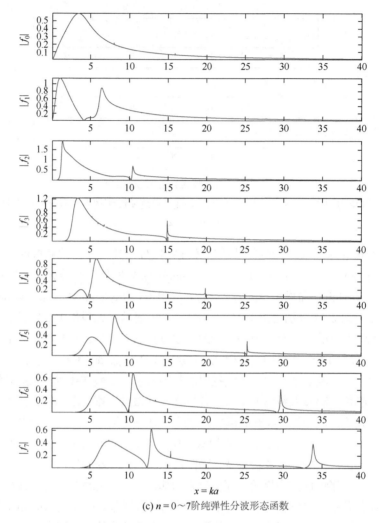

(c) $n = 0 \sim 7$ 阶纯弹性分波形态函数

图 2-25　入射角为 10° 时无限长 10% 铝柱壳声散射形态函数和纯弹性声散射以及 $n = 0 \sim 7$ 阶纯弹性分波形态函数

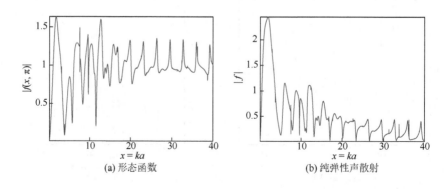

(a) 形态函数　　　　　　　　　　　　　　　　(b) 纯弹性声散射

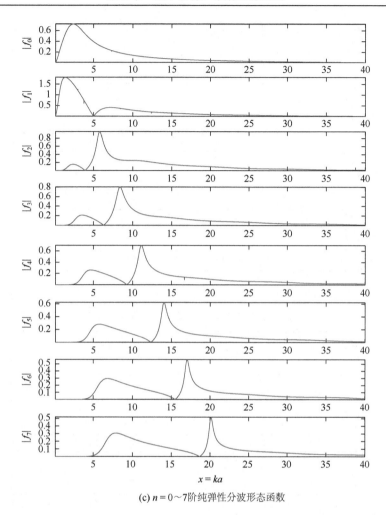

(c) $n = 0 \sim 7$ 阶纯弹性分波形态函数

图 2-26　入射角为 20°时无限长 10%铝柱壳声散射形态函数和纯弹性声散射以及 $n = 0 \sim 7$ 阶纯弹性分波形态函数

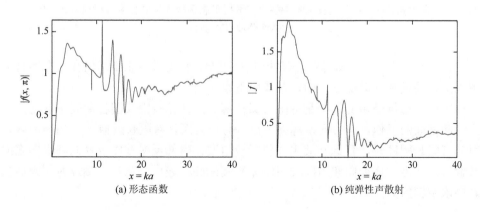

(a) 形态函数　　　　　　　　　　(b) 纯弹性声散射

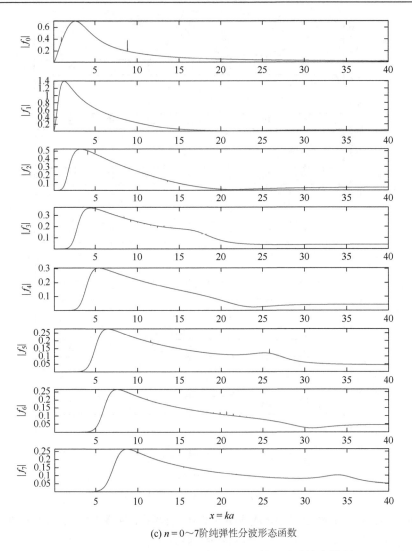

(c) $n = 0 \sim 7$阶纯弹性分波形态函数

图 2-27　入射角为30°时无限长10%铝柱壳声散射形态函数和纯弹性声散射以及 $n = 0 \sim 7$ 阶
纯弹性分波形态函数

　　在耦合频率以下，A_0 波模式的共振峰很窄，辐射效率很低，而在共振吻合频率以上，共振峰立即变宽，即辐射效率迅速增加。

　　工程中用得最多的结构是有限长圆柱薄壳，计算有限长圆柱薄壳声散射需要进行两方面的近似，一方面是薄壳近似，另一方面是有限长近似[55]。当声波斜入射到有限长圆柱时，目标回波主要包括棱角波、内部反射波以及径向和纵向表面散射波，即沿柱体径向和纵向表面传播的 Rayleigh 表面波从另一端反射回来后重新向水中辐射的波。

棱角波是由物体的几何不连续性产生的回波,可用 Kirchhoff 近似积分公式进行计算。由于弹性柱是一个透声体,声波按照几何折射定律进入柱体内部经边界反射回来后重新进入水中并回波到接收点,这种内部反射波在柱体内部经界面反射回来后重新进入水中并回到接收点,它在柱体内部以体波的形式传播,随距离的衰减远比表面波快,因此当柱长增加时其辐射明显减弱。

表面散射波包括径向表面散射波和纵向表面散射波,当平面波以 Rayleigh 临界角入射到端面上时,在端面上激发起表面波,表面波在其传播过程中将一部分能量辐射到水中,形成所谓的再辐射波。表面波行进过程中,遭遇到边界的反射,形成反向传播的 Rayleigh 波,它将以反向 Rayleigh 角向水中辐射能量,形成可以回到接收点的反向散射波。

2.5 水中目标声散射实验研究

在对水下目标声散射特性的研究中,实测目标回波分析与处理也是必不可少的,一是为了验证理论计算结果的正确性,以及观测所能预测出的物理现象,二是可以发现更多理论无法获得的信号特征。本节介绍在消声水池和湖泊中实测得到的目标回波信号,讨论基本信号特征,并与理论相比较,为后续信号处理算法的提出和验证提供数据支持。

2.5.1 消声水池悬吊目标散射特性测量实验

为测量实际目标模型的反向声散射信号特性,作者于哈尔滨工程大学消声水池中模拟自由场环境对目标散射回波进行了实验测量。实验水池四壁、水面、池底均铺设有吸声尖劈,在工作频率内能够避免池壁反射以及由此引起的多途声传播,使得测量得到的目标散射回波不受干扰的影响。实验系统的布放如图 2-28 所示,信

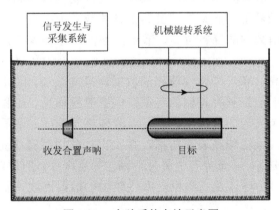

图 2-28 实验系统布放示意图

号发生器产生预定义的脉冲信号，经功率放大器与阻抗匹配装置后连接到发射换能器基阵，反向散射信号由与发射换能器合置的接收基阵接收，经信号调理器进行处理后连接到数字采集器进行显示和存储。信号发生器与采集器之间具有同步信号，在发射信号的同时利用脉冲时序控制采集器开始工作。

实验目标模型如图 2-29 所示，目标一端为平面，而另一端为半球形壳体，这种模型常见于水下沉底、掩埋目标的探测识别研究中。本实验中，目标上附有两个吊环，由两条细绳悬吊于机械旋转系统装置上，为降低复杂度，在仿真分析中忽略吊环的影响，但在实验中，吊环回波能被清楚地探测到。机械旋转系统由可编程控制器控制电机进行匀速旋转，实验测量了目标水平与倾斜时的散射，本章只考虑水平旋转的情况，此时，目标与收发合置声呐系统处于同一水平高度，目标中心距离换能器距离约为 6.5m。通过对机械旋转系统进行编程，可以获得全角度目标反向散射声场。定义声波自半球一侧沿壳体轴向入射为 $\theta = 0°$，从平面一端入射为 $\theta = 180°$，而正横入射为 $\theta = 90°$。

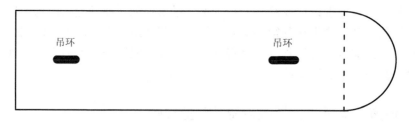

图 2-29　实验目标模型示意图

与有限长圆柱壳体相比，实验中的模型一端为半球冠。已有研究表明，半球形端面会对壳体声散射产生影响，但对于壳体所能产生的散射波的类型并不会有很大的影响，散射波的类型仍然取决于壳体物理属性和频率范围；而从散射形态函数和时域散射响应来看，虽然在具体数值上有所差异，但基本的散射特征，包括形态函数中的峰谷位置、散射回波的时序结构等，仍然与平面端面的有限长圆柱壳体相似。利用部件法，这种实验模型的散射声场可以等效为一个半无限长圆柱壳体和一个弹性球壳的散射声场的叠加，因此其与相应的有限长圆柱壳体的散射声场具有相似的特征。根据射线理论，在假设半球冠与圆柱壳体的连接处完全光滑的情况下，当表面波传播到端面时，不同于平面端面的反射，表面波会继续沿球壳表面传播，直到再次传播到圆柱壳体表面。另外，在 0°<θ<90° 范围内，球壳会产生镜反射回波，会对总体的散射特性产生影响。还需要说明的是，吊环以及吊绳也会产生较强的散射回波，而且各个角度下都会存在。

2.5.2　基于亮点模型的实验目标模型声散射特性分析

水下典型目标模型具有图 2-30 所示的半球冠形圆柱壳形状，该圆柱壳形状比较复杂，可将其分解为简单的半球体和有限长圆柱体进行声散射特性分析。

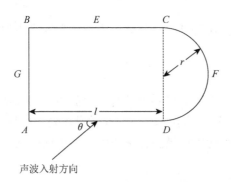

图 2-30　水下典型目标模型

1. 球体

球体具有图 2-31 所示的结构。

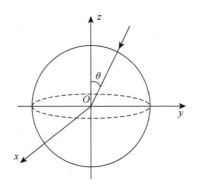

图 2-31　球体结构

球体模型的亮点参数如表 2-3 所示。

表 2-3　球体模型的亮点参数

亮点参数	参数值
A_m	$a/2$

续表

亮点参数	参数值
τ_{m}	$-2a/c$
φ_{m}	0

注：a 是球体半径。

把上述亮点参数代入亮点传递函数可得球体目标亮点的传递函数为

$$H(\boldsymbol{r},\omega)=\frac{a}{2}\mathrm{e}^{\mathrm{i}2\omega a/c} \tag{2-121}$$

理论上球体在顶点与阴影区的边界处各有一个亮点，但在实际情况下，影区边界处的亮点并不存在。一般来说，$ka \gg 1$，此时只需要考虑球体顶点的镜反射亮点。球体亮点模型参数对实验目标模型分解成的半球体同样适用。

2. 有限长圆柱体

实验目标模型分解后的另一简单形状是有限长圆柱体（图 2-32），事实上，水下许多复杂目标的分解都是基于有限长圆柱体的。有限长圆柱体亮点参数的研究对获知水下目标特性和回波结构具有重要意义。

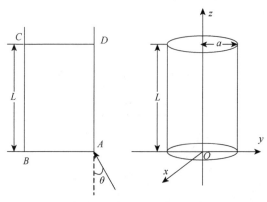

图 2-32　有限长圆柱体结构

根据 Kirchhoff 近似方法和稳相积分法的相关理论可知，声波斜入射到有限长圆柱体上会产生棱角波，棱角波是典型的几何亮点回波。当声波垂直入射到有限长圆柱表面时会产生镜反射回波，对应的亮点是镜反射亮点。如果声波入射到的是有限长弹性柱，目标回波中既有几何声散射成分也有弹性声散射成分。其中，几何声散射包含目标形状尺度信息，弹性声散射反映了目标的材料成分信息，由于弹性声散射只在特定角度下才会出现，所以本节只考虑几何亮点。

有限长圆柱体几何亮点传递函数的幅频系数、时延和相位如表 2-4 所示。

表 2-4　有限长圆柱体亮点参数

亮点	出现角度	A_n	τ_n	φ_n
棱角 A	$0° < \theta < 90°$	$\dfrac{a}{4\pi}\sqrt{\dfrac{\pi}{ka}}\dfrac{1}{\sin^{3/2}\theta\cos\theta}$	0	$\dfrac{\pi}{4}$
棱角 B	$0° < \theta < 90°$	$\dfrac{a}{4\pi}\sqrt{\dfrac{\pi}{ka}}\dfrac{\cos\theta}{\sin^{3/2}\theta}$	$4a\sin\theta\,/\,c$	$\dfrac{3\pi}{4}$
棱角 D	$0° < \theta < 90°$	$\dfrac{a}{4\pi}\sqrt{\dfrac{\pi}{ka}}\dfrac{\sin^{1/2}\theta}{\cos\theta}$	$2L\cos\theta\,/\,c$	$\dfrac{5\pi}{4}$

从表 2-4 中可以发现，有限长圆柱体亮点传递函数的相位是常数，而幅频系数和时延都是圆柱体尺寸参数 L、a 和角度 θ 的函数，目标的几何形状决定了棱角波的特性。以上是 $0° < \theta < 90°$ 时选取棱角 A 作为参考点得到的几何亮点参数，此时棱角 C 处于阴影区，不会产生棱角波。事实上，不同角度下棱角波出现的情况是不一样的，在 $90° < \theta < 180°$ 时棱角 B 处于阴影区不会产生棱角波，而当 $180° < \theta < 270°$ 时棱角 A 则处于阴影区。无论处于何种角度，亮点参数的分析都可以通过 Kirchhoff 近似方法和稳相积分法求解得到。

3. 实验目标模型

亮点传递函数的确定主要取决于幅频系数、时延因子和相位因子，幅频系数与采用的发射信号频率有关，相位因子一般是常数。时延中包含目标的形状尺度等信息，在几何亮点特征中常依据亮点时延不同进行目标声散射信号结构的提取，所以本节主要分析半球冠形圆柱壳的时延参数。

声波为平面波入射，入射角度为 θ。不同角度下目标出现的亮点和亮点的时延是不同的。实验中所用发射接收设备收发合置，设备与目标处于同一水平面。分析时选定圆柱中心为参考位置。

（1）$\theta = 0°$，此时圆柱端面正对实验所用的收发合置系统接收端，只有一个圆端面镜反射亮点。

（2）$0° < \theta < 90°$，棱角 C 处于阴影区，不会产生亮点回波，棱角 A、棱角 B 和棱角 D 位置会产生亮点回波。

a. 棱角 A 相对于参考中心的波程差 ξ_A 的推导。

$0° < \theta < 90°$ 时声波入射棱角 A 示意图如图 2-33 所示。

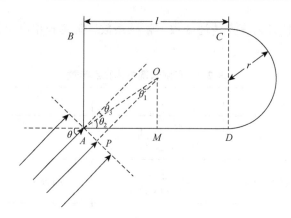

图 2-33　0°<θ<90° 时声波入射棱角 A 示意图

$$OA = \sqrt{r^2 + \left(\frac{l}{2}\right)^2} \qquad (2\text{-}122)$$

$$\theta_1 = \theta_3 = \theta - \theta_2 = \theta - \arctan\left(\frac{2r}{l}\right) \qquad (2\text{-}123)$$

$$OP = \sqrt{r^2 + \left(\frac{l}{2}\right)^2} \cos\left(\theta - \arctan\left(\frac{2r}{l}\right)\right) \qquad (2\text{-}124)$$

考虑到发送和接收过程会产生双倍波程差，所以

$$\xi_A = 2OP = 2\sqrt{r^2 + \left(\frac{l}{2}\right)^2} \cos\left(\theta - \arctan\left(\frac{2r}{l}\right)\right) \qquad (2\text{-}125)$$

根据波程差与声速的关系 $\tau = \xi/c$ ，c 是声波在水中的传播速度，可以得到棱角 A 相对参考中心的时延为

$$\tau_A = -2\sqrt{r^2 + \left(\frac{l}{2}\right)^2} \cos\left(\theta - \arctan\left(\frac{2r}{l}\right)\right) \Big/ c \qquad (2\text{-}126)$$

式中，负号是考虑到声波先于参考中心到达棱角 A 。

b. 棱角 B 相对于参考中心的波程差 ξ_B 的推导。

0°<θ<90° 时声波入射棱角 B 示意图如图 2-34 所示。

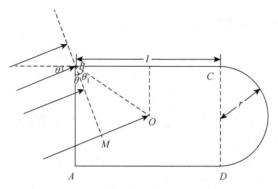

图 2-34　0°＜θ＜90° 时声波入射棱角 B 示意图

$$OM = OB \cdot \sin\theta_1 \qquad (2\text{-}127)$$

式中

$$OB = \sqrt{\left(\frac{l}{2}\right)^2 + r^2} \qquad (2\text{-}128)$$

$$\theta_1 = 90° - \theta - \arctan\left(\frac{2r}{l}\right) \qquad (2\text{-}129)$$

因此

$$
\begin{aligned}
OM &= \sqrt{\left(\frac{l}{2}\right)^2 + r^2}\, \sin\left(90° - \theta - \arctan\left(\frac{2r}{l}\right)\right) \\
&= \sqrt{\left(\frac{l}{2}\right)^2 + r^2}\, \cos\left(\theta + \arctan\left(\frac{2r}{l}\right)\right)
\end{aligned}
\qquad (2\text{-}130)
$$

考虑到发送和接收过程会产生双倍波程差，所以

$$\xi_B = 2OM = 2\sqrt{\left(\frac{l}{2}\right)^2 + r^2}\, \cos\left(\theta + \arctan\left(\frac{2r}{l}\right)\right) \qquad (2\text{-}131)$$

可以得到棱角 B 相对参考中心的时延为

$$\tau_B = \xi_B / c = -2\sqrt{\left(\frac{l}{2}\right)^2 + r^2}\, \cos\left(\theta + \arctan\left(\frac{2r}{l}\right)\right) \Big/ c \qquad (2\text{-}132)$$

式中，负号是为了表示 $0<\theta<\dfrac{\pi}{2} - \arctan\left(\dfrac{2r}{l}\right)$ 的情况下声波先于参考中心到达棱

角 B 点，而在 $\dfrac{\pi}{2} - \arctan\left(\dfrac{2r}{l}\right)<\theta<\dfrac{\pi}{2}$ 时，声波晚于参考中心到达棱角 B 点。

c. 棱角 D 相对于参考中心的时延推导。

$$\tau_D = 2\sqrt{\left(\frac{l}{2}\right)^2 + r^2} \cos\left(\theta - \arctan\left(\frac{2r}{l}\right)\right)\Big/ c \qquad (2\text{-}133)$$

（3）$\theta = 90°$，目标正横对着换能器装置，出现正横镜反射亮点，正横镜反射亮点只在 $\theta = 90°$ 和 $\theta = 270°$ 固定角度下才会对几何回波有贡献，且此时正横镜反射波是回波中最主要的成分。

（4）$90° < \theta \leqslant 180°$，如图 2-35 所示，此时棱角 B 处于阴影区，不会产生亮点回波，棱角 A 和棱角 D 位置会产生亮点回波。此外，回波中出现半球冠的镜反射亮点。关于棱角 A 和棱角 D 相对于参考中心时延的计算参考 $0° < \theta < 90°$ 角度下时延的计算。假设声波入射到 Q 点，对半球冠时延的计算推导如下。

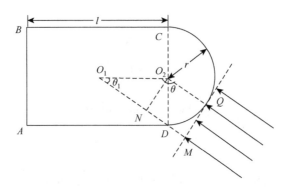

图 2-35　$90° < \theta < 180°$ 时声波入射半球冠示意图

$$O_1 M = NM + NO_1 \qquad (2\text{-}134)$$

式中

$$NM = O_2 Q = r \qquad (2\text{-}135)$$

$$NO_1 = O_1 O_2 \cdot \cos\theta_1 = \frac{l}{2}\cos(\pi - \theta) \qquad (2\text{-}136)$$

因此

$$O_1 M = r + \frac{l}{2}\cos(\pi - \theta) \qquad (2\text{-}137)$$

考虑到发送和接收过程会产生双倍波程差，所以

$$\xi_Q = 2O_1 M = 2r + \cos(\pi - \theta) \qquad (2\text{-}138)$$

可以得到半球冠点 Q 相对参考中心的时延为

$$\tau_Q = \xi_Q / c = -(2r + \cos(\pi - \theta)) / c \qquad (2\text{-}139)$$

式中，负号是为了表示声波先于参考中心到达棱角 Q 点。

（5）$180°<\theta<270°$，棱角 D 不再产生棱角波，半球冠、棱角 B、棱角 C 处有亮点。相关时延分析同上。

（6）$\theta=270°$，出现正横镜反射波。

（7）$270°<\theta<360°$，半球冠反射亮点消失，棱角 A、B 和 C 处会产生亮点回波。

随着入射方位角 θ 的改变，各几何亮点回波也会随之发生变化。在一些角度下，部分棱角处于声波照射的阴影区，不会产生亮点回波，而位于声波有效入射区域内的棱角波，其产生的亮点回波相对参考中心的时延也因为相对位置的差异而各不相同。各个角度下几何亮点出现的情况以及相对时延的不同，对几何回波会产生不同的贡献作用。表 2-5 给出了不同亮点出现的角度和各亮点相对参考中心的时延。

表 2-5　实验模型各亮点出现角度与相对时延因子

亮点	出现角度	相对时延 τ_n
棱角 A	$\theta \in [0°,180°) \cup (270°,360°)$	$-2\sqrt{\left(\dfrac{l}{2}\right)^2 + r^2}\cos\left(\theta - \arctan\left(\dfrac{2r}{l}\right)\right)\Big/ c$
棱角 B	$\theta \in [0°,90°) \cup (180°,360°)$	$-2\sqrt{\left(\dfrac{l}{2}\right)^2 + r^2}\cos\left(\theta + \arctan\left(\dfrac{2r}{l}\right)\right)\Big/ c$
棱角 C	$\theta \in [180°,360°)$	$2\sqrt{\left(\dfrac{l}{2}\right)^2 + r^2}\cos\left(\theta - \arctan\left(\dfrac{2r}{l}\right)\right)\Big/ c$
棱角 D	$\theta \in (0°,180°]$	$2\sqrt{\left(\dfrac{l}{2}\right)^2 + r^2}\cos\left(\theta + \arctan\left(\dfrac{2r}{l}\right)\right)\Big/ c$
正横 E	$\theta = 90°, 270°$	$-2r/c$
半球冠 F	$\theta \in (90°,270°)$	$-2\left(r + \dfrac{l}{2}\cos(\pi-\theta)\right)\Big/ c$
圆端面 G	$\theta = 0°$	$-l/c$

由表 2-5 可以得知，各个亮点的时延随着入射角度的不同发生变化，可以计算得到入射角度在 0°～360° 范围内各个几何亮点相对参考中心点时延的变化曲线，如图 2-36 所示。纵坐标的采样点数与采样频率有关，采样频率不影响时延随时间角度变化的一般趋势。

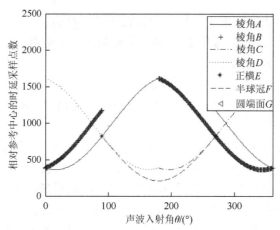

图 2-36　各个亮点相对参考中心的时延与声波入射角（ 0°～360° ）的关系

2.5.3　实验目标模型声散射特性理论计算分析

为大致预测壳体散射声场的基本特性，利用数值计算具有相同尺寸的内部真空有限长圆柱壳体在正横方向的散射形态函数和时域散射响应，结果如图 2-37 所示。

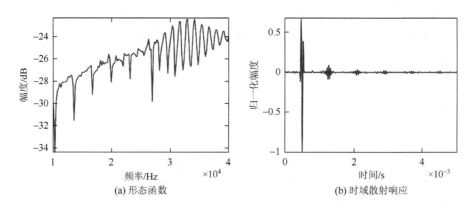

（a）形态函数　　　　　　　　　　　　　（b）时域散射响应

图 2-37　实验模型的理论散射特性

从图 2-37 中可以看出，在信号频率小于 20kHz 时，具有较强的低频散射，对应于 S_0 波；而在 20～35kHz 范围内，形态函数具有明显的中频增强，该范围内对应于弹性 A_{0-} 波，利用这个频率范围的形态函数，可以计算出对应的时域散射响应，其中除首先出现的镜反射回波外，还有周期性出现的波包，即 A_{0-} 波，这些波包能量较强，可作为探测识别的主要成分。因此，在实验中，考虑到换能器的工作范围，选择信号为线性调频信号，频率范围在 10～40kHz，略大于理论的中频增强频率范围。而由时域散射响应可以看出，所产生的回波时间序列的间隔约为 0.8ms，因此选择了两种脉冲宽度的信号：一种为 0.5ms，所产生的散射回波中各个成分不会混叠，但可能发射信号能量较小，使得弱散射回波难以探测；另一种为 2ms，所产生的散射回波具有较大的能量，易于探测，但不同散射分量会存在混叠。

2.5.4　实验目标模型数据处理结果分析

随着目标的水平旋转，作者测量得到了壳体在不同入射角下的散射回波，利用匹配滤波器与 Fourier 变换，计算得到了壳体散射在时域和频域的变化特性。图 2-38 为在发射信号为 0.5ms 的线性调频信号时的结果。其中，匹配滤波以发射信号为参考信号，图中还给出了不同角度下对应的目标姿态。在入射角 $0°<\theta<90°$ 范围内，会存在能量相对较强的由半球冠产生的镜反射回波，在正横入射（$\theta=90°$）时，圆柱壳体的侧面也会形成很强的镜反射回波，在入射角为 $\theta=180°$ 时，平面端面也会如此，从时域和频域的幅度来看，正横入射时的镜反射回波能量最强，平面端面次之，半球冠的反射较小。

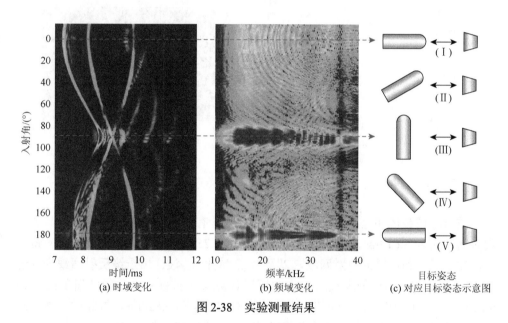

图 2-38　实验测量结果

各个角度下，在镜反射回波之后，在整个时域变化图中具有一个对称的呈"X"形状的结构，这个结构是由壳体之上的吊环和吊绳散射形成的。在此之后，$40°<\theta<140°$ 范围内，可以观测到三条弹性回波，即为沿壳体表面传播的 A_{0-} 波。在所使用的频率范围内，镜反射回波的能量分布于整个频域范围内，并且随着入射角度的变化，镜反射回波与吊环散射回波形成了弯曲的干涉条纹；而弹性 A_{0-} 波

的能量相对较小，在频域内不能确定其变化规律。因此，对不同散射分量需要进行分离，如何进行有效、无失真的分离成为研究目标散射特性的一个基本问题。

具体地，分析单个角度下目标反向散射回波的信号特性。首先分析在正横方向（$\theta = 90°$）的回波，其中发射信号脉宽为 0.5ms，回波的信号波形、频谱、匹配滤波的输出以及时频分布如图 2-39 所示。

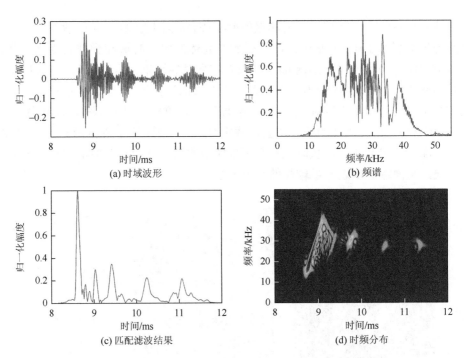

(a) 时域波形　　　　　　　　　　(b) 频谱

(c) 匹配滤波结果　　　　　　　　(d) 时频分布

图 2-39　正横方向（$\theta = 90°$）目标反向声散射信号（发射信号脉宽为 0.5ms）

结合时域波形和匹配滤波的输出，回波共含有 5 个明显的回波成分，其中出现时间分别为 8.612ms、9.032ms、9.414ms、10.25ms 和 11.07ms，分别对应镜反射回波、吊环和吊绳的散射回波，以及 3 个弹性 A_{0-} 波。由于镜反射回波为入射声波到达壳体表面后的全反射，据此可以计算实际目标中心与换能器的距离为 6.72m。而 3 个弹性 A_{0-} 波间的间隔分别为 0.836ms 和 0.820ms，按照射线理论结果可以计算出 A_{0-} 波在壳体表面传播的群速度约为 2003m/s 和 2042m/s。

从频谱上看，受镜反射回波和吊环散射回波的影响，并不能观测出由弹性 A_{0-} 波的干涉形成的频谱特性；从时频分布结果上看，能够清晰地辨别出其中的 5 个回波分量，其中镜反射回波的能量分布于整个频带范围，而 3 个弹性 A_{0-} 波则受表面波频散特性的影响，与发射信号的调频特性具有一定差异。该特性也可以从匹配滤波的结果中看出，其中镜反射回波对应的主瓣较窄，能够获得相应的脉冲压缩效果，而后续的弹性 A_{0-} 波，特别是最后一个，主瓣已经变得很宽。因此在对信号参数进行估计时，需要考虑由弹性频散特性引起的信号畸变，以及由此带来的处理方法的性能变化。

在斜入射情况下，反向散射信号的特性将发生变化。研究在 $\theta = 60°$ 时的回波信号，其基本特性如图 2-40 所示。从图 2-40 中可以看出，这时仍可以观测到 5 个明显的回波分量。但与正横入射不同，这里首先为半球冠的镜反射回波；其后两个为两个吊环的散射回波，这时的吊环与换能器的距离不同；最后两个对应沿壳体表面螺旋绕行的弹性 A_{0-} 波。对应的声线传播示意图如图 2-41 所示，其中 A 对应半球冠的镜反射回波，B 和 E 为两个吊环散射回波，而 C 和 F 为与有限长圆柱壳类似的经端面反射形成的弹性 A_{0-} 波，而 D 为对应的能够激发这两条声线的入射声波。根据图 2-40(c)，5 个散射分量的时延分别为 8.072ms、8.658ms、9.426ms、9.944ms 和 10.56ms。根据图 2-41，半球冠的镜反射回波的传播时间为

$$\tau_A = \frac{2(d-a) - 2(L-a)\cos\theta}{c_{\mathrm{w}}} \qquad (2\text{-}140)$$

依据式（2-140）以及 B、C、E、F 回波的传播途径，并利用在正横方向测得的群速度（2000m/s），可以计算散射回波的理论传播时间为 8.162ms、8.748ms、9.516ms、9.989ms 和 10.614ms。其中吊环位于距离端面约 0.35m 处，并且两个吊环之间相距约 1.15m。该结果与实测结果具有一定的偏差，可能是由于壳体并不完全围绕其中心点旋转，在旋转的过程中，壳体不稳定，可能会出现抖动。值得注意的是，理论预测的两个螺旋绕行波的时间间隔为 0.625ms，而实测的两个弹性 A_{0-} 波的时间间隔为 0.616ms，二者基本吻合，其差异来自于对群速度的估计误差。在频谱上，弹性回波依然混叠在能量较强的镜反射回波和吊环散射回波中；在时频分布中，镜反射回波和吊环散射具有与发射信号相似的特性，而弹性 A_{0-} 波具有一定的畸变。

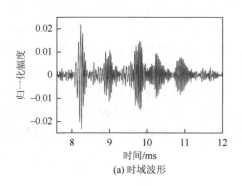

(a) 时域波形

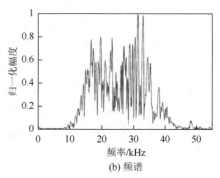

(b) 频谱

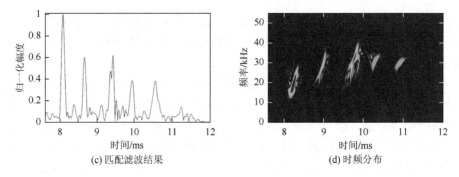

(c) 匹配滤波结果　　　　　　　　　　(d) 时频分布

图 2-40　斜入射下（$\theta = 60°$）目标反向声散射信号（发射信号脉宽为 0.5ms）

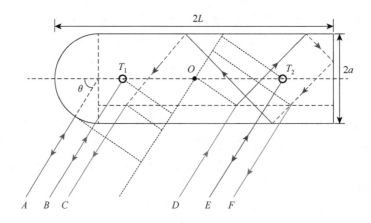

图 2-41　半球冠圆柱体反向声散射声线图

　　当发射信号变长后，各个散射分量在时域和频域上均存在混叠，难以对回波的时序结构和频谱特性进行分析，此外，对回波信号进行时频分析时，信号间的相互影响也难以避免。在发射信号为 2ms 的线性调频信号时，正横方向的反向散射回波如图 2-42 所示，其中从信号波形与频谱中都不能清晰地辨识信号的特征。匹配滤波的结果显示，回波中具有 5 个主要的信号分量，结合上述结果，前两个对应壳体的镜反射回波和吊环散射回波，而后三个为弹性 A_{0_-} 波，可以估计出它们的传播时间分别为 8.616ms、8.972ms、9.428ms、10.25ms 和 11.03ms，该结果与上述发射信号为 0.5ms 时相吻合。在回波的时频分布中，由于镜反射回波的能量相对较强，后续吊环散射回波淹没在其与弹性回波的交叉项中，三个弹性 A_{0_-} 波可以较为清晰地分辨出，且在时频特性上也存在畸变。

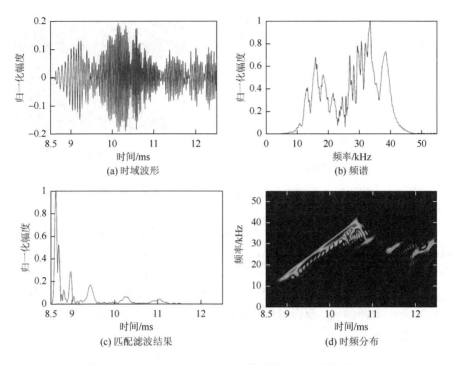

图 2-42　正横方向（$\theta = 90°$）目标反向声散射信号（发射信号脉宽为 2ms）

　　类似的结果在斜入射情况下也存在，图 2-43 为入射角在 $\theta = 70°$ 测量得到的结果，在时频域同样存在混叠的情况。匹配滤波的结果显示，回波中主要包含 6 个主要的成分，其中最先出现的为半球冠的镜反射回波，后续为两个吊环的散射回波，最后三个可能为弹性 A_{0-} 波，这三个散射成分的判定需要结合回波的时频分析。弹性回波的能量相对镜反射回波和吊环散射回波都较小，在对时延的估计中，可能受到其他成分旁瓣的影响，从而影响估计的准确性。

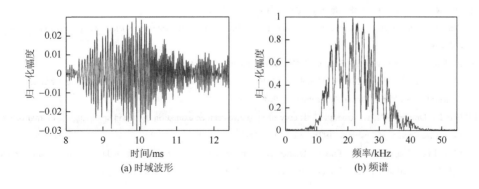

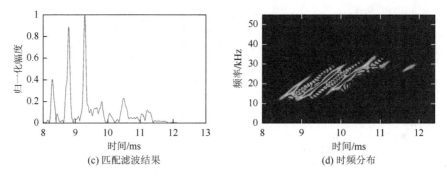

(c) 匹配滤波结果　　　　　　　　　　　　(d) 时频分布

图 2-43　斜入射（$\theta = 70°$）目标反向声散射信号（发射信号脉宽为 2ms）

以上实验结果表明，在对水下目标反向声散射回波的分析中，主要面临以下问题：①目标回波中包含多个分量，各个分量可能在时域和频域均存在混叠，为准确分析回波特性，需要对各个分量进行分离；②分量间的时间差异可能比较小，而且具有较强能量的部分可能会对弱信号有影响，因而需要研究具有高分辨能力的估计方法；③弹性 A_{0-} 波在时频上存在畸变，这种畸变在对信号参数进行估计时具有显著影响。

参 考 文 献

[1] 刘伯胜，雷家煜. 水声学原理[M]. 哈尔滨：哈尔滨工程大学出版社，2010.

[2] Graff K F. Wave Motion in Elastic Solids[M]. Oxford：Clarenton Press，1975.

[3] Morse P M，Feshbach H，Condon E U. Methods of theoretical physics[J]. American Journal of Physics，1953，22（1）：5-12.

[4] Maze G. Acoustic scattering from submerged cylinders. MIIR Im/Re：Experimental and theoretical study[J]. Journal of the Acoustical Society of America，1991，89（6）：2559-2566.

[5] Doolittle R D，Überall H，Ugincius P. Sound scattering by elastic cylinders[J]. Journal of the Acoustical Society of America，1968，43：1-14.

[6] Ugincius P，Überall H. Creeping-wave analysis of acoustic scattering by elastic cylindrical shells[J]. Journal of the Acoustical Society of America，1968，43（6）：1025-1035.

[7] 汤渭霖，范军，马忠成. 水中目标声散射[M]. 北京：科学出版社，2008.

[8] 何作镛，赵玉芳. 声学理论基础[M]. 北京：国防工业出版社，1981.

[9] Faran J J. Sound scattering by solid cylinders and spheres[J]. Journal of the Acoustical Society of America，1951，23（4）：405-418.

[10] Rayleigh W S. The Theory of Sound[M]. New York：Dover Publications，1945.

[11] Abramowitz M，Stegun I A. Handbook of Mathematical Functions with Formulas，Graphs，and Mathematical Tables[M]. New York：Dover Publications，1964.

[12] Flax L，Dragonette L R，Überall H. Theory of elastic resonance excitation by sound scattering[J]. Journal of the Acoustical Society of America，1978，63（3）：723-731.

[13] Überall H，Dragonette L R，Flax L. Relation between creeping waves and normal modes of vibration of a curved body [J]. Journal of the Acoustical Society of America，1977，61（3）：711-715.

[14] Bao X L，Überall H，Niemiec J，et al. Surface wave resonances in sound scattering from elastic cylinders[J]. Journal of the Acoustical Society of America，1997，102（1）：49-54.

[15] 汤渭霖. 奇异点展开法（SEM）与共振散射理论（RST）之间的联系[J]. 声学学报，1991，16（3）：199-208.

[16] 刘孝斌. 流体中弹性球壳声散射研究[D]. 青岛：中国海洋大学，2009.

[17] Werby M F. The acoustical background for a submerged elastic shell[J]. Journal of the Acoustical Society of America，1991，90（4）：3279-3287.

[18] Batard H，Quentin G. Acoustical resonances of solid elastic cylinders：Parametric study and introduction to the inverse problem[J]. Journal of the Acoustical Society of America，1998，91（2）：581-590.

[19] 刘伯胜，时启猛. 聚类分析方法识别水下目标[J]. 海洋工程，1995，4：31-37.

[20] 沈杰罗夫 Е Л. 水声学波动问题[M]. 何祚镛，赵晋英，译. 北京：国防工业出版社，1983.

[21] Waterman P C. New formulation of acoustic scattering[J]. Journal of the Acoustical Society of America，1969，45（6）：1417-1429.

[22] Waterman P C. Matrix theory of elastic wave scattering[J]. Journal of the Acoustical Society of America，1976，60：567-580.

[23] Varadan V K，Varadan V V，Dragonette L R，et al. Computation of rigid body scattering by prolate spheroids using the T-matrix approach[J]. Journal of the Acoustical Society of America，1982，71（1）：22-25.

[24] Su J H，Varadan V V，Varadan V K. Acoustic wave scattering by a finite elastic in water[J]. Journal of the Acoustical Society of America，1980，68（2）：686-691.

[25] Lim R，Hackman R H. A formulation of multiple scattering by many bounded obstacles using a multicentered，T supermatrix[J]. Journal of the Acoustical Society of America，1992，91（2）：613-638.

[26] 汤渭霖. 用物理声学方法计算界面附近目标的回波[J]. 声学学报，1999，24（1）：1-5.

[27] Gaunaurd G C，Huang H. Acoustic scattering by a spherical body near a plane boundary[J]. Journal of the Acoustical Society of America，1994，96（4）：2526-2536.

[28] 范军，卓琳凯，汤渭霖. 声呐目标回声特性预报的板块元方法[J]. 船舶力学，2012，16（1）：171-180.

[29] Nell C W，Gilroy L E. An Improved BASIS Model for the BeTSSi Submarine[R]. Defence R & D Canada-Atlantic Technical Report 2003-199，2003.

[30] Schenck H A. Improved integral formulation for sound radiation problems[J]. Journal of the Acoustical Society of America，1968，44（1）：41-58.

[31] Wu T W，Li W L，Seybert A F. An efficient boundary element algorithm for multi-requency acoustical analysis[J]. Journal of the Acoustical Society of America，1993，94：447-452.

[32] Tobocman W. Calculation of acoustic wave scattering by means of the Helmholtz integral equation[J]. Journal of the Acoustical Society of America，1984，76（2）：599-607.

[33] 王勖成，邵敏. 有限单元法基本原理和数值方法[M]. 北京：清华大学出版社，1997.

[34] 陈鑫，罗祎. 基于 ANSYS 和 SYSNOISE 的水下目标低频散射声场仿真[J]. 兵器装备工程学报，2018，39（5）：103-107.

[35] 商德江. 复杂弹性壳体水下结构振动和声场特性研究[D]. 哈尔滨：哈尔滨工程大学，2000.

[36] 商德江，何祚镛. 加肋双层圆柱壳振动声辐射数值计算分析[J]. 声学学报，2001，26（3）：193-201.

[37] 卢笛. 基于有限元原理的弹性目标声散射计算[D]. 哈尔滨：哈尔滨工程大学，2014.

[38] 胡珍. 下掩埋目标的散射声场计算[D]. 哈尔滨：哈尔滨工程大学，2015.

[39] 张培珍，李秀坤，范军，等. 局部固体填充的水中复杂目标声散射计算与实验[J]. 物理学报，2016，65（18）：273-281.

[40] 汪德昭，尚尔昌. 水声学[M]. 北京：科学出版社，1981.

[41] 汤渭霖. 声呐目标回波的亮点模型[J]. 声学学报，1994，19（2）：92-100.

[42] 范军，朱蓓丽，汤渭霖. 非刚性表面声呐目标回波的修正几何亮点模型[J]. 声学学报，2001，26（6）：545-550.

[43] Love R H. Dorsal-aspect target strength of individual fish[J]. Journal of the Acoustical Society of America，1971，49（3）：816-823.

[44] 莫尔斯 P M. 振动与声[M]. 南京大学《振动与声》翻译组，译. 北京：科学出版社，1974.

[45] Gaunaurd G C，Überall H. RST analysis of monostatic and bistatic acoustic echoes from an elastic sphere[J]. Journal of the Acoustical Society of America，1983，73（1）：1-12.

[46] Hickling R. Analysis of echoes from a solid elastic sphere in water[J]. Journal of the Acoustical Society of America，1962，34（10）：1582-1591.

[47] Gaunaurd G C，Werby M F. Lamb and creeping waves around submerged spherical shells resonantly excited by sound scattering[J]. Journal of the Acoustical Society of America，1987，82（6）：2021-2033.

[48] Gaunaurd G C，Werby M F. Sound scattering by resonantly excited，fluid-loaded，elastic spherical shells[J]. Journal of the Acoustical Society of America，1991，90（5）：2536-2550.

[49] Brill D，Gaunaurd G C. Acoustic resonance scattering by a penetrable cylinder[J]. Journal of the Acoustical Society of America，1983，73（5）：1448-1455.

[50] Gaunaurd G C，Brill D. Acoustic spectrogram and complex–frequency poles of a resonantly excited elastic tube[J]. Journal of the Acoustical Society of America，1984，75（6）：1680-1693.

[51] Veksler N D，Korsunskii V M. Analysis and synthesis of backscattering from a circular cylindrical shell[J]. Journal of the Acoustical Society of America，1990，87（3）：943-962.

[52] 刘国利，汤渭霖. 平面波斜入射到水中无限圆柱的纯弹性共振散射[J]. 声学学报，1996，21（4）：506-515.

[53] 刘国利，汤渭霖. 平面波斜入射到水中无限圆柱壳体的纯弹性共振散射[J]. 声学学报，1996，21（5）：805-814.

[54] 汤渭霖. 可分离变量的水下弹性体的纯弹性共振散射[J]. 声学学报，1995，20（6）：456-465.

[55] 郑国垠，范军，汤渭霖. 充水有限长圆柱薄壳声散射：I. 理论[J]. 声学学报，2009，34（6）：490-497.

附　　录

1. 弹性球

$$x = ka, \quad x_T = k_T a, \quad x_L = k_L a$$

$$b_{11} = \frac{\rho_0}{\rho_e} x_T^2 j_n(x)$$

$$b_{21} = -x j_n'(x)$$

$$d_{11} = \frac{\rho_0}{\rho_e} x_T^2 h_n^{(1)}(x)$$

$$d_{21} = -x h_n^{(1)'}(x)$$

$$b_{12} = d_{12} = (2n(n+1) - x_T^2) j_n(x_L) - 4 x_L j_n'(x_L)$$

$$b_{13} = d_{13} = 2n(n+1)(x_T j_n'(x_T) - j_n(x_T))$$

$$b_{22} = d_{22} = x_{\mathrm{L}} j_n'(x_{\mathrm{L}})$$

$$b_{23} = d_{23} = n(n+1) j_n(x_{\mathrm{T}})$$

$$b_{31} = d_{31} = 0$$

$$b_{32} = d_{32} = 2(j_n(x_{\mathrm{L}}) - x_{\mathrm{L}} j_n'(x_{\mathrm{L}}))$$

$$b_{33} = d_{33} = 2 x_{\mathrm{T}} j_n'(x_{\mathrm{T}}) + (x_{\mathrm{T}}^2 - 2n(n+1) + 2) j_n(x_{\mathrm{T}})$$

2. 弹性球壳

内部填充流体 (ρ_1, c_1)

$$x = ka, \quad y_1 = k_1 b$$

$$x_{\mathrm{T}} = k_{\mathrm{T}} a, \quad x_{\mathrm{L}} = k_{\mathrm{L}} a$$

$$y_{\mathrm{T}} = k_{\mathrm{T}} b, \quad y_{\mathrm{L}} = k_{\mathrm{L}} b$$

$$b_{11} = \frac{\rho_0}{\rho_e} x_{\mathrm{T}}^2 j_n(x)$$

$$b_{21} = -x j_n'(x)$$

$$d_{11} = \frac{\rho_0}{\rho_e} x_{\mathrm{T}}^2 h_n^{(1)}(x)$$

$$d_{21} = -x h_n^{(1)\prime}(x)$$

$$b_{12} = d_{12} = (2n(n+1) - x_{\mathrm{T}}^2) j_n(x_{\mathrm{L}}) - 4 x_{\mathrm{L}} j_n'(x_{\mathrm{L}})$$

$$b_{13} = d_{13} = (2n(n+1) - x_{\mathrm{T}}^2) y_n(x_{\mathrm{L}}) - 4 x_{\mathrm{L}} y_n'(x_{\mathrm{L}})$$

$$b_{14} = d_{14} = 2n(n+1)(x_{\mathrm{T}} j_n'(x_{\mathrm{T}}) - j_n(x_{\mathrm{T}}))$$

$$b_{15} = d_{15} = 2n(n+1)(x_{\mathrm{T}} y_n'(x_{\mathrm{T}}) - y_n(x_{\mathrm{T}}))$$

$$b_{16} = d_{16} = 0$$

$$b_{22} = d_{22} = x_{\mathrm{L}} j_n'(x_{\mathrm{L}})$$

$$b_{23} = d_{23} = x_{\mathrm{L}} y_n'(x_{\mathrm{L}})$$

$$b_{24} = d_{24} = n(n+1) j_n(x_{\mathrm{T}})$$

$$b_{25} = d_{25} = n(n+1) y_n(x_{\mathrm{T}})$$

$$b_{26} = d_{26} = 0$$

$$b_{31} = d_{31} = 0$$

$$b_{32} = d_{32} = 2(j_n(x_{\mathrm{L}}) - x_{\mathrm{L}} j_n'(x_{\mathrm{L}}))$$

$$b_{33} = d_{33} = 2(y_n(x_{\mathrm{L}}) - x_{\mathrm{L}} y_n'(x_{\mathrm{L}}))$$

$$b_{34} = d_{34} = 2 x_{\mathrm{T}} j_n'(x_{\mathrm{T}}) + (x_{\mathrm{T}}^2 - 2n(n+1) + 2) j_n(x_{\mathrm{T}})$$

$$b_{35} = d_{35} = 2 x_{\mathrm{T}} y_n'(x_{\mathrm{T}}) + (x_{\mathrm{T}}^2 - 2n(n+1) + 2) y_n(x_{\mathrm{T}})$$

$$b_{36} = d_{36} = 0$$

$$b_{41} = d_{41} = 0$$

$$b_{42} = d_{42} = (2n(n+1) - y_{\mathrm{T}}^2) j_n(y_{\mathrm{L}}) - 4 y_{\mathrm{L}} j_n'(y_{\mathrm{L}})$$

$$b_{43} = d_{43} = (2n(n+1) - y_{\mathrm{T}}^2) y_n(y_{\mathrm{L}}) - 4 y_{\mathrm{L}} y_n'(y_{\mathrm{L}})$$

$$b_{44} = d_{44} = 2n(n+1)(y_{\mathrm{T}} j_n'(y_{\mathrm{T}}) - j_n(y_{\mathrm{T}}))$$

$$b_{45} = d_{45} = 2n(n+1)(y_{\mathrm{T}} y_n'(y_{\mathrm{T}}) - y_n(y_{\mathrm{T}}))$$

$$b_{46} = d_{46} = \frac{\rho_1}{\rho_e} y_{\mathrm{T}}^2 j_n(y_1)$$

$$b_{51} = d_{51} = 0$$

$$b_{52} = d_{52} = y_{\mathrm{L}} j_n'(y_{\mathrm{L}})$$

$$b_{53} = d_{53} = y_{\mathrm{L}} y_n'(y_{\mathrm{L}})$$

$$b_{54} = d_{54} = n(n+1) j_n(y_{\mathrm{T}})$$

$$b_{55} = d_{55} = n(n+1) y_n(y_{\mathrm{T}})$$

$$b_{56} = d_{56} = -y_1 j_n'(y_1)$$

$$b_{61} = d_{61} = 0$$

$$b_{62} = d_{62} = 2(j_n(y_{\mathrm{L}}) - y_{\mathrm{L}} j_n'(y_{\mathrm{L}}))$$

$$b_{63} = d_{63} = 2(y_n(y_{\mathrm{L}}) - y_{\mathrm{L}} y_n'(y_{\mathrm{L}}))$$

$$b_{64} = d_{64} = 2 y_{\mathrm{T}} j_n'(y_{\mathrm{T}}) + (y_{\mathrm{T}}^2 - 2n(n+1) + 2) j_n(y_{\mathrm{T}})$$

$$b_{65} = d_{65} = 2 y_{\mathrm{T}} y_n'(y_{\mathrm{T}}) + (y_{\mathrm{T}}^2 - 2n(n+1) + 2) y_n(y_{\mathrm{T}})$$

$$b_{66} = d_{66} = 0$$

3. 无限长圆柱垂直入射

$$x = ka, \quad x_{\mathrm{T}} = k_{\mathrm{T}} a, \quad x_{\mathrm{L}} = k_{\mathrm{L}} a$$

$$b_{11} = \frac{\rho_0}{\rho_e} x_{\mathrm{T}}^2 J_n(x)$$

$$b_{21} = -x J_n'(x)$$

$$d_{11} = \frac{\rho_0}{\rho_e} x_{\mathrm{T}}^2 H_n^{(1)}(x)$$

$$d_{21} = -x H_n^{(1)\prime}(x)$$

$$b_{12} = d_{12} = (2n^2 - x_{\mathrm{T}}^2) J_n(x_{\mathrm{L}}) - 2 x_{\mathrm{L}} J_n'(x_{\mathrm{L}})$$

$$b_{13} = d_{13} = 2n(x_{\mathrm{T}} J_n'(x_{\mathrm{T}}) - J_n(x_{\mathrm{T}}))$$

$$b_{22} = d_{22} = x_{\mathrm{L}} J_n'(x_{\mathrm{L}})$$

$$b_{23} = d_{23} = n J_n(x_{\mathrm{T}})$$

$$b_{31} = d_{31} = 0$$

$$b_{32} = d_{32} = 2n(J_n(x_L) - x_L J'_n(x_L))$$

$$b_{33} = d_{33} = 2x_T J'_n(x_T) + (x_T^2 - 2n^2)J_n(x_T)$$

4. 无限长圆柱壳垂直入射

内部填充流体 (ρ_1, c_1)

$$x = ka, \quad y_1 = k_1 b$$

$$x_T = k_T a, \quad x_L = k_L a$$

$$y_T = k_T b, \quad y_L = k_L b$$

$$b_{11} = \frac{\rho_0}{\rho_e} x_T^2 J_n(x)$$

$$b_{21} = -x J'_n(x)$$

$$d_{11} = \frac{\rho_0}{\rho_e} x_T^2 H_n^{(1)}(x)$$

$$d_{21} = -x H_n^{(1)\prime}(x)$$

$$b_{12} = d_{12} = (2n^2 - x_T^2)J_n(x_L) - 2x_L J'_n(x_L)$$

$$b_{13} = d_{13} = (2n^2 - x_T^2)Y_n(x_L) - 2x_L Y'_n(x_L)$$

$$b_{14} = d_{14} = 2n(x_T J'_n(x_T) - J_n(x_T))$$

$$b_{15} = d_{15} = 2n(x_T Y'_n(x_T) - Y_n(x_T))$$

$$b_{16} = d_{16} = 0$$

$$b_{22} = d_{22} = x_L J'_n(x_L)$$

$$b_{23} = d_{23} = x_L Y'_n(x_L)$$

$$b_{24} = d_{24} = n J_n(x_T)$$

$$b_{25} = d_{25} = n Y_n(x_T)$$

$$b_{26} = d_{26} = 0$$

$$b_{31} = d_{31} = 0$$

$$b_{32} = d_{32} = 2n(J_n(x_L) - x_L J'_n(x_L))$$

$$b_{33} = d_{33} = 2n(Y_n(x_L) - x_L Y'_n(x_L))$$

$$b_{34} = d_{34} = 2x_T J'_n(x_T) + (x_T^2 - 2n^2)J_n(x_T)$$

$$b_{35} = d_{35} = 2x_T Y'_n(x_T) + (x_T^2 - 2n^2)Y_n(x_T)$$

$$b_{36} = d_{36} = 0$$

$$b_{41} = d_{41} = 0$$

$$b_{42} = d_{42} = (2n^2 - y_T^2)J_n(y_L) - 2y_L J'_n(y_L)$$

$$b_{43} = d_{43} = (2n^2 - y_T^2)Y_n(y_L) - 2y_L Y'_n(y_L)$$

$$b_{44} = d_{44} = 2n(y_{\mathrm{T}}J_n'(y_{\mathrm{T}}) - J_n(y_{\mathrm{T}}))$$

$$b_{45} = d_{45} = 2n(y_{\mathrm{T}}Y_n'(y_{\mathrm{T}}) - Y_n(y_{\mathrm{T}}))$$

$$b_{46} = d_{46} = \frac{\rho_1}{\rho_e} y_{\mathrm{T}}^2 J_n(y_1)$$

$$b_{51} = d_{51} = 0$$

$$b_{52} = d_{52} = y_{\mathrm{L}}J_n'(y_{\mathrm{L}})$$

$$b_{53} = d_{53} = y_{\mathrm{L}}Y_n'(y_{\mathrm{L}})$$

$$b_{54} = d_{54} = nJ_n(y_{\mathrm{T}})$$

$$b_{55} = d_{55} = nY_n(y_{\mathrm{T}})$$

$$b_{56} = d_{56} = -y_1 J_n'(y_1)$$

$$b_{61} = d_{61} = 0$$

$$b_{62} = d_{62} = 2n(J_n(y_{\mathrm{L}}) - y_{\mathrm{L}}J_n'(y_{\mathrm{L}}))$$

$$b_{63} = d_{63} = 2n(Y_n(y_{\mathrm{L}}) - y_{\mathrm{L}}Y_n'(y_{\mathrm{L}}))$$

$$b_{64} = d_{64} = 2y_{\mathrm{T}}J_n'(y_{\mathrm{T}}) + (y_{\mathrm{T}}^2 - 2n^2)J_n(y_{\mathrm{T}})$$

$$b_{65} = d_{65} = 2y_{\mathrm{T}}Y_n'(y_{\mathrm{T}}) + (y_{\mathrm{T}}^2 - 2n^2)Y_n(y_{\mathrm{T}})$$

$$b_{66} = d_{66} = 0$$

5. 无限长圆柱倾斜入射

$$k_r = k\cos\theta, \quad k_z = k\sin\theta, \quad \alpha^2 = k_{\mathrm{L}}^2 - k_z^2, \quad \beta^2 = k_{\mathrm{T}}^2 - k_z^2$$

$$x_r = k_r a, \quad x_z = k_r a, \quad x_\alpha = \alpha a, \quad x_\beta = \beta a, \ \text{各量取值见表2-6}$$

$$b_{11} = \frac{\rho_0}{\rho_e} x_{\mathrm{T}}^2 J_n(x_r)$$

$$b_{21} = -xJ_n'(x_r)$$

$$d_{11} = \frac{\rho_0}{\rho_e} x_{\mathrm{T}}^2 H_n^{(1)}(x_r)$$

$$d_{21} = -x_r H_n^{(1)\prime}(x_r)$$

$$b_{12} = d_{12} = (2n(n-1) + 2x_z^2 - x_{\mathrm{T}}^2)U_n(x_\alpha) + 2\delta x_\alpha U_{n+1}(x_\alpha)$$

$$b_{13} = d_{13} = 2n(n-1)U_n(x_\beta) - \gamma x_\beta U_{n+1}(x_\beta)$$

$$b_{14} = d_{14} = 2x_z(-(n+1)U_{n+1}(x_\beta) + x_\beta U_n(x_\beta))$$

$$b_{22} = d_{22} = nU_n(x_\alpha) - \delta x_\alpha U_{n+1}(x_\alpha)$$

$$b_{23} = d_{23} = nU_n(x_\beta)$$

$$b_{24} = d_{24} = x_z U_{n+1}(x_\beta)$$

$$b_{31} = d_{31} = 0$$

$$b_{32} = d_{32} = 2n((1-n)U_n(x_\alpha) + \delta x_\alpha U_{n+1}(x_\alpha))$$

$$b_{33} = d_{33} = (2n(n-1) + \gamma x_\beta^2)U_n(x_\beta) - 2\gamma x_\beta U_{n+1}(x_\beta)$$

$$b_{34} = d_{34} = -2x_z(n+1)U_{n+1}(x_\beta) + x_z x_\beta U_n(x_\beta)$$

$$b_{41} = d_{41} = 0$$

$$b_{42} = d_{42} = 2x_z(nU_n(x_\alpha) - \delta x_\alpha U_{n+1}(x_\alpha))$$

$$b_{43} = d_{43} = nx_z U_n(x_\beta)$$

$$b_{44} = d_{44} = (-\gamma x_\beta^2 + x_z^2)U_{n+1}(x_\beta) + nx_\beta U_n(x_\beta)$$

表 2-6　不同入射角下各量取值

变量	$\theta < \theta_L$	$\theta_L < \theta < \theta_T$	$\theta > \theta_T$
x_α	$x_L\sqrt{1-(c_L/c)^2\sin^2\theta}$	$x_L\sqrt{(c_L/c)^2\sin^2\theta-1}$	$x_L\sqrt{(c_L/c)^2\sin^2\theta-1}$
x_β	$x_T\sqrt{1-(c_T/c)^2\sin^2\theta}$	$x_T\sqrt{1-(c_T/c)^2\sin^2\theta}$	$x_T\sqrt{(c_T/c)^2\sin^2\theta-1}$
$U_n(x_\alpha)$	$J_n(x_\alpha)$	$I_n(x_\alpha)$	$I_n(x_\alpha)$
$U_n(x_\beta)$	$J_n(x_\beta)$	$J_n(x_\beta)$	$I_n(x_\beta)$
δ	$+1$	-1	-1
γ	$+1$	$+1$	-1

注：$I_n(\cdot)$ 是虚宗量 Bessel 函数。

第3章　小波变换域水下目标声散射回波特性分析

小波变换是一种广义的时频分析方法，具有良好的时域和频域局部化特性，在水下目标探测识别中发挥了重要作用。依据弹性散射回波的特性，小波变换可以在频域上描述弹性回波的变化特性[1]，应用频域连续和离散小波变换可以提取出弹性回波的频谱特性；频域小波变换还可应用于对弹性散射回波的特征提取，获得维数较低的特征向量，有利于对目标的分类识别[2-6]。

3.1　小波变换理论概述

3.1.1　基于 Fourier 分析的小波变换

Fourier 变换描述了信号的频域特征，可以建立信号在时域、频域之间的联系。经过不断的完善和发展，Fourier 级数和 Fourier 积分的分析方法已经发展成熟，被大量应用于工程实际中。Fourier 变换通过对时间信号全时域上的积分表示信号频谱上各个频谱成分的分布，在频域上分辨率很好，但时间分辨率差，无法表示频谱成分的时间信息。为了弥补 Fourier 变换的不足，研究者提出了短时 Fourier 变换（short time Fourier transform, STFT），利用加窗的方式进行 Fourier 分析，实现对信号的时频分析。而小波变换作为一种时频分析方式，是 Fourier 变换的提升。基于 Fourier 分析的小波变换特点如下。

（1）在时域和频域都有着较好的局部分析性质。根据小波基的定义，改变小波基函数的尺度能够改变小波的时域与频域分辨率，使得小波函数能够在低频段有着高的频率分辨率以及低的时间分辨率，反之亦然。

(2）具有多分辨分析性质。离散小波变换的提出，就是将信号分解到多层空间中，并对其系数进行操作，从而对信号中的特征信息进行提取和处理，即多分辨分析的思想，实现多分辨分析的算法称为 Mallat 算法。

3.1.2　小波分析的优势

研究表明 Harr 函数系在时域上可以完全局部化，但在 Fourier 变换域上局部性较差；而三角函数系在 Fourier 变换域上则是完全局部化的，但在时域上无局部性。长期以来，学者都在寻找能结合 Harr 函数系和三角函数系的优点信号的表示方法，用以分解任意信号。为了体现时域与 Fourier 变换域均有局部性的思想，Gabor 引入窗口 Fourier 变换，短时 Fourier 变换是其中的一个典型。

对于一给定信号 $x(t) \in L^2(R)$，其 STFT 定义为

$$\mathrm{STFT}_x(t,\omega) = \int x(\tau) g_{t,\omega}^*(\tau)\mathrm{d}\tau = \int x(\tau) g^*(\tau-t)\mathrm{e}^{-\mathrm{i}\omega\tau}\mathrm{d}\tau$$
$$= \left\langle x(\tau), g(\tau-t)\mathrm{e}^{-\mathrm{i}\omega\tau} \right\rangle \tag{3-1}$$

式中，$\langle \cdot \rangle$ 表示计算内积。

短时 Fourier 变换在一定程度上解决了 Fourier 变换不具有局部分析能力的缺点，因为短时 Fourier 变换可以看作信号 $x(t)$ 在"分析时间"t 附近的"局部频谱"，可实现对 $x(t)$ 的时频定位的功能。图 3-1 所示为短时 Fourier 变换的时频分辨率分布示意图，在窗函数确定后，短时 Fourier 变换的时频分辨率不会再改变，因此对于非平稳信号，无法精确匹配。

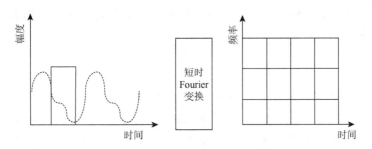

图 3-1   短时 Fourier 变换时频分辨率示意图

相比于短时 Fourier 变换，小波变换更适用于对非平稳信号进行分析。对于信号中的高频分量，其时域波形变化较快，在时域上信号周期性变化较小，所以对此类信号应该让其时域分析窗口适当缩短，即利用改变窗长的办法使频域分辨率降低，提高时域分辨率；对于信号中的低频分量，由于其变化缓慢，有限的窗口长度不能够分析其频率变化情况，所以需要适当加长分析窗口，即降低频域分辨率，提高时域分辨率。

窗函数的特性由 Heisenberg 测不准原理给出：如果 $x \in L^2(R)$，其 Fourier 变换为 $\hat{x}$，则

$$4\Delta_t\Delta_\Omega \geqslant \frac{1}{2} \tag{3-2}$$

式中，$2\Delta_t$ 为时频窗宽度；$2\Delta_\Omega$ 为时频窗高度。等号成立的充要条件为

$$x(t) = c\mathrm{e}^{\mathrm{i}at}g_a(t-b) \tag{3-3}$$

式中，$c \neq 0$；$a > 0$；$b \in \mathbf{R}$；g_a 为高斯窗函数。时频窗面积（即时宽带宽积）$4\Delta_t\Delta_\Omega$ 可以衡量时频局部化的描述能力，面积越小，局部化描述能力越强。

3.2　小波分析基础

3.2.1　连续小波变换

连续小波变换[7]（continuous wavelet transform，CWT）是用一族小波函数（小波函数系）去逼近表示一函数或者信号，其定义为

$$\mathrm{WT}_x(a,b) = \frac{1}{\sqrt{a}} \int_{-\infty}^{+\infty} x(t)\psi^*\left(\frac{t-b}{a}\right)\mathrm{d}t$$

$$= \int x(t)\psi_{a,b}^*(t)\mathrm{d}t = \langle x(t), \psi_{a,b}(t) \rangle \tag{3-4}$$

式中，a 是尺度因子或伸缩因子；b 为时移因子；$x(t)$ 为信号，且 $x(t) \in L^2(R)$；$\psi(t)$ 为母小波，也称基本小波；$\psi_{a,b}(t)$ 为小波基，其是由基本小波经过时移因子和尺度因子的变换得到的，即

$$\psi_{a,b}(t) = \frac{1}{\sqrt{a}}\psi\left(\frac{t-b}{a}\right) \tag{3-5}$$

式（3-5）为引入的窗函数，不同的 a 与 b 构成了上述的小波函数系。由式（3-4）可知，小波变换是信号 $x(t)$ 与小波基函数的内积，式（3-5）表示 $\psi(t)$ 可以描述为带通滤波器的单位脉冲响应，故式（3-4）可以描述为 $x(t)$ 通过 $\psi(t)$ 的响应。

$\psi_{a,b}(t)$ 的 Fourier 变换为

$$\Psi_{a,b}(\Omega) = \sqrt{a}\Psi(a\Omega)\mathrm{e}^{-\mathrm{i}\Omega b} \tag{3-6}$$

则小波变换的频域表达式为

$$\mathrm{WT}_x(a,b) = \frac{1}{2\pi}\left\langle X(\Omega), \Psi_{a,b}(\Omega) \right\rangle = \frac{\sqrt{a}}{2\pi} \int_{-\infty}^{+\infty} X(\Omega)\Psi^*(a\Omega)\mathrm{e}^{\mathrm{i}\Omega b}\mathrm{d}\Omega \tag{3-7}$$

对于实际工程应用，需保证连续小波变换存在逆变换，即利用小波变换重构原信号。作为窗函数，为使时间窗与频率窗都具有快速衰减特性，要求小波窗函数满足小波容许条件。设 $x(t), \psi(t) \in L^2(R)$，记 $\Psi(\Omega)$ 为 $\psi(t)$ 的 Fourier 变换，若

$$c_\psi \triangleq \int_0^\infty \frac{|\Psi(\Omega)|^2}{\Omega}\mathrm{d}\Omega < \infty \tag{3-8}$$

则 $x(t)$ 可由其小波变换 $\mathrm{WT}_x(a,b)$ 来恢复，即

$$x(t) = \frac{1}{c_\psi} \int_0^\infty a^{-2} \int_{-\infty}^\infty \mathrm{WT}_x(a,b)\psi_{a,b}(t)\mathrm{d}a\mathrm{d}b \tag{3-9}$$

小波容许条件成立的含义为：

（1）不是时域的任一函数 $\psi(t) \in L^2(R)$ 都可以充当小波函数；

（2）$\psi(t)$ 必须具有带通性质；

（3）$\int_{-\infty}^{+\infty} \psi(t)\mathrm{d}t = 0$，$\psi(t)$ 是振荡的；

（4）$\int_{-\infty}^{+\infty} \psi(t)\mathrm{d}t < \infty$。

根据容许条件可知基本小波在 $(-\infty, +\infty)$ 之间的积分为 0，即

$$\int_{-\infty}^{+\infty} \psi(x)\mathrm{d}x = 0 \tag{3-10}$$

而 $\psi_{a,b}(t)$ 的能量则表示为

$$\int \left| \psi_{a,b}(t) \right|^2 \mathrm{d}t = \frac{1}{a} \int \left| \psi\left(\frac{t-b}{a} \right) \right|^2 \mathrm{d}t = \int |\psi(t)|^2 \, \mathrm{d}t \tag{3-11}$$

式（3-11）表示，小波基函数中 $\dfrac{1}{\sqrt{a}}$ 系数能够保证在不同 a 值下，$\psi_{a,b}(t)$ 始终可以和基本函数 $\psi(t)$ 的能量保持一致，使得不同尺度下的分析信号能量能够在同一标准下进行比较。

1. 连续小波时频分析概述

小波变换是由基本小波的扩张、缩减以及变换得到的多种基本功能函数的集合，所以基本小波是小波变换中最重要的函数。对小波基函数 $\psi_{a,b}(t)$ 进行分析，如图 3-2 所示。当 $a>1$ 时，窗函数将在时间轴上展宽且在频率轴上压缩，而当 $a<1$ 时，窗函数将在时间轴上压缩且在频率轴上展宽；当 $b>0$ 时，窗函数将在时间轴上向右平移，而当 $b<0$ 时，窗函数将在时间轴上向左平移。因此，对于小波基函数，联合 a、b 可以确定窗函数 $\psi_{a,b}(t)$ 的中心位置和宽度，即确定了对原信号 $x(t)$ 分析的中心位置和时间宽度。

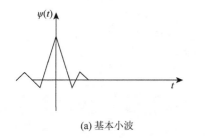

(a) 基本小波

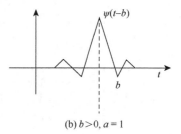

(b) $b>0$，$a=1$

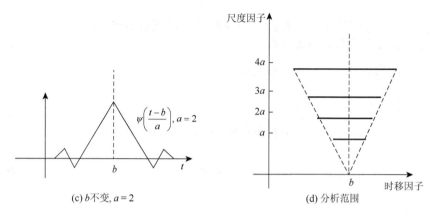

(c) b 不变, $a = 2$　　　　　　　　(d) 分析范围

图 3-2　参数 a、b 对小波函数的影响及对分析范围的控制

　　对于连续小波变换，确定的 $\psi(t)$、变化的 a 与 b 联合确定了一族时频窗分析宽度不断变化、分析中心也不断变化的基函数。图 3-3 所示为连续小波分解过程示意图。通过改变时移因子与尺度因子，实现沿时间轴以及频率轴的遍历分析，并使得每次遍历分析能够逼近不同频率信号，此为小波变换实现时频分析的依据。

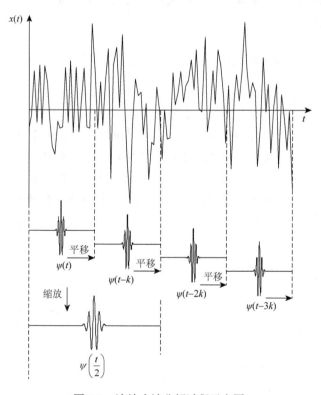

图 3-3　连续小波分解过程示意图

小波变换中很重要的一个性质为恒 Q 性质，其中 Q 为品质因数，定义为带宽和频率中心的比值。表 3-1 给出了基本小波与尺度 a 下的小波基函数的相关时频参数对比。

表 3-1　基本小波与尺度 a 下的小波基参数对比

信号	$\psi(t)$	$\psi(t/a)$
时间中心	t_0	t_0
频率中心	Ω_0	Ω_0/a
时宽	$2\Delta_t$	$2a\Delta_t$
带宽	$2\Delta_\Omega$	$2\Delta_\Omega/a$
时宽-带宽积	$4\Delta_t\Delta_\Omega$	$4\Delta_t\Delta_\Omega$

如表 3-1 所示，对于 $\psi(t)$，$Q=2\Delta_\Omega/\Omega_0$；而对于 $\psi(t/a)$，$Q=(2\Delta_\Omega/a)/(\Omega_0/a)=2\Delta_\Omega/\Omega_0$。即时频分辨率可以通过尺度因数 a 进行自动调节，当中心频率对应低频段时，由于恒 Q 性质，相对应的带宽窄，则小波对应的频率分辨率好，时间分辨率差，可以观测信号的全貌，反之则观测信号的细节。

实现连续小波变换的主要操作，首先要选择一个小波基函数，并且人为固定一个尺度因子 a，将它与信号的初始段进行比较，通过式（3-4）计算小波系数（对应于该分析尺度下的小波与窗口中的原信号的相似程度）；然后改变时移因子 b，实现时间上的遍历。进行以上两个步骤可认为完成一次小波分析，通过改变尺度 a，进行第二次分析，循环执行上述三个步骤，直到满足分析要求为止。

将上述过程以能量分布来表示，即尺度图（scalling-gram）：

$$\left|\mathrm{WT}_x(a,b)\right|^2=\left|\frac{1}{\sqrt{a}}\int x(t)\psi^*\left(\frac{t-b}{a}\right)\mathrm{d}t\right|^2 \tag{3-12}$$

它是尺度因子 a 和时移因子 b 的函数，表示信号在不同尺度空间下的投影能量。

2. Morlet 小波

Morlet 小波定义为

$$\psi(t)=\mathrm{e}^{-t^2/2}\mathrm{e}^{\mathrm{i}\Omega_0 t} \tag{3-13}$$

其 Fourier 变换为

$$\Psi(\Omega)=\sqrt{2\pi}\mathrm{e}^{-(\Omega-\Omega_0)^2/2} \tag{3-14}$$

对于实际信号来说，待分析信号大都是实信号，所以式（3-13）可以改造为

$$\psi(t) = e^{-t^2/2} \cos\left(\Omega_0 t\right) \tag{3-15}$$

Morlet 小波不是正交小波，且是对称的，用于连续小波变换时，其小波变换结果是冗余的，其时域波形与频谱如图 3-4 所示。

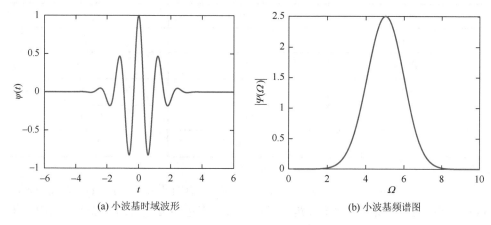

(a) 小波基时域波形　　　　　　　　　　(b) 小波基频谱图

图 3-4　Morlet 小波时域波形与频谱

Morlet 小波不是紧支撑的，但当式（3-15）中 Ω_0 取值足够大时，$\psi(t)$ 与 $\Psi(\Omega)$ 均有很好的集中。对于实际信号，必须选择合适的尺度对信号进行分析，使得小波函数频率窗落在信号的频率范围内，才能保证对信号进行频域内的分段分析，提取感兴趣的信号成分。

3.2.2　离散小波变换

连续小波变换结果信息具有一定冗余性，即连续小波变换在时间尺度域下是相关的。但通过对其进行离散化的方式，也能够使原有信息在采样后得到完全的表达。因此，离散小波的多分辨分析通过正交小波基函数将信号映射到相互正交的信号子空间中，从而实现对信号的无冗余分解。

1. 二进小波变换

对于小波变换的逆变换，在使用小波变换进行信号重构时，采用小波变换的离散化，以保证对 $x(t)$ 信号的准确重建。与对信号时间上的离散化不同，连续小波 $\psi_{a,b}(t)$ 以及连续小波变换 $\mathrm{WT}_x(a,b)$ 的离散化不仅是针对信号 $x(t)$ 的，还针对连续的尺度因子 a 和连续的时移因子 b。

对尺度因子 a 和时移因子 b 进行离散化，分别取 $a=a_0^j$ 和 $b=ka_0^j b_0$，取 $a_0>0$，$j\in \mathbf{Z}$，对应的离散小波基本函数则为

$$\psi_{j,k}(t)=a_0^{-j/2}\psi(a_0^{-j}t-kb_0) \tag{3-16}$$

记离散化小波变换 $\mathrm{WT}_x(a_0^j,ka_0^j b_0)$ 为 $\mathrm{WT}_x(j,\ k)$，表示为

$$\mathrm{WT}_x(j,k)=\int_{-\infty}^{+\infty}x(t)\psi_{j,k}^*(t)\mathrm{d}t=\langle x(t),\psi_{j,k}(t)\rangle \tag{3-17}$$

定义 $c_{j,k}=\mathrm{WT}_x(j,k)$ 为离散小波变换系数。将式（3-16）和式（3-17）代入式（3-9）中可以得到信号的重构公式为

$$x(t)=c\sum_{j=-\infty}^{\infty}\sum_{k=-\infty}^{\infty}c_{j,k}\psi_{j,k}(t) \tag{3-18}$$

式中，c 是与原信号无关的常数，通常取值为 1。

当取 $a_0=2$，相应的离散小波为

$$\psi_{j,b}(t)=2^{-j/2}\psi(2^{-j}(t-b)) \tag{3-19}$$

此时称为半离散化二进小波。其离散小波变换为

$$\begin{aligned}\mathrm{WT}_x(j,b)&=\langle x(t),\psi_{j,b}(t)\rangle\\&=2^{-j/2}\int x(t)\psi^*(2^{-j}(t-b))\mathrm{d}t\end{aligned} \tag{3-20}$$

上式被称为二进小波变换。相关研究表明，此时的二进小波是一个容许小波，其频率中心为 $(\Omega_j)_0=\Omega_0/2^j=2^{-j}\Omega_0$，带宽为 $2\Delta_{\Omega_j}=2^{-j+1}\Delta_\Omega$，频率窗为 $[(\Omega_j)_0-\Delta_{\Omega_j}$，$(\Omega_j)_0+\Delta_{\Omega_j}]$。

通过 j 的改变可自然改变尺度因子 a 和时移因子 b，从而使离散小波变换具有"变焦距"的能力，即可变换时间和频率分辨率，能够更好地适应待分析的非平稳信号。在实际情况中，常用的处理方法是二进制的动态采样网络，对 a 进行幂级数离散化处理，对 b 进行均匀离散采样（需满足采样定理），当取 $a_0=2$，$b_0=1$ 时，动态采样网络如图 3-5 所示。

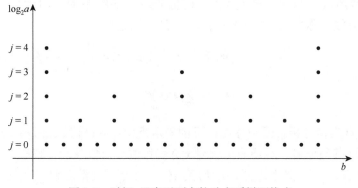

图 3-5　时间-尺度平面内的动态采样网格点

每个网格点相应的时移为 $2^j k$，尺度为 2^j，此时离散化后的小波为

$$\psi_{j,k}(t) = 2^{-j/2}\psi(2^{-j}t - k), \quad j,k \in \mathbf{Z} \tag{3-21}$$

称为二进小波基，其中 $\mathbf{Z}$ 为整数域。

图 3-5 可以充分地展现二进小波对信号的分析特性。假设初始确定放大倍数为 2^j，并观测到信号中的特定部分内容，如果想看到信号中更细节的部分，可根据需求减小 j 的值即增大放大倍数；反之，如果想看到信号的部分概貌，可根据需求增大 j 的值，即减小分析尺度。

2. 小波多分辨分析与 Mallat 算法

小波的多分辨分析是建立在函数空间理论上的。对应空间的基如果是相互正交的，那么对应的空间也是正交的，多分辨分析正是基于这种概念，将信号投影到由含有不同尺度参数的正交基构成的空间中，对信号不同频率范围内的信息进行观察，即为多分辨分析的思想。

对于正交小波而言，不能仅用小波函数 $\psi(t)$ 对其进行描述，通常结合尺度函数 $\phi(t)$（可逐级分解的低通平滑函数）进行加权表示。对于小波基本函数 $\psi(t)$ 变换形成的函数族 $\{\psi_{j,k}(t) = 2^{-j/2}\psi(2^{-j}t - k) \mid j,k \in \mathbf{Z}\}$，构成 $L^2(R)$ 的子空间 W_j 的正交基，尺度函数 $\phi(t)$ 变换形成的函数族 $\{\phi_{j,k}(t) = 2^{-j/2}\psi(2^{-j}t - k) \mid j,k \in \mathbf{Z}\}$ 构成 $L^2(R)$ 的子空间 V_j 的正交基，就称由 $\psi(t)$、$\phi(t)$ 表示的小波为正交小波，其中 W_j 与 V_j 互为正交补空间。

$\phi_{j,k}(t)$ 是子空间 V_j 的正交基，当 $j = 0$ 时，$\phi_{0,k} \in V_0$，设 $P_0 x(t)$ 为待分析信号 $x(t)$ 在 V_0 上的投影，则

$$P_0 x(t) = \sum_k a_0(k)\phi(t - k) = \sum_k a_0(k)\phi_{0,k}(t) \tag{3-22}$$

式中，$a_0(k)$ 是加权系数，且 $a_0(k) = \langle P_0 x(t), \phi_{0,k}(t) \rangle = \langle x(t), \phi_{0,k}(t) \rangle$，由于 $\phi(t)$ 为一个低通平滑函数，则称 $P_0 x(t)$ 为待分析信号 $x(t)$ 在 V_0 下的平滑近似，即 $x(t)$ 在 $j = 0$ 时的近似，称 $a_0(k)$ 为 $x(t)$ 在 $j = 0$ 下的离散近似。

对于 $j = 1$，ϕ_{1k} 为子空间 V_0 的正交基，且 $\phi_{1,k}(t) = \dfrac{1}{\sqrt{2}}\phi\left(\dfrac{t}{2} - k\right) \in V_1$，此时

$$P_1 x(t) = \sum_k a_1(k)\phi_{1,k}(t) \tag{3-23}$$

式中，$P_1 x(t)$ 为待分析信号 $x(t)$ 在 V_1 下的平滑近似；$a_1(k)$ 为 $P_1 x(t)$ 在 $j = 1$ 下的离散近似。j 取其他值时，对待分析信号 $x(t)$ 仍可进行类似表示，则称 $P_j x(t)$ 为待分析信号 $x(t)$ 在 V_j 下的光滑近似，$a_j(k)$ 为 $x(t)$ 在 j 下的离散近似。j 越小，$P_j x(t)$ 对

待分析信号的近似程度越好，分辨率越高，所以当 $j \rightarrow -\infty$ 时，$\phi_{j,k}(t)$ 每个函数趋于无穷小，有

$$P_j x(t)\big|_{j \rightarrow -\infty} = x(t) \tag{3-24}$$

反之，$j \rightarrow +\infty$ 时，$P_j x(t)$ 近似误差最大。由此可以考虑到，高分辨率的基函数（如 $\phi_{0,k}(t)$）可以完全决定低分辨率的基函数（如 $\phi_{1,k}(t)$）。从空间上来讲，即

$$V_0 \supset V_1 \tag{3-25}$$

然而 V_1 不能代表 V_0，只能看作 V_0 的近似，二者相差一些细节，这些细节保留在 V_j 的正交补空间 W_j 中。

$\psi_{j,k}(t)$ 是子空间 W_j 的正交基，同样可得 $\psi(t) \in W_0$，$\psi_{1,k}(t) \in W_1$ 等。设 $D_1 x(t)$ 为待分析信号 $x(t)$ 在 W_1 上的投影，则

$$D_1 x(t) = \sum_k d_1(k) \psi_{1,k}(t) \tag{3-26}$$

式中，$d_1(k)$ 是加权系数，且 $d_1(k) = \langle D_1 x(t), \psi_{1,k}(t) \rangle$。同理可得 $D_j x(t)$ 及 $d_j(k)$。

由于 V_j 与 W_j 互为正交补空间，且 $V_j \supset V_{j-1}$，则有

$$V_{j-1} = V_j \oplus W_j \tag{3-27}$$

$$P_{j-1} x(t) = P_j x(t) + D_j x(t) \tag{3-28}$$

式中，"$\oplus$" 表示直和。由此可以看出 $D_j x(t)$ 是 $P_j x(t)$ 与 $P_{j-1} x(t)$ 的细节差异，$d_j(k)$ 为待分析信号 $x(t)$ 在 j 下的细节系数，事实 $d_j(k)$ 为信号的小波变换 $\mathrm{WT}_x(j, k)$。显然

$$\begin{aligned}
V_0 &= V_1 \oplus W_1 = V_2 \oplus W_2 \oplus W_1 \\
&= \cdots V_j \oplus W_j \oplus W_{j-1} \cdots \oplus W_1
\end{aligned} \tag{3-29}$$

由多分辨分析可知 $\phi(t)$ 与 $\psi(t)$ 必然存在一定关系，此关系由二尺度差分方程式（3-30）与式（3-31）给出：

$$\phi(t) = \sqrt{2} \sum_{k=-\infty}^{\infty} h_0(k) \phi(2t - k) \tag{3-30}$$

$$\psi(t) = \sqrt{2} \sum_{k=-\infty}^{\infty} h_1(k) \psi(2t - k) \tag{3-31}$$

式中，$h_0(k) = \langle \phi_{1,0}(t), \phi_{0,k}(t) \rangle$，$h_1(k) = \langle \psi_{1,0}(t), \psi_{0,k}(t) \rangle$，且 $h_0(k)$、$h_1(k)$ 与 j 无关，

它适用于任意相邻 j 下的 ϕ、ψ。$h_0(k)$ 与 $h_1(k)$ 对应于两通道滤波器组，$h_0(k)$ 对应低通滤波器 $H_0(z)$，$h_1(k)$ 对应高通滤波器 $H_1(z)$。

正交小波变换可以等效为两通道分解滤波器组，即一个高通滤波器 $H_1(z)$ 和一个低通滤波器 $H_0(z)$。如图 3-6 所示，信号通过 $H_0(z)$ 时，输出的低频成分称为近似分量 A；信号通过 $H_1(z)$ 时，输出的高频成分称为细节分量 D。

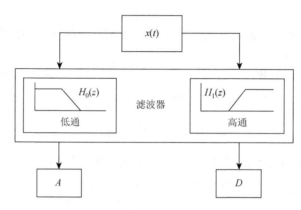

图 3-6　正交小波信号的分解过程示意图

设 $h_0(k)$ 与 $h_1(k)$ 满足式（3-30）及式（3-31），对于 $a_j(k)$ 与 $d_j(k)$ 存在如下递推关系：

$$a_{j+1}(k) = \sum_{n=-\infty}^{\infty} a_j(n)h_0(n-2k) = a_j(k) \otimes \overline{h}_0(2k) \qquad (3\text{-}32)$$

$$d_{j+1}(k) = \sum_{n=-\infty}^{\infty} a_j(n)h_1(n-2k) = a_j(k) \otimes \overline{h}_1(2k) \qquad (3\text{-}33)$$

式中，$\overline{h}(k) = h(-k)$。

根据上述滤波算法进行小波变换会使得滤波后的数据点数多出滤波前的一倍，为了保留原始数据信息，需要得到与原数据相同点数的分解结果，为此需进行降采样处理，即在分解后的数据中两点之间取一个点，这样就保证了输出的两列数据点数加和与原数据一致，这就是 Mallat 算法。

而对于原信号的重构，与上述方法相反，需通过过采样来实现。通过在相邻的两个数据点之间插入 0，从而使得总的数据长度变为原始数据的两倍，这样就保证了重构的数据长度与进行小波分解滤波前的数据长度一致。图 3-7 所示为 Mallat 算法的信号分解和重构过程的示意图。

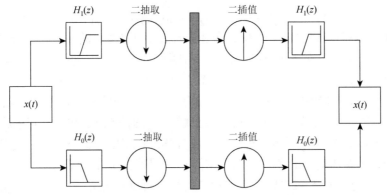

图 3-7　Mallat 算法的信号分解和重构过程示意图

3. Daubechies 小波

如果小波函数 $\psi(t)$ 与尺度函数 $\phi(t)$ 是非紧支撑的，则其对应的滤波器是无限冲激响应（infinite impulse response，IIR）滤波器，而 IIR 的单位冲激响应是无限长的，此处需要进行无穷卷积和。在实际应用中，分解滤波器的单位冲激响应是有限长的，则正交小波应是紧支撑的。数学家 Daubechies 导出了一系列具有很强实用性的正交小波，即 db 系小波。

采用 db7 小波进行仿真和数据处理，其尺度函数 $\phi(t)$ 与频谱 $\Phi(\Omega)$，以及小波函数 $\psi(t)$ 与频谱 $\Psi(\Omega)$ 形式如图 3-8 所示。

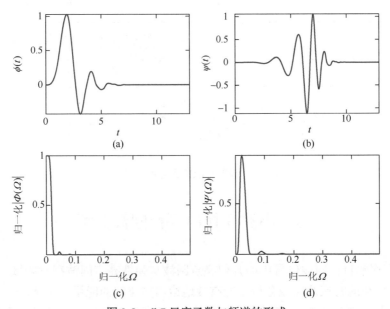

图 3-8　db7 尺度函数与频谱的形式

仿真信号 $x(t) = \sin(2\pi f_1 t) + \sin(2\pi f_2 t) + \sin(2\pi f_3 t)$ ， $f_1 = 2\text{Hz}$ ， $f_2 = 40\text{Hz}$ ， $f_3 = 80\text{Hz}$ ，采样频率 $f_s = 400\text{Hz}$ 。图 3-9 为 $x(t)$ 的离散小波多分辨率分解，共四层分解，图 3-9 左图为 $x(t)$ 的近似分解，右图为 $x(t)$ 的细节分解。从图 3-9 中可以看出，原空间 V_0 （对应 0～200Hz ）分解为 V_j 、 W_j （ $j=1,2,3,4$ ）。对于第一层分解， W_1 对应101～200Hz ，该空间本应没有信号，但分解滤波器不可能完全截止，所以 d_1 中有少量信号残存。对于第二层分解， W_2 对应51～100Hz ，其中应有 f_3 信号成分，如图 3-9 中 d_2 所示。对于第三层分解， W_3 对应25～50Hz ，其中应有 f_2 信号成分，如图 3-9 中 d_3 所示。现在空间 V_3 中只残留 f_1 信号成分，而对于第四层分解， W_4 中对应12.5～25Hz ，其中没有信号，所以 V_3 与 V_4 一样，只有 f_1 信号成分，如图 3-9 中 a_3 、 a_4 所示。

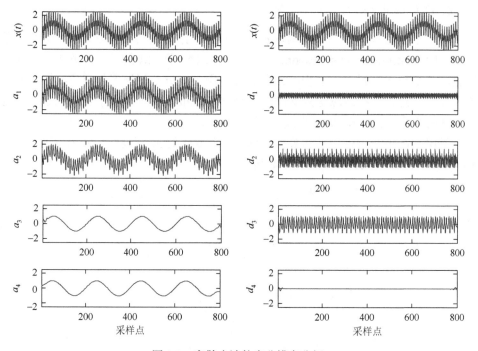

图 3-9　离散小波的多分辨率分解

3.3　小波变换的目标回波分析

实际声呐目标回波信号中的几何亮点回波与弹性亮点回波在时频域上往往是混叠的，单纯的时域及频域分析不能有效地给出亮点间的能量分布情况。对于 A_{0-} 波，其能量主要集中在中高频段，在回波信号频谱上表现为局部频段的叠加干涉，而几何亮点能量较强，其在频域上的干涉信息往往会淹没弹性散射亮点的干涉信息成分。本节基于小波变换的多尺度分析与多分辨分析的特点对回波信号频谱进行小波分析，将谱信号投影到小波域的不同尺度下，仿真分析几何亮点与弹性亮点频域干涉情况在不同尺度下的分布差异，从信号处理手段上寻求途径，达到提取目标弹性亮点干涉谱的目的。

3.3.1　目标回波频谱结构理论分析

1. 亮点模型频域表达式推导

基于亮点模型，目标回波模型幅频响应表述为

$$P(\omega) = \sum_{m=1}^{N} P_m(\omega) \tag{3-34}$$

式中，N 为几何亮点个数。

当入射声波信号 $s(t)$ 为线性调频信号时，即

$$s(t) = u(t) e^{i 2\pi f_0 t}, \quad 0 \leqslant t \leqslant T \tag{3-35}$$

式中

$$u(t) = \frac{1}{\sqrt{T}} \text{rect}\left(\frac{t}{T}\right) e^{i\pi k t^2}, \quad 0 \leqslant t \leqslant T \tag{3-36}$$

为归一化的信号复包络；f_0 为初始频率；k 为调频斜率；T 为信号脉冲宽度。对线性调频信号进行经典 Fourier 分析时，其积分结果是多个菲涅耳积分的组合形式。在进行多分量线性调频信号频谱分析时，很难直观分析出各个分量间的相对时延对整体频谱包络的影响情况。因此，本书采用另一种计算方法——相位驻留法对线性调频信号进行频谱分析。

为了简化分析，将 f_0 设为 0。依据相位驻留法，对信号 $u(t)$ 进行分析，求解频谱的严格解析解。信号 $u(t)$ 的傅里叶变换可以表示为

$$U(f) = \int_{-\infty}^{\infty} \frac{1}{\sqrt{T}} \text{rect}\left(\frac{t}{T}\right) e^{i\pi k t^2} e^{-2i\pi f t} dt \tag{3-37}$$

即

$$U(f) = \int_{-\infty}^{\infty} \frac{1}{\sqrt{T}} \text{rect}\left(\frac{t}{T}\right) e^{i(\pi k t^2 - 2\pi f t)} dt = \int_{-\infty}^{\infty} \frac{1}{\sqrt{T}} \text{rect}\left(\frac{t}{T}\right) e^{i\varphi(t,f)} dt \tag{3-38}$$

式中，$\varphi(t,f) = \pi k t^2 - 2\pi f t$ 是时间和频率的函数，当此函数满足非线性、函数连续且随时间振荡较快的性质，积分值的贡献主要来自于驻留点。驻留点定义为在 $t = t_0$，$\varphi(t,f)$ 满足一阶导数等于零，即

$$\varphi^{(1)}(t_0, f) = 2\pi k t_0 - 2\pi f = 0 \tag{3-39}$$

信号的频谱近似为

$$U(f) \approx \sqrt{\frac{-2\pi}{\varphi^{(2)}(t_0,f)}} e^{-i\frac{\pi}{4}} a(t_0) e^{i\varphi(t_0,f)} \tag{3-40}$$

式中，$a(t_0) = \frac{1}{\sqrt{T}} \mathrm{rect}\left(\frac{t_0}{T}\right)$ 为能量归一化的矩形幅度包络。

将式（3-39）及 $\varphi(t,f)$ 的二阶导数代入式（3-40），线性调频信号的频谱近似为

$$U(f) \approx \sqrt{\frac{-2\pi}{\varphi^{(2)}(t_0,f)}} e^{-i\frac{\pi}{4}} a(t_0) e^{i\varphi(t_0,f)}$$

$$= \sqrt{\frac{-1}{kT}} e^{-i\frac{\pi}{4}} e^{-i\frac{\pi}{k}f^2} \mathrm{rect}\left(\frac{f}{B}\right) \tag{3-41}$$

加入亮点时延 τ 参数，表达式为

$$u(t-\tau) = \frac{1}{\sqrt{T}} \mathrm{rect}\left(\frac{t-\tau}{T}\right) e^{i\pi k(t-\tau)^2}, \quad \tau \leqslant t \leqslant T+\tau \tag{3-42}$$

加入时延因子的频谱近似表达式为

$$U(f) = \sqrt{\frac{-1}{kT}} e^{-i\frac{\pi}{4}} e^{-i\left(\frac{\pi}{k}f^2 + 2\pi f \tau\right)} \mathrm{rect}\left(\frac{f}{B}\right) \tag{3-43}$$

依据目标亮点模型，各个亮点回波的叠加组成目标的几何回波。为了简化问题分析，假设目标回波由两个几何亮点回波组成，两个亮点回波之间时延差设为 τ_1，结合式（3-41）和式（3-43），回波频谱表述为

$$P(f) = \sqrt{\frac{-1}{kT}} e^{-i\frac{\pi}{4}} \left(e^{-i\frac{\pi}{k}f^2} + e^{-i\left(\frac{\pi}{k}f^2 + 2\pi f \tau_1\right)} \right) \mathrm{rect}\left(\frac{f}{B}\right) \tag{3-44}$$

将 e^{-ix} 用三角函数展开即 $e^{-ix} = \cos x - i\sin x$，化简结果为

$$\begin{cases} P(f) = \sqrt{\frac{-1}{kT}} e^{-i\frac{\pi}{4}} \mathrm{rect}(f/B) I \\ I = \cos\left(\frac{\pi}{k}f^2\right) + \cos\left(\frac{\pi}{k}f^2 + 2\pi f \tau_1\right) - i\left(\sin\left(\frac{\pi}{k}f^2\right) + \sin\left(\frac{\pi}{k}f^2 + 2\pi f \tau_1\right)\right) \end{cases} \tag{3-45}$$

对上述公式中 I 进行和差化积化简，则几何亮点回波的频谱近似表示为

$$P(f) = 2\sqrt{\frac{-1}{kT}} e^{-i\frac{\pi}{4}} \mathrm{rect}(f/B) \cos(\pi f \tau_1) e^{-i\left(\frac{\pi}{k}f^2 + 2\pi f t_1\right)} \tag{3-46}$$

其中幅度表述为

$$|P(f)| = 2\sqrt{\frac{-1}{kT}} \mathrm{rect}(f/B) \cos(\pi \tau_1 f) \tag{3-47}$$

综上所述，几何回波的幅度谱包络仍近似为一个矩形，在信号的频带范围内幅度包络受到正弦函数的调制。依据余弦函数性质，时延值越大，幅度谱的调制条纹越密集，在此忽略亮点回波的幅度影响。

2. 目标回波频域特性的小波变换分析

设入射声波 $x(t)$ 为线性调频信号，则其小波变换表述为

$$\mathrm{WT}_x(a,b) = \frac{1}{\sqrt{a}} \int_{-\infty}^{+\infty} x(t)\psi^*\left(\frac{t-b}{a}\right)\mathrm{d}t$$
$$= \int x(t)\psi_{a,b}^*(t)\mathrm{d}t = \langle x(t), \psi_{a,b}(t)\rangle \qquad (3\text{-}48)$$

Fourier 变换形式为

$$\mathrm{WT}_x(a,b) = \frac{1}{2\pi}\langle X(\Omega), \Psi_{a,b}(\Omega)\rangle = \frac{\sqrt{a}}{2\pi}\int_{-\infty}^{+\infty} X(\Omega)\Psi^*(a\Omega)\mathrm{e}^{\mathrm{i}\Omega b}\mathrm{d}\Omega \quad (3\text{-}49)$$

假设目标回波信号为两个几何亮点回波的叠加，小波函数选取 Morlet 函数，变换后频谱可表示为

$$\mathrm{WT}_x(a,b) = \frac{\sqrt{a}}{2\pi}\int_{-\infty}^{+\infty} X(\Omega)\Psi^*(a\Omega)\mathrm{e}^{\mathrm{i}\Omega b}\mathrm{d}\Omega$$
$$\approx \sqrt{\frac{-2\pi}{akT}}\mathrm{e}^{-\mathrm{i}\frac{\pi}{4}}\int_{-\infty}^{+\infty}\mathrm{rect}\left(\frac{f}{B}\right)\cos(\pi f\tau_1)\mathrm{e}^{-\mathrm{i}\left(\frac{\pi}{k}f^2+2\pi f\tau_1\right)}\mathrm{e}^{-(2a\pi f-2\pi f_0)^2/2}\mathrm{e}^{\mathrm{i}2\pi bf}\mathrm{d}2\pi f$$
$$(3\text{-}50)$$

式中，τ_1 为两个亮点回波的相对时延差；$\mathrm{rect}\left(\dfrac{f}{B}\right)$ 为矩形函数，在频带范围内为一个常数。设其频率范围内积分值为 A，并将 $\cos(\pi f\tau_1)$ 进行指数函数展开，则上述公式化简为

$$\mathrm{WT}_x(a,b) \approx \sqrt{\frac{-2\pi^3}{kaT}}\mathrm{e}^{-\mathrm{i}\frac{\pi}{4}}AI \qquad (3\text{-}51)$$

式中

$$I = \int_{-\infty}^{+\infty}\left(\mathrm{e}^{-\mathrm{i}(\pi f\tau_1)} + \mathrm{e}^{\mathrm{i}(\pi f\tau_1)}\right)\mathrm{e}^{-\mathrm{i}\left(\frac{\pi}{k}f^2+2\pi f\tau_1\right)}\mathrm{e}^{-(2a\pi f-2\pi f_0)^2/2}\mathrm{e}^{\mathrm{i}2\pi bf}\mathrm{d}f$$
$$= \int_{-\infty}^{+\infty}\mathrm{e}^{-\mathrm{i}(\pi f\tau_1)-\mathrm{i}\left(\frac{\pi}{k}f^2+2\pi f\tau_1\right)-(2a\pi f-2\pi f_0)^2/2+\mathrm{i}2\pi bf}\mathrm{d}f$$
$$+ \int_{-\infty}^{+\infty}\mathrm{e}^{\mathrm{i}(\pi f\tau_1)-\mathrm{i}\left(\frac{\pi}{k}f^2+2\pi f\tau_1\right)-(2a\pi f-2\pi f_0)^2/2+\mathrm{i}2\pi bf}\mathrm{d}f$$

I 中的第一项可化简为

$$\int_{-\infty}^{+\infty} e^{-i(\pi f \tau_1)-i\left(\frac{\pi}{k}f^2+2\pi f\tau_1\right)-(2a\pi f-2\pi f_0)^2/2+i2\pi bf} df$$

$$= e^{-2\pi^2 f_0^2}\int_{-\infty}^{+\infty} e^{-i\left(\left(\frac{\pi}{k}-j2\pi^2 a^2\right)f^2+(3\pi\tau_1+i4\pi^2 af_0-2\pi b)f\right)} df \qquad （3-52）$$

令 $x = f + \dfrac{3\pi\tau_1+i4\pi^2 af_0-2\pi b}{2\left(\dfrac{\pi}{k}-i2\pi^2 a^2\right)}$，对式（3-52）进行配方处理可得

$$\int_{-\infty}^{+\infty} e^{-i(\pi f \tau_1)-i\left(\frac{\pi}{k}f^2+2\pi f\tau_1\right)-(2a\pi f-2\pi f_0)^2/2+i2\pi bf} df$$

$$= e^{-2\pi^2 f_0^2} e^{i\left(\frac{3\pi\tau_1+i4\pi^2 af_0-2\pi b}{2\left(\frac{\pi}{k}-i2\pi^2 a^2\right)}\right)^2}\int_{-\infty}^{+\infty} e^{-ix^2} dx \qquad （3-53）$$

$\int_{-\infty}^{+\infty} e^{-ix^2} dx$ 为特殊积分，在实际应用中，线性调频信号频率范围为有限区间，可拓展为无穷区间上积分且值保持不变，同理简化 I 中第二项多项式，表示为

$$I = e^{-2\pi^2 f_0^2} e^{i\left(\frac{3\pi\tau_1+i4\pi^2 af_0-2\pi b}{2\left(\frac{\pi}{k}-i2\pi^2 a^2\right)}\right)^2} e^{-i\frac{1}{\sqrt{2\pi}}}$$

$$+ e^{-2\pi^2 f_0^2} e^{i\left(\frac{\pi\tau_1+i4\pi^2 af_0-2\pi b}{2\left(\frac{\pi}{k}-i2\pi^2 a^2\right)}\right)^2} e^{-i\frac{1}{\sqrt{2\pi}}} \qquad （3-54）$$

信号变换的频谱表达式为

$$\mathrm{WT}_x(a,b) \approx \sqrt{\frac{2\pi^3}{akT}} e^{i\frac{\pi}{4}} A e^{-2\pi^2 f_0^2} e^{-i\frac{1}{\sqrt{2\pi}}} L \qquad （3-55）$$

式中

$$L = e^{i\left(\frac{3\pi\tau_1+i4\pi^2 af_0-2\pi b}{2\left(\frac{\pi}{k}-i2\pi^2 a^2\right)}\right)^2} + e^{i\left(\frac{\pi\tau_1+i4\pi^2 af_0-2\pi b}{2\left(\frac{\pi}{k}-i2\pi^2 a^2\right)}\right)^2}$$

其中，L 是关于尺度 a 和平移 b 的函数。从式（3-55）可以看出，$\mathrm{WT}_x(a,b)$ 的实部是关于 a 高阶次衰减函数，当 a 的值较大时，经过小波变换后，信号的幅度衰减严重。上述公式推导结果表明，信号小波变换频谱能量的大小与尺度有一定的联系，可以为连续小波变换尺度选择提供依据。

3.3.2　目标回波频域特性的小波仿真分析

依据小波变换的多分辨分析优势，分别应用频域连续小波变换（frequency continuous wavelet transform，FCWT）及频域离散小波变换（frequency discrete wavelet transform，FDWT）对仿真回波信号频谱进行处理，提取目标散射回波中由 A_{0-} 波形成的弹性亮点的频谱干涉结构。

1. FCWT 仿真分析

应用 Morlet 小波对回波信号进行分析，主要利用小波尺度图对回波信号进行处理，图 3-10 为单一尺度 a 下 FCWT 处理流程图。

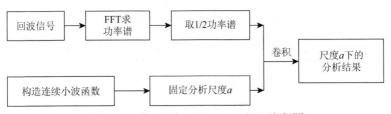

图 3-10　单一尺度 a 下 FCWT 处理流程图

将回波频谱信号当作一类新的信号进行处理，其不同于常规时域信号频谱的意义，这里暂且将回波频谱当作采样频率为 1，归一化频率范围为 0～0.5 进行处理。改变 a 的取值，使得小波分析范围覆盖 0～0.5，重复图 3-10 中的处理流程，即可得到该频谱信号的尺度图。

分别对纯几何亮点回波频谱与几何亮点加弹性亮点回波频谱进行 FCWT 尺度分析，得到二者在小波变换域下具有能量分布差异的尺度，并利用该尺度作为提取弹性亮点回波频域干涉谱的尺度，具体流程如图 3-11 所示。

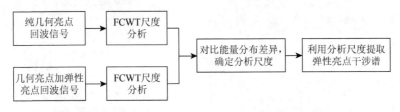

图 3-11　FCWT 提取弹性亮点干涉谱流程图

采用 FCWT 对 2.5.2 节亮点模型回波进行处理，仿真 45°～90° 范围内的角度-距离谱图如图 3-12 所示。

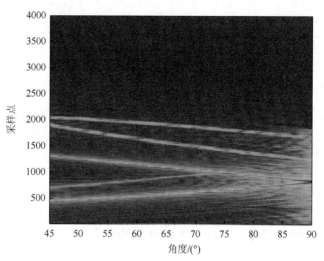

图 3-12　仿真信号角度-距离谱图

在 45° 声波入射角条件下，FCWT 处理结果如图 3-13 所示。

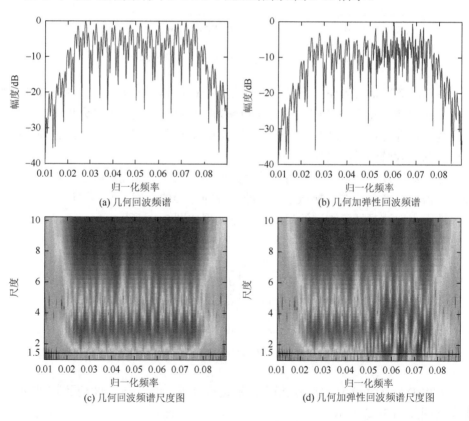

(a) 几何回波频谱　　　　　　　　　(b) 几何加弹性回波频谱

(c) 几何回波频谱尺度图　　　　　　(d) 几何加弹性回波频谱尺度图

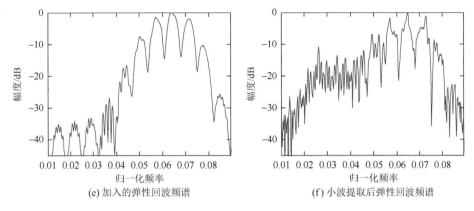

(e) 加入的弹性回波频谱　　　　　　　　(f) 小波提取后弹性回波频谱

图 3-13　入射角 45° 时的 FCWT 处理结果

　　图 3-13（a）与图 3-13（b）给出了仿真几何回波以及仿真几何加弹性回波的频谱形式。图 3-13（c）和图 3-13（d）分别将上述频谱图投影到连续小波的不同尺度下，构成尺度图，从两幅图中可以看出，在尺度 1.5（图中黑线所示）下含有弹性亮点的信号与仅含几何回波的仿真信号有着明显的能量分布差别，几何亮点干涉谱的能量主要集中在尺度 2 以上，弹性亮点干涉谱的能量主要集中在尺度 2 以下，所以提取图 3-13（d）中尺度 1.5 下的信号投影作为提取出来的弹性亮点干涉谱，如图 3-13（f）所示。图 3-13（e）给出了仅含弹性亮点的仿真回波的频谱。对比图 3-13（a）、图 3-13（e）与图 3-13（f）可知，由于几何回波谱与弹性回波谱互相干涉叠加，FCWT 虽然不能完全提取出弹性回波干涉谱，但对应弹性亮点的频带范围可以清晰地分辨出弹性亮点干涉谱中的主要干涉峰，并且几何亮点谱的干涉信息能够被大部分地削弱。

　　对于 55° 声波入射角情况，FCWT 处理结果如图 3-14 所示。

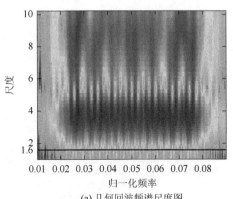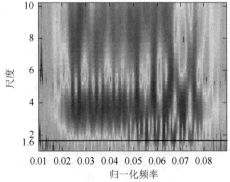

(a) 几何回波频谱尺度图　　　　　　　　(b) 几何加弹性回波频谱尺度图

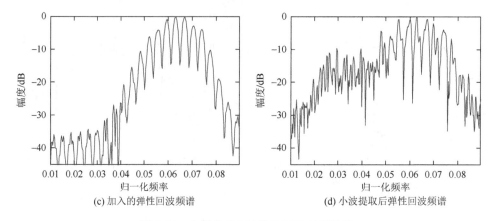

(c) 加入的弹性回波频谱　　　　　　　(d) 小波提取后弹性回波频谱

图 3-14　入射角 55° 时的 FCWT 处理结果

　　根据图 3-14（a）与图 3-14（b）的仿真结果，对于此入射角，几何亮点干涉谱在尺度图中的能量集中范围是尺度 2.2 以上，弹性亮点为尺度 2.2 以下，取尺度 1.6 以下的频谱投影作为提取的弹性干涉谱 [图 3-14（d）]。由于声波入射角变大，弹性亮点的时延间隔增大，导致其干涉峰变密集，如图 3-14（c）所示。对比图 3-14（c）和图 3-14（d）可以看出，对应弹性亮点的频带范围可以清晰地分辨出弹性亮点干涉谱中的主要干涉峰，几何亮点谱的干涉信息被大部分地削弱，并且图 3-14（d）中的弹性亮点干涉峰中弹性亮点频率部分更为平滑。

　　对于声波入射角 65° 的情况，FCWT 处理结果如图 3-15 所示。类似于以上处理过程，对比图 3-15（a）与图 3-15（b）的尺度图可以确定在此入射角下几何亮点干涉谱能量主要集中在尺度 2.5 以上，所以取尺度 1.8 以下的频谱投影作为提取的弹性干涉谱。提取结果如图 3-15（c）及图 3-15（d）所示，在该角度下 FCWT 同样能够有效地提取弹性亮点的干涉谱。

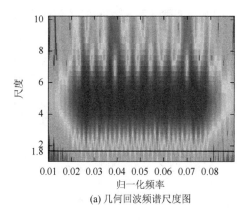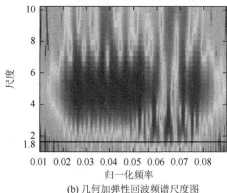

(a) 几何回波频谱尺度图　　　　　　(b) 几何加弹性回波频谱尺度图

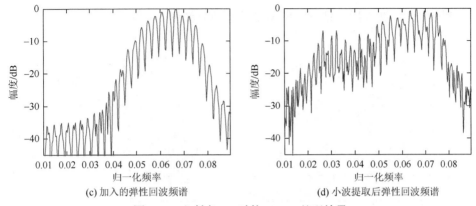

(c) 加入的弹性回波频谱

(d) 小波提取后弹性回波频谱

图 3-15 入射角 65° 时的 FCWT 处理结果

对于 75° 声波入射角情况，FCWT 处理结果如图 3-16 所示。根据 FCWT 处理流程，对比图 3-16（a）与图 3-16（b），确定分析尺度为 2，并提取尺度 2 以下的频谱投影，如图 3-16（c）和图 3-16（d）所示，结果仍能够分辨弹性干涉谱的主要干涉峰，并且几何干涉谱的能量也有一定的削弱，但削弱幅度有所下降，这是由于接近正横位置（90°）几何亮点能量较大，影响了弹性亮点的干涉谱。

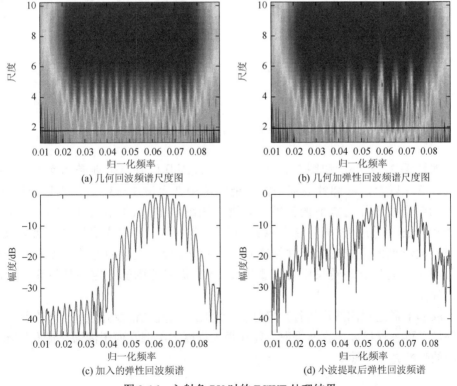

(a) 几何回波频谱尺度图

(b) 几何加弹性回波频谱尺度图

(c) 加入的弹性回波频谱

(d) 小波提取后弹性回波频谱

图 3-16 入射角 75° 时的 FCWT 处理结果

对于 85° 声波入射角情况，FCWT 处理结果如图 3-17 所示。

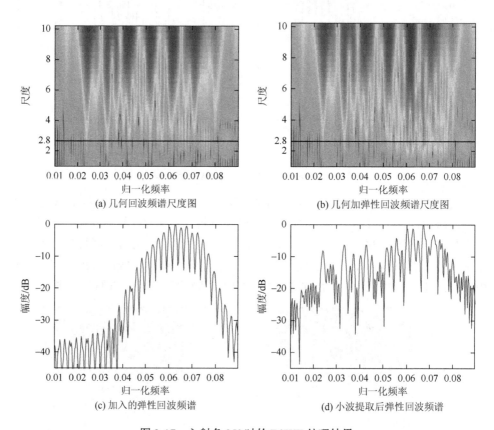

(a) 几何回波频谱尺度图　　　　　　　(b) 几何加弹性回波频谱尺度图

(c) 加入的弹性回波频谱　　　　　　　(d) 小波提取后弹性回波频谱

图 3-17　入射角 85° 时的 FCWT 处理结果

对比图 3-17（a）和图 3-17（b），可以发现几何亮点干涉谱能量主要集中在尺度 3.5 以上，而弹性亮点干涉谱能量集中在尺度 2～3.5，所以取尺度 2.8 以下的频谱投影作为提取的弹性干涉谱，如图 3-17（c）和 3-17（d）所示。由于在声波入射角 85° 时，更加接近目标正横方向，几何亮点回波显著增强，其对回波频域的贡献远大于弹性亮点，导致 FCWT 提取的弹性亮点干涉谱不是很明显。但从处理结果中可以看出 FCWT 仍能够削弱一定的几何亮点干涉谱的能量。

FCWT 通过对回波谱进行尺度分析，对比几何亮点谱及弹性亮点谱在尺度下的差异，再进行尺度选择及提取，能在很大程度上削弱几何干涉谱，提取目标回波中的弹性亮点干涉谱。

2. FDWT 仿真分析

应用 FDWT 提取仿真回波中弹性亮点的干涉谱,对比并分析 FCWT 与 FDWT 处理方式的不同。FDWT 的处理流程图如图 3-18 所示。

图 3-18　FDWT 处理流程图

45° 入射角下的仿真回波频谱的 FDWT 处理结果如图 3-19 所示。

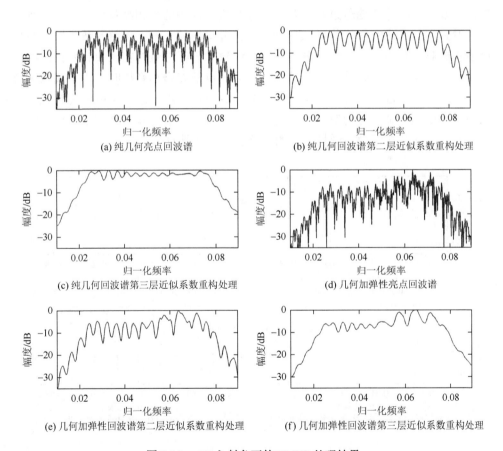

(a) 纯几何亮点回波谱

(b) 纯几何回波谱第二层近似系数重构处理

(c) 纯几何回波谱第三层近似系数重构处理

(d) 几何加弹性亮点回波谱

(e) 几何加弹性回波谱第二层近似系数重构处理

(f) 几何加弹性回波谱第三层近似系数重构处理

图 3-19　45° 入射角下的 FDWT 处理结果

　　图 3-19（a）～（c）与图 3-19（d）～（f）分别是在入射角45°下对仅含几何亮点的回波以及几何加弹性亮点回波的 FDWT 处理结果，并取 FDWT 的第二层近似系数以及第三层近似系数进行重构。对比于图 3-19（b）和图 3-19（c）中重构的频谱信号，图 3-19（e）和图 3-19（f）中结果表明弹性亮点干涉谱在第二层以及第三层近似系数中能够得到很好的突出，而几何亮点干涉谱的细节信息则被滤除在由其他层的细节系数确定的信号空间中。

　　85°入射角下的仿真回波频谱的 FDWT 处理结果如图 3-20 所示。图 3-20 的 FDWT 处理结果不能有效地提取出弹性亮点干涉谱。原因如下：声波斜入射时，弹性亮点回波对整体回波贡献较大，而接近正横方向时几何亮点回波显著增大，同时弹性亮点对于声波入射方向变化的响应只是其在目标表面传播路径的改变，其能量变化不大，所以导致弹性亮点干涉谱被几何亮点干涉谱所干扰。此外离散小波变换相当于一个两通道分解滤波器组，其每一次分解的结果都相当于对上一次信号分解后的低频信号进行分解，即分解成为低频信号和高频信号，将高频分量映射到细节信号空间，将低频分量映射到近似信号空间，这就导致离散小波变换不能够对信号中某个频率成分进行比较细致的分析并且存在相应频率信息的丢失。因此，当信号中弹性亮点干涉谱与几何亮点干涉谱相叠加时，由于离散小波变换的分析范围过大且存在信息缺失，会导致弹性亮点干涉谱不能够完整且足够精细地被投影在某层分解空间下，使得几何亮点干涉谱与弹性亮点干涉谱在每层的分解空间均存在混叠，弹性干涉谱不能够被有效地提取。

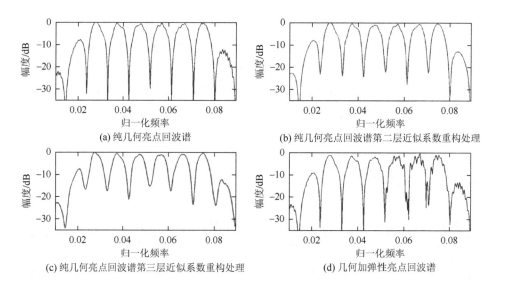

（a）纯几何亮点回波谱　　　　　　　（b）纯几何亮点回波谱第二层近似系数重构处理

（c）纯几何亮点回波谱第三层近似系数重构处理　　（d）几何加弹性亮点回波谱

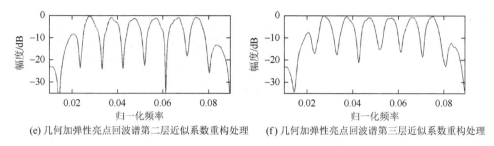

(e) 几何加弹性亮点回波谱第二层近似系数重构处理　　(f) 几何加弹性亮点回波谱第三层近似系数重构处理

图 3-20　85° 入射角下的 FDWT 处理结果

对于 FDWT 存在的问题，FCWT 是每一次对整个频率信号进行变换，在保证弹性干涉信息不丢失的前提下，将回波谱投影在不同尺度下，进行尺度细化分析。

3.4　实验数据处理

根据 2.5.4 节实验数据处理结果，弹性亮点回波的产生与声波入射角有密切关系，存在于目标正横附近一定的入射角度范围内，因此，本节主要对入射角 45°~90° 的回波谱应用 FCWT、FDWT 进行处理。

3.4.1　FCWT 处理分析

实验回波 45°~90° 角度-距离谱与角度-频率谱如图 3-21 所示。

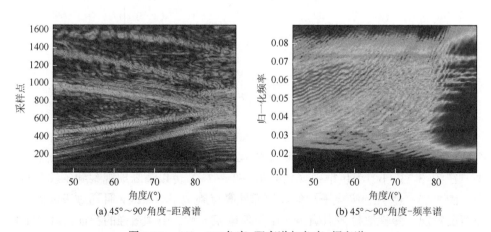

(a) 45°~90° 角度-距离谱　　　　　　　(b) 45°~90° 角度-频率谱

图 3-21　45°~90° 角度-距离谱与角度-频率谱

对回波谱进行处理，图 3-22 为 55° 入射角下的 FCWT 处理结果。图 3-22（a）

为55°入射角下的回波信号频谱。A_{0-}波形成的弹性亮点能量集中在中高频段，根据弹性亮点干涉谱在尺度图中的能量分布特点，初步确定弹性干涉谱的提取尺度，如图 3-22（b）所示。再根据弹性散射亮点角度频率谱的碗型干涉条纹进一步调节分析尺度，得到的弹性干涉谱如图 3-22（c）所示。

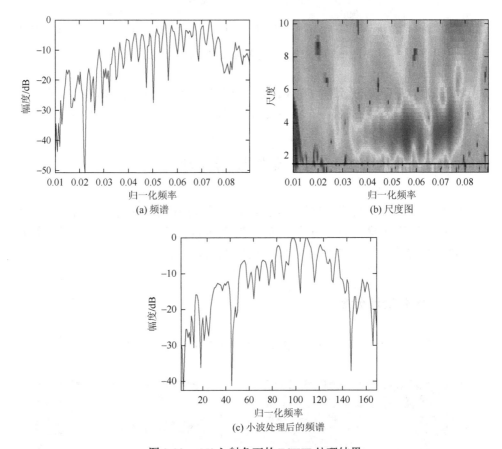

图 3-22　55°入射角下的 FCWT 处理结果

　　运用上述分析方法对45°～90°各个入射角下的角度-频率谱［图 3-23（a）］进行处理，得到弹性亮点干涉谱结果如图 3-23（b）所示。提取出的弹性亮点干涉谱中，在图 3-23（b）黑色框中（入射角46°～63°）可以清晰地观察到条纹分布区别于图 3-23（a）几何亮点干涉条纹的弹性亮点碗型干涉条纹，且通过干涉条纹分布情况发现，弹性散射亮点确实存在与理论相一致的中频增强的特征。FCWT 能够削弱几何亮点的干涉谱，突出弹性亮点干涉谱。

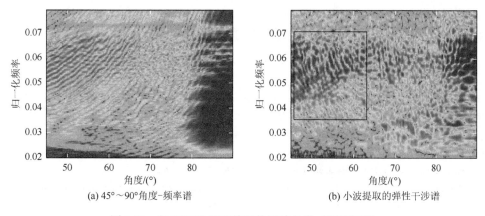

(a) 45°～90°角度-频率谱　　　　　　　(b) 小波提取的弹性干涉谱

图 3-23　经 FCWT 处理前后的回波角度-频率谱对比

3.4.2　FDWT 处理分析

应用 FDWT 对回波谱进行处理，并在第二层、第三层分解的近似系数以及细节系数下进行重构，得到图 3-24 所示结果。

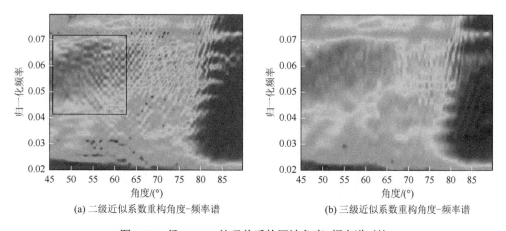

(a) 二级近似系数重构角度-频率谱　　　　　(b) 三级近似系数重构角度-频率谱

图 3-24　经 FDWT 处理前后的回波角度-频率谱对比

结合 FDWT 处理结果，并对比图 3-24（a）与图 3-24（b）可知，在第二层分解的近似系数重构的信号空间里，存在比较明显的弹性亮点干涉条纹能量分布[如图 3-24（a）黑框中干涉条纹所示]，但由于分析尺度较大，几何亮点干涉谱仍有着较强的能量残留，并主导着该空间回波谱的亮点干涉条纹形式。图 3-24（b）为第三层近似系数重构的角度-频率谱，它是对第二层近似系数重构的回波谱空间的分解，该处理结果不能有效地显示出弹性亮点干涉条纹信息。

参 考 文 献

[1] 李秀坤，郭雪松，徐天杨，等. 基于小波变换的水下目标弹性散射提取方法研究[J]. 声学技术， 2015，34（2）：314-316.

[2] 李秀坤，李婷婷，夏峙. 水下目标特性特征提取及其融合[J]. 哈尔滨工程大学学报，2010，22（7）：903-908.

[3] 李秀坤，杨士莪. 水下目标特征提取方法研究[J]. 哈尔滨工程大学学报，2001，13（1）：25-29.

[4] 李秀坤. 水雷目标特征提取与识别研究[D]. 哈尔滨：哈尔滨工程大学，2000.

[5] Liu J G，Li Z S，Li Q. Features of underwater echo extraction based on the stationary wavelet transform and singular value decomposition [J]. Chinese Journal of Acoustics，2006，25（1）：26-35.

[6] Wu Z L，Li J，Guan Z Y. Feature extraction of underwater target ultrasonic echo based on wavelet transform[J]. Applied Mechanics and Materials，2014，599-601：1517-1522.

[7] 张贤达. 现代信号处理[M]. 2 版. 北京：清华大学出版社，2009：395-399.

第4章　时频域水下目标声散射回波特性分析

主动声呐进行水下目标探测与识别时，发射信号最常采用线性调频（linear frequency modulation，LFM）信号。LFM 信号是一种典型的时变非平稳信号，目标几何回波的形成服从线性声学规律，与发射信号有相似的频率特性。在对回波信号进行处理时，单独采用时域或者频域的分析方法无法得到能够准确表征目标特征的信息，基于时频分析的方法则可以很好地处理此类非平稳信号。时频分析方法能够同时表征信号的时序结构和频谱特性，提供更加详细的信息，因而被广泛应用于水下目标探测识别的研究中，成为分析目标散射回波特性的有力工具[1-4]。

4.1　多分量线性调频信号的 Wigner-Ville 分布交叉项去除

4.1.1　Wigner-Ville 分布

Wigner-Ville 分布（WVD）的概念由 Wigner 于 1932 年提出，主要应用于量子力学领域。1948 年，Ville 首次将它应用到信号处理领域，但并未引起足够的重视。1980 年，Classen 对 WVD 的定义、性质等进行了更全面的研究，WVD 也因此在20 世纪 80 年代后成为信号处理领域研究的热点。与其他信号分析方法相比，WVD 对 LFM 信号具有最佳的时频聚集特性。

连续信号 $s(t)$ 的 WVD 的定义为

$$W_s(t,f) = \int_{-\infty}^{+\infty} s\left(t+\frac{\tau}{2}\right) s^*\left(t-\frac{\tau}{2}\right) e^{-i2\pi f\tau} d\tau \tag{4-1}$$

用 $s(t)$ 的频谱 $S(\omega)$ 表示为

$$W_s(t,f) = \int_{-\infty}^{+\infty} S\left(\omega+\frac{\upsilon}{2}\right) S^*\left(\omega-\frac{\upsilon}{2}\right) e^{-i2\pi f\upsilon} d\upsilon \tag{4-2}$$

当连续信号为单分量 LFM 信号 $s(t) = A_0 e^{i2\pi t(f_0+kt/2)}$ 时，其 WVD 为

$$\begin{aligned}
W_s(t,f) &= \int_{-\infty}^{+\infty} s\left(t+\frac{\tau}{2}\right) s^*\left(t-\frac{\tau}{2}\right) e^{-i2\pi f\tau} d\tau \\
&= A_0^2 \int_{-\infty}^{+\infty} e^{i2\pi(f_0+kt)\tau} e^{-i2\pi f\tau} d\tau \\
&= A_0^2 \delta(f-(f_0+kt))
\end{aligned} \tag{4-3}$$

由式（4-3）可知，单分量无限长 LFM 信号的 WVD 在时频平面上为沿直线 $f = f_0 + kt$ 分布的冲激函数形式，对 LFM 信号的频率调制率具有理想的时频聚集性。实际中接收的单个几何回波信号为有限长信号，形式为

$$s_0(t) = \begin{cases} A_0\, e^{i2\pi t(f_0 + kt/2)}, & 0 \leqslant t \leqslant T \\ 0, & \text{其他} \end{cases} \tag{4-4}$$

式中，A_0 表示信号幅度；f_0 表示初始频率；k 表示调频斜率；T 表示脉冲宽度。其 WVD 为

$$\begin{aligned} W_{s_0}(t, f) &= \int_{-\infty}^{+\infty} s\left(t + \frac{\tau}{2}\right) s^*\left(t - \frac{\tau}{2}\right) e^{-i2\pi f\tau}\, \mathrm{d}\tau \\ &= A_0^2 \int_0^T e^{i2\pi(f_0 + kt - f)\tau}\, \mathrm{d}\tau \\ &= TA_0^2\, e^{i\pi(f_0 + kt - f)T} \operatorname{sinc}(\pi(f_0 + kt - f)T) \end{aligned} \tag{4-5}$$

由于脉宽的限制，单个目标几何亮点回波的 WVD 是由一系列 sinc 函数组成的。图 4-1 是仿真的单分量 LFM 信号的时域波形、频谱及其 WVD 结果。

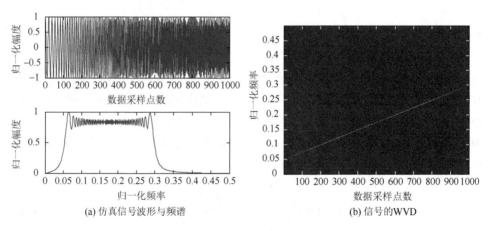

(a) 仿真信号波形与频谱　　　　　　　　　(b) 信号的WVD

图 4-1　单分量 LFM 信号的 WVD

实际接收到的目标回波信号通常含有多个几何亮点成分，可认为是多分量的 LFM 信号。虽然 WVD 具有较好的时频聚焦性和移不变性等优点，但它存在交叉项干扰的严重缺陷。由 WVD 的性质可知，信号间的交叉项干扰会出现在两分量信号的几何中心。交叉项是二次型时频分布数学定义中非线性内积运算的必然结果，其个数随着信号分量个数的增加而显著增加，并且在时频平面上相距很远的信号分量依旧会出现交叉项。交叉项的存在使得多分量信号的时频特征模糊，导致 WVD 不能清晰直观地反映出信号真实的时频分布，如何有效抑制交叉项是双线性时频分析的关键。

交叉项的减小与信号项的维持相互矛盾，交叉项的减小会在一定程度上对信号项产生平滑的负面作用。若通过对信号进行时域加窗处理，则信号在频域进行卷积平滑可以视为对交叉项的抑制。虽然平滑可以在一定程度上抑制多分量信号的交叉项，但同时也影响了信号的优良特性。实际上，交叉项的抑制主要是通过核函数的设计来实现的。根据 WVD 中自项与交叉项的明显差别——自项是恒正和慢变的，交叉项是振荡型和快变的这一特性，通过模糊域的乘积核抑制交叉项。而且通过选取合适的乘积核可以保证得到的时频分布严格满足一些数学性质。图 4-2 为仿真的两个分量的 LFM 信号时域、频域波形及其 WVD。

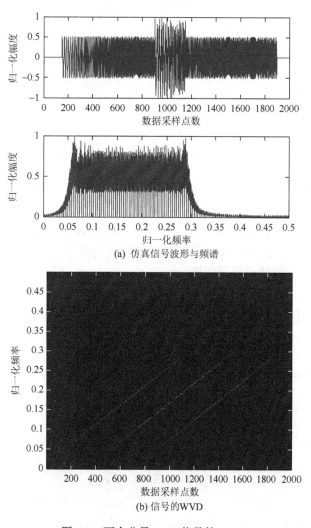

(a) 仿真信号波形与频谱

(b) 信号的WVD

图 4-2　两个分量 LFM 信号的 WVD

假设回波信号中含有两个几何回波成分，形式为

$$s(t) = s_1(t) + s_2(t)$$

$$= A_1 e^{i2\pi\left(f_0(t-\tau_1)+\frac{k}{2}(t-\tau_1)^2\right)} + A_2 e^{i2\pi\left(f_0(t-\tau_2)+\frac{k}{2}(t-\tau_2)^2\right)}, \quad 0 \leqslant t \leqslant T \quad (4\text{-}6)$$

式中，$\tau_i (i=1,2)$ 为时延因子，那么该信号的 WVD 为

$$W_s(t,f) = W_{\text{auto}}(t,f) + W_{\text{cross}}(t,f) \quad (4\text{-}7)$$

式（4-7）中包括自项的 WVD 及交叉项的 WVD，其中自项的 WVD 如式（4-5）所示，交叉项的 WVD 由两个分量之间互 WVD 组成，表示为

$$W_{1,2}(t,f) = e^{i2\pi(\tau_1-\tau_2)\left(f_0+k\left(t+\frac{\tau_1+\tau_2}{2}\right)\right)} W_{s_0}\left(t+\frac{\tau_1+\tau_2}{2},f\right) \quad (4\text{-}8)$$

$$W_{2,1}(t,f) = e^{i2\pi(\tau_2-\tau_1)\left(f_0+k\left(t+\frac{\tau_1+\tau_2}{2}\right)\right)} W_{s_0}\left(t+\frac{\tau_1+\tau_2}{2},f\right) \quad (4\text{-}9)$$

交叉项的 WVD 为

$$W_{\text{cross}}(t,f) = W_{1,2}(t,f) + W_{2,1}(t,f)$$

$$= 2\cos\left(2\pi(\tau_1-\tau_2)\left(f_0+k\left(t+\frac{\tau_1+\tau_2}{2}\right)\right)\right) W_{s_0}\left(t+\frac{\tau_1+\tau_2}{2},f\right) \quad (4\text{-}10)$$

由式（4-10）可知，交叉项的 WVD 是自项的时移，幅值是自项的 2 倍，且峰值随时间变化呈正负交替出现，具有余弦振荡的特性。自项的 WVD 在时频平面是连续分布的，且幅值始终是正值，而交叉项的 WVD 呈正负振荡出现。正是多分量信号自项与交叉项 WVD 的时频分布特性的差异，为利用图像处理的方法提取目标几何亮点特征提供了依据。

4.1.2　WVD 坐标旋转滤波的交叉项去除

对于信号 $x(t)$，其 WVD 为对其局部相关函数 $R_x(t,\tau)$ 进行关于滞后 τ 的 Fourier 变换，即

$$W_x(t,\omega) = \int_{-\infty}^{+\infty} R_x(t,\tau)e^{-i\omega\tau}d\tau = \int_{-\infty}^{+\infty} x\left(t+\frac{\tau}{2}\right)x^*\left(t-\frac{\tau}{2}\right)e^{-i\omega\tau}d\tau \quad (4\text{-}11)$$

当信号 $x(t)$ 为幅度为 1 的单分量复线性调频信号，即 $x(t) = e^{i\omega_0 t}$ 时，其 WVD 表示为

$$W_x(t,\omega) = 2\pi\delta(\omega-\omega_0) \quad (4\text{-}12)$$

式中，$\omega_0 = 2\pi(f_0 + 1/(2kt))$，$k$ 为调频斜率。可知，信号的 WVD 只在 $\omega = \omega_0$ 处有值，能够清楚地描述信号的时频信息。通常，信号 $x(t)$ 是有限长的，其 WVD 沿

每个调频斜率方向呈鱼的背鳍状分布，不是理想的带状冲激函数，但不影响对信号时频特征的分析。

大多数的待处理信号为多分量信号，用 WVD 进行分析时会受到交叉项的影响。针对不同的情况，交叉项的形状、结构等各不相同。假设信号由两个 LFM 分量组成，$x(t) = e^{i\omega_1 t_1} + e^{i\omega_2 t_2}$，$\omega_1$ 和 ω_2 表示两个分量的频率，t_1 和 t_2 分别为 ω_1 和 ω_2 出现的时刻，则它的 WVD 可表示为

$$W_x(t,\omega) = W_{\text{auto}}(t,\omega) + W_{\text{cross}}(t,\omega) \tag{4-13}$$

式中，信号自项为

$$W_{\text{auto}}(t,\omega) = 2\pi(\delta(\omega - \omega_1) + \delta(\omega - \omega_2)) \tag{4-14}$$

而交叉项为

$$W_{\text{cross}}(t,\omega) = 4\pi\cos(\omega_1 t_1 - \omega_2 t_2)\delta\left(\omega - \frac{1}{2}(\omega_1 + \omega_2)\right) \tag{4-15}$$

从式（4-14）、式（4-15）可以看出，信号自项是沿着信号两个分量的调频斜率方向上的带状冲激函数，由这两个自项可以正确地检测出两个分量。除了自项以外，还存在一个幅度较大的交叉项，其包络为 $4\pi\cos(\omega_1 t_1 - \omega_2 t_2)$。交叉项的幅度是振荡的，振荡频率与两个分量的频率和时延差有关。因此，可以利用自项和交叉项之间差异来去除交叉项，保留自项。

对于多分量信号，采用 WVD 进行分析时，如何抑制交叉项，提取信号自项，并保持高时频分辨率，是工程应用中的关键问题。图 4-3 给出了一种旋转变换域上的滤波处理方法流程，以信号 WVD 时频分布矩阵为待处理对象，利用自项和交叉项频域特征差异，对其进行低通滤波，以达到去除振荡出现交叉项的目的。滤波操作不仅可以去除交叉项，且不会对分辨率造成影响。为便于实现滤波处理，需对时频分布矩阵进行旋转变换。

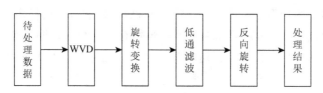

图 4-3　处理实现流程图

在时频平面上多分量线性调频信号的 WVD 的自项是常值，而交叉项是振荡的，利用它们在频域上的差异，对 WVD 数据进行旋转变换域上的滤波处理，即可将交叉项进行去除。在处理过程中，对时频分布数据进行旋转变换是关键一步，它既关系到处理结果的准确性，也决定处理时间的长短。由于对数据进行 WVD 得到的是信号在时频平面上的二维分布，若要进行一维低通滤波，就需对其进行

变换，使得各个分量在变换后可以看作一维分布。

假设得到的 WVD 时频矩阵大小为 $M \times N$，以 $(M,1)$ 点为直角坐标系原点，那么该线性调频信号在时频平面中可以看作一条直线，它是时间 t 和频率 f 的函数。采用数据映射旋转的方法对其进行变换，利用 t 和 f 之间的关系，可以将其变换为只包含 t 或 f 的函数。

对于平面坐标系中的任意一条直线都可用 $y = a(x - b)$ 表示，以斜率大于 0，即 $a>0$ 的情况为例。当 $b>0$ 时，与 x 轴相交于 b 点，以 $(b,0)$ 点为原点向 y 轴旋转，则旋转后直线沿垂直方向分布，坐标变换公式为

$$\begin{bmatrix} x' \\ y' \end{bmatrix} = \begin{bmatrix} 1 & -1/a \\ 0 & 1 \end{bmatrix} \begin{bmatrix} x \\ y \end{bmatrix} \tag{4-16}$$

式中，x 与 y 是原矩阵中数据的横纵坐标；x' 与 y' 是经过矩阵旋转后在新矩阵中的坐标。即对于原坐标为 (x,y) 的点，在旋转变换后，其坐标变为 (b,y)，此时，只有 y 是变量，因此可以看作是沿 y 轴方向的一维分布。同样地，当 $b<0$ 时，与 y 轴相交于 $-ab$ 点，以 $(0,-ab)$ 点为原点向 x 轴旋转，则旋转后直线沿水平方向分布，即

$$\begin{bmatrix} x' \\ y' \end{bmatrix} = \begin{bmatrix} 1 & 0 \\ -a & 1 \end{bmatrix} \begin{bmatrix} x \\ y \end{bmatrix} \tag{4-17}$$

对于单分量 LFM 信号，前面已经给出其 WVD 表达式：

$$W_x(t,f) = 2\pi\delta(f - f_0) \tag{4-18}$$

假设调频范围为 $f_L \sim f_H$，信号持续时间为 $t_L \sim t_H$，$t_H = t_L + T$，T 为脉宽，则 $f = f_0 = f_L + (f_H - f_L)(t - t_L)/(2T)$，即时频平面中满足该式的 (t,f) 点的值为 2π。对于任意一个线性调频信号，其频率 $f = f_L + (f_H - f_L)(t - t_L)/(2T)$ 可改写为 $f = 0.5kt + f_L - 0.5kt_L$ 的形式，它在时频平面上可看作一条直线，当发射信号参数已知（如主动声呐目标探测）时，a 由先验知识确定；当发射信号参数未知时，就需要通过参数估计得到。关于 LFM 信号参数估计的方法有很多，不再赘述。这一直线与时间轴 t 或（和）频率轴 f 的正半轴有一个交点，即 t_a 或（和）f_a，以其中一个交点为原点进行旋转。这样旋转之后，信号的 WVD 表达式变为

$$W_x(t,f) = 2\pi, \quad t = t_a, \quad f \in [f_L, f_H] \tag{4-19}$$

或

$$W_x(t,f) = 2\pi, \quad f = f_a, \quad t \in [t_L, t_H] \tag{4-20}$$

如图 4-4 所示，该图为调频斜率大于 0 时的旋转变换示意图，对时频平面中所有与该线性调频信号斜率相同的点都进行以上操作就得到了旋转后的 WVD。假设信号调频范围为 $f_L \sim f_H$，脉宽为 T，对其进行 WVD 后选取的时频范围为：$0 \sim f_p$，$0 \sim t_p$。如图 4-5 所示，对图 4-5（a）中加粗线条部分数据进行旋转变换操作就得到图 4-5（b）所示结果，其中，$\theta = \arctan((f_H - f_L)/T)$，$t_b = t_p - f_p/\tan\theta = t_p - f_p T/(f_H - f_L)$。

此操作并非针对时频分布中的所有数据，这样是为了在获得所有有用信号的同时减少运算量。由于需要对变换得到的数据进行滤波操作，旋转得到的行或列越少，处理时间也就越少。为了保证有用信号都包含在加粗线条区域内，可根据需要选择不同的 f_p 和 t_p。当无法判断信号区域时，就要对时频平面中的所有点进行该操作，这时需在时频矩阵的前后或上下补相应长度的零向量即可。当调频斜率小于 0 时，旋转过程类似，也可对其时频矩阵进行上下翻转使斜率大于 0 后再进行旋转操作。

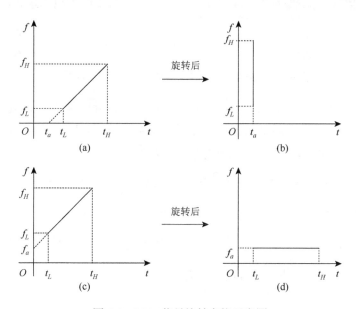

图 4-4　LFM 信号旋转变换示意图

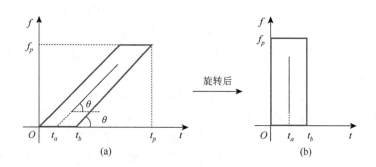

图 4-5　WVD 旋转变换示意图

假设有一个线性调频信号，归一化频率范围为 0.02～0.08，其 WVD 及旋转变换结果如图 4-6 所示。

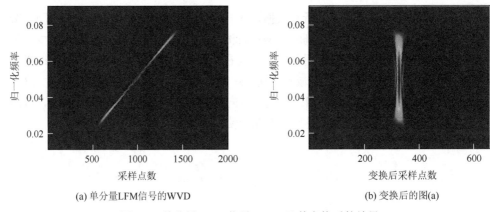

(a) 单分量LFM信号的WVD　　　　　　　　　　(b) 变换后的图(a)

图 4-6　单分量 LFM 信号 WVD 及其变换后的结果

对于多分量 LFM 信号，以两个分量为例，$x(t) = \mathrm{e}^{\mathrm{i}\omega_1 t_1} + \mathrm{e}^{\mathrm{i}\omega_2 t_2}$，其 WVD 表示由自项和交叉项两部分组成，表达式如式（4-14）、式（4-15）所示。对于交叉项，其在时频平面中的位置为 $f = (f_1 + f_2)/2$，表达式如下：

$$W_{\mathrm{cross}}(t, f) = 4\pi \cos(2\pi(f_1 t_1 - f_2 t_2))\delta\left(f - \frac{1}{2}(f_1 + f_2)\right) \tag{4-21}$$

假设两个分量调频斜率相同，则旋转变换后表达式为

$$W_{\mathrm{cross}}(t, f) = 4\pi \cos\left(\frac{4\pi}{k}(2f - f_L)(f_1 - f_2)\right), \quad f = (f_1 + f_2)/2$$
$$f_1 \in [f_{L_1}, f_{H_1}], \quad f_2 \in [f_{L_2}, f_{H_2}] \tag{4-22}$$

或

$$W_{\mathrm{cross}}(t, f) = 4\pi \cos(2\pi(f_L + kt)(t_1 - t_2)), \quad f = (f_{a_1} + f_{a_2})/2$$
$$t = (t_1 + t_2)/2, \quad t_1 \in [t_{L_1}, t_{H_1}], \quad t_2 \in [t_{L_2}, t_{H_2}] \tag{4-23}$$

旋转后交叉项仍是振荡的。对于由两个参数相同、归一化频率范围为 0.02～0.08 的线性调频分量组成的信号，其 WVD 及旋转仿真结果如图 4-7（a）和图 4-7（b）所示。

为了更清晰地对比自项和交叉项在频域上的不同，对旋转后的每一列进行快速 Fourier 变换（fast Fourier transform，FFT）得到图 4-7（c）所示结果，分别将图 4-7（b）和图 4-7（c）中自项、交叉项所在的列以及其他任意一列提取出来得到图 4-7（d）所示结果。对于多分量线性调频信号，自项能量集中在零频附近，交叉项则是分散在不同频率处，在某一频率处存在最大值，该频率与形成此交叉项的自项的调频斜率及它们之间的时延差有关，而在频率零处能量很小，可忽略，如图 4-7（e）所示。因此，对旋转变换域上的数据进行低通滤波就可以将交叉项滤除，再将处理后的结果反向旋转，就得到了原时频分布去除交叉项后的结果，

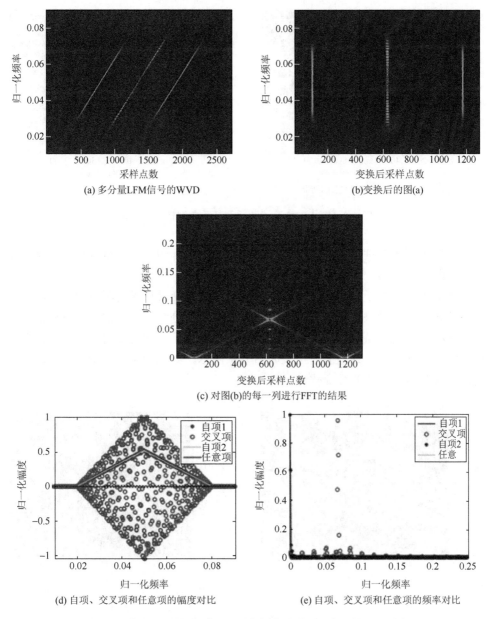

(a) 多分量LFM信号的WVD

(b)变换后的图(a)

(c) 对图(b)的每一列进行FFT的结果

(d) 自项、交叉项和任意项的幅度对比

(e) 自项、交叉项和任意项的频率对比

图 4-7　两分量 LFM 信号 WVD 变化前后结果及各成分对比分析

如图 4-8 所示。由于线性调频信号的 WVD 时频分辨率与核函数有关，该方法以 WVD 所得时频分布为处理对象，时频分辨率已固定，且处理过程中不存在加窗、平滑等会对分辨率造成影响的操作，因此不会对分辨率造成影响，对比图 4-7（a）和图 4-8（b）可得到上述结论。

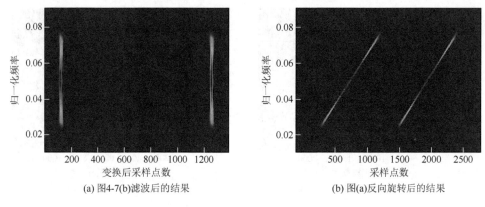

(a) 图4-7(b)滤波后的结果　　　　　　　　(b) 图(a)反向旋转后的结果

图 4-8　图 4-7（b）滤波后及其反向旋转后的结果

选取多分量线性调频信号会出现的两种情况进行仿真：一是自项和交叉项重合的情况；二是两个分量出现交叉的情况。

当信号分量大于三个或等于三个时可能会出现交叉项和自项重合的情况，仿真条件如下：假设该信号由三个参数相同的 LFM 分量组成，归一化频率范围为 0.02~0.08，三个分量出现的时间间隔相等。那么位于中间位置的分量与其他两个分量的交叉项重叠。处理前后结果如图 4-9 所示，处理后完全去除了交叉项的影响，并且分辨率没有明显变化。

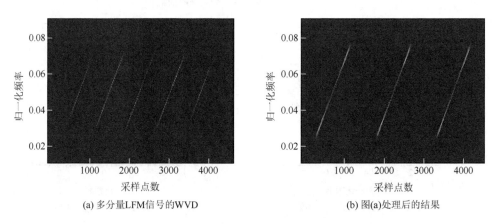

(a) 多分量LFM信号的WVD　　　　　　　　(b) 图(a)处理后的结果

图 4-9　多分量 LFM 信号的 WVD 及处理结果

实际应用中还会出现各个分量调频斜率不同的情况，以两个分量为例，假设两个分量出现交叉的情况，这时，就需要将数据分别按两个调频斜率分别进行处理以获得两个独立的分量，最后将结果叠加。仿真两个分量的归一化频率范围分别为 0.02~0.08、0.04~0.1，脉宽为 1000 采样点，该信号的 WVD 及处理结果如

图 4-10 所示。处理结果显示，对于调频斜率不同的多分量 LFM 信号，该方法仍能够明显地检测出两个信号分量。

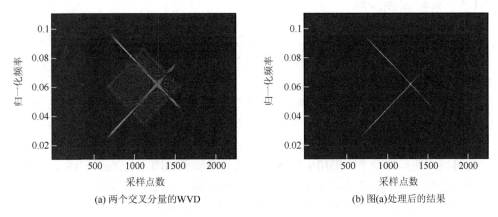

(a) 两个交叉分量的 WVD　　　　　　　　(b) 图(a)处理后的结果

图 4-10　两个交叉分量的 WVD 及处理结果

仿真中发现，受滤波器性能的影响，当两个调频斜率相同的 LFM 信号在时频平面上间隔较小时，交叉项振荡频率低，采用滤波的方法很难滤除。考虑到旋转后 LFM 分量在矩阵中呈行或列分布，那么对滤波后的每一行或列求和，可以得到每一行或列的累加值。由于是对频域求和，称其为能量累加。理论上，自项所在位置的能量累加值最大，交叉项所在位置的能量累加值最小为零。将该累加值作为权值与相应的行或列相乘，可以突出自项，弱化交叉项，有效去除缓慢振荡的交叉项。能量加权结果仿真如图 4-11 所示。

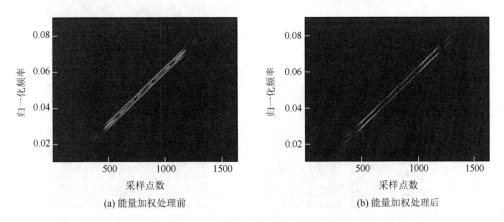

(a) 能量加权处理前　　　　　　　　　(b) 能量加权处理后

图 4-11　能量加权处理前后结果对比

对比图 4-11（a）和（b），进行能量加权处理前，由于交叉项振荡速度慢，滤波无法去除交叉项；进行能量加权处理后，明显去除了交叉项。

4.1.3　实验数据处理

待处理数据为 2.5 节水下目标模型的回波数据。实验目标为半球体圆柱模型，发射线性调频信号并接收目标回波，通过对接收信号进行处理，判断回波个数，获取目标回波几何亮点结构。

设垂直于正横方向入射为 0°，当入射方向与球头方向夹角约为 45°时，理论上应有 3 个几何回波亮点。实验中接收信号几何回波时域波形如图 4-12（a）所示，该信号的 WVD 如图 4-12（b）所示。由于噪声等的影响，无法分辨自项和交叉项，因此难以判断回波个数。采用旋转滤波方法处理结果如图 4-12（c）和图 4-12（d）所示，处理后可以显著去除交叉项，判断回波个数。对于振荡缓慢的交叉项，尽管可以看出它与自项的差异，但去除效果不明显。加权处理后，能够去除所有交叉项，而且加权处理前后对分辨率都没有影响。处理后，可以判断出回波亮点个数为 3 个，与理论一致。需要说明的是，由于各个分量的能量不同，加权后会使能量差异变大，但不影响交叉项的去除和分辨率。

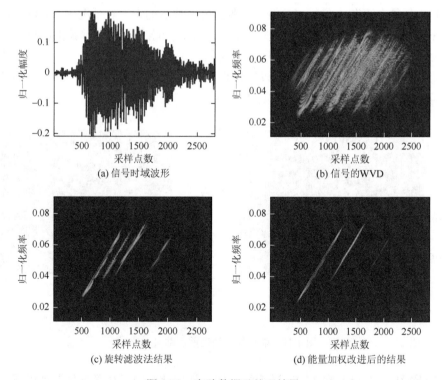

(a) 信号时域波形　　　　　　　　(b) 信号的WVD

(c) 旋转滤波法结果　　　　　　　(d) 能量加权改进后的结果

图 4-12　实验数据及处理结果

4.2　时频域图像形态学滤波交叉项去除

4.2.1　形态学基本运算

形态学[5-7]最基本的运算是腐蚀（erosion）、膨胀（dilation）运算，这两种运算都是使用一定形状的结构元或基元对图像进行检测。腐蚀运算的目的是搜寻在该图像的内部可以放下该结构元区域，可以解决"结构元能否填入该集合"这一问题；膨胀运算与腐蚀运算呈对偶关系，可以解决"结构元是否击中集合"这一问题。腐蚀运算的符号用 $\ominus$ 来表示，膨胀运算的符号用 $\oplus$ 来表示。

1. 腐蚀运算

设 A 为图像集合，B 为结构元，那么 B 对 A 的腐蚀可表示为

$$A\ominus B = \left\{ z \in \mathbf{Z}^2 \mid z + b \in A, \forall b \in B \right\} \tag{4-24}$$

或

$$A\ominus B = \left\{ z \in \mathbf{Z}^2 \mid B_z \subseteq A \right\} \tag{4-25}$$

或

$$A\ominus B = \bigcap_{b \in B} A_{-b} \tag{4-26}$$

二值腐蚀运算可以表示为图像通过平移得到一系列图像的交运算，即该运算利于并行处理的实现。另外，B 对 A 的二值腐蚀运算也可以理解成为对于结构元 B 中任意一点 z，当结构元 B 在图像集合 A 中移动时，z 所经过的所有点的集合。结构元 B 必须为图像集合 A 的子集才有意义。

图 4-13 所示为腐蚀操作图形示例。其中，图像 A 是边长为 d 的正方形，结构元 B_1 是边长为 $d/3$ 的正方形，结构元 B_2 是长为 d、宽为 $d/3$ 的矩形，结构元 B_1、B_2 各有一个原点。腐蚀结果表面 $A\ominus B_1$ 是边长为 $2d/3$ 的正方形，$A\ominus B_2$ 是一条直线，在这两个结果中的虚线表示图像 A 的边界，主要是为了与腐蚀结果相比较。二值腐蚀操作的实际效果如图 4-14 所示。

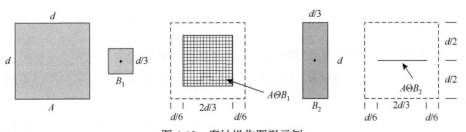

图 4-13　腐蚀操作图形示例

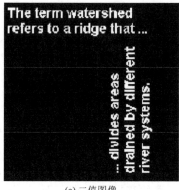

(a) 二值图像　　　　　　　　　　　　　　　(b) 腐蚀结果图像

图 4-14　二值图像腐蚀运算

处理灰度图像时，用结构元 b 对灰度图像 f 进行灰度级腐蚀，表示为 $f\Theta b$，则

$$(f\Theta b)(x,y) = \min\left\{ f(x+x',y+y') - b(x',y') \,|\, (x',y') \in D_b \right\} \qquad (4\text{-}27)$$

式中，D_b 为 b 的域；$f(x,y)$ 假设在 f 域之外为 $+\infty$。即在几何上按照结构元 b 在图像 f 中的所有位置进行平移；并在每个平移位置处，用图像 f 的像素值减去结构元 b 的值，计算出最小值，从而完成灰度腐蚀运算。实际灰度图像腐蚀效果如图 4-15 所示。

(a) 二值图像　　　　　　　　　　　　　　　(b) 腐蚀结果图像

图 4-15　灰度图像的腐蚀结果

2. 膨胀运算

设 A 为图像集合，B 为结构元，那么 B 对 A 的膨胀表示为

$$A \oplus B = \left\{ z \in \mathbf{Z}^2 \,|\, z = a+b, a \in A, b \in B \right\} \qquad (4\text{-}28)$$

或

$$A \oplus B = \left\{ z \in \mathbf{Z}^2 \,|\, [\hat{B}_z \cap A] \subseteq A \right\} \qquad (4\text{-}29)$$

或

$$A \oplus B = \bigcup_{b \in B} A_b \qquad (4\text{-}30)$$

式中，$\hat{B}_z = \left\{ z \in \mathbf{Z}^2 \mid z = -b, b \in B \right\}$，这是 B 相对其自身原点的映像集合。

二值膨胀运算可以表示为图像通过平移得到一系列图像的并运算，同时表明了形态学具有并行处理功能。B 对 A 的二值膨胀运算也可以理解为对于结构元 B 中任意一点 z，当结构元 B 在图像集合 A 中移动时，z 经过的所有区域的集合，$\hat{B}$ 与 A 的交集至少要有一个元素。

图 4-16 所示为膨胀操作图形示例。其中，图像 A 是边长为 d 的正方形，结构元 B_1 是边长为 $d/3$ 的正方形，结构元 B_2 是长为 d、宽为 $d/3$ 的矩形，结构元 B_1、B_2 各有一个原点。$A \oplus B_1$ 是边长为 $4d/3$ 的正方形，而 $A \oplus B_2$ 则是长为 $2d$、宽为 $4d/3$ 的矩形，结果中的虚线表示图像 A 的边界。

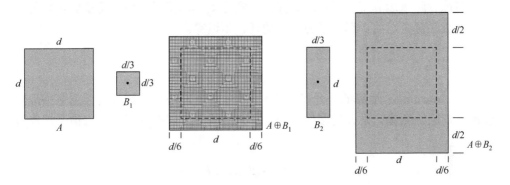

图 4-16　膨胀操作图形示例

进行灰度图像处理时，用结构元 b 对灰度图像 f 进行灰度级膨胀，可表示为 $f \oplus b$，那么有

$$(f \oplus b)(x, y) = \max \left\{ f(x - x', y - y') + b(x', y') \mid (x', y') \in D_b \right\} \qquad (4\text{-}31)$$

式中，D_b 为 b 的域；$f(x, y)$ 假设在 f 域之外为 $-\infty$。从概念上，我们可以理解为结构元 b 以其原点翻转 $180°$ 并在图像 f 中的所有位置进行平移；在每个平移位置处，得到翻转的结构元 b 的值，并与图像 f 的像素值相加，得到最大值。

二值图像膨胀和灰度图像膨胀结果如图 4-17 所示。其中，二值输入图像和灰度输入图像与图 4-14（a）、图 4-15（a）相同。从图 4-14~图 4-17 的处理结果可以看到，腐蚀运算可完成 "收缩、细化" 操作，膨胀运算则可完成 "增长、粗化" 操作。即腐蚀会缩小图像的组成部分，而膨胀则会扩大图像的组成部分。

(a) 二值图像膨胀结果　　　　　　　　　　(b) 灰度图像膨胀结果

图 4-17　膨胀操作结果

腐蚀、膨胀运算都是不可逆运算，在实际处理图像过程中，将膨胀运算与腐蚀运算级联复合运用，形成形态学上的开、闭运算。

3. 开运算

开（opening）运算的符号可记为∘，其主要思想是通过膨胀腐蚀图像来尽可能地恢复原始图像。设 A 为图像集合，B 为结构元，那么 B 对 A 的二值开运算可表示为

$$A \circ B = (A \ominus B) \oplus B \tag{4-32}$$

式（4-32）表明，B 对 A 的二值开运算即为 B 先对 A 进行腐蚀，再对腐蚀的结果进行膨胀。

扩展到处理灰度图像，用结构元 b 对灰度图像 f 进行灰度开运算，可表示为

$$f \circ b = (f \ominus b) \oplus b \tag{4-33}$$

在实际应用中，需要除去尺寸较小、较亮的细节，达到较大的亮区域不受影响、图像整体灰度值不被改变的目的，此时需采用灰度开运算。具体操作如下：第一步进行腐蚀，降低图像亮度，消除亮细节中面积较小的区域；第二步进行膨胀，在不引入之前已经消除的细节的同时，图像的亮度基本被恢复。

图 4-18 为开运算的图形示例。首先圆盘形结构元腐蚀集合 A，得到 $A \ominus B$ 腐蚀结果，可以看到集合 A 中间的连接部分被腐蚀后消失。然后对腐蚀得到的结果进行膨胀，得到开运算的最终结果，图像外角变圆，内角几乎不变。

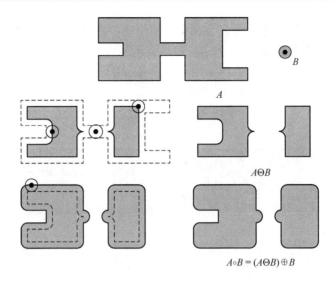

图 4-18　开运算的图形示例

4. 闭运算

闭（closing）运算的符号可记为 • ，是开运算的对偶运算，其主要思路就是恢复被膨胀扩大的原始图像的形状，可通过对膨胀后的图像进行腐蚀来实现。

设 A 为图像集合，B 为结构元，那么 B 对 A 的二值闭运算表示为 $A • B$，即

$$A • B = (A \oplus B) \Theta B \tag{4-34}$$

式（4-34）表明，B 对 A 的二值闭运算是 B 先对 A 进行膨胀，再对膨胀的结果进行腐蚀。

用结构元 b 对灰度图像 f 的灰度闭运算，可以表示为 $f • b$，则有

$$f • b = (f \oplus b) \Theta b \tag{4-35}$$

在实际应用中，为了不影响较大的暗区域、不改变图像整体的灰度值，通常采用灰度闭运算来去除比结构元尺寸较小、亮度较暗的细节。具体操作如下：第一步进行膨胀，增强图像亮度，消除暗细节中面积较小的区域；第二步进行腐蚀，在不引入之前已经消除的细节的同时，基本恢复图像的亮度。闭运算的图形示例如图 4-19 所示，经过先膨胀后腐蚀得到的闭运算的结果，内角变圆，而外角保持不变。

综上所述，开、闭运算对图像均有平滑滤波的作用。其中，开运算可以抑制物体边界轮廓上的凸出部分，断开较窄的连接部分，分离相互接触的区域，并消除比结构元小的孤点、断线和斑块，平滑图像的内边缘，即完成对比结构元小的、明亮的细节的消除；闭运算则可以达到填补物体边界轮廓上的凹陷部分的目的，同时可以平滑图像的外边缘、填充空洞，弥合较窄的裂缝等，即完成对比结构元

小的、黑暗的细节的消除。那么，在实际应用中，常常会将开、闭运算相互组合实现对图像的平滑及去噪。

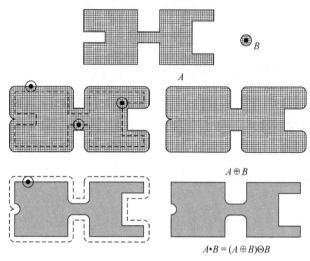

图 4-19　闭运算的图形示例

5. 形态学重建

形态学重建变换是一种测地变换，该变换涉及两幅输入图像。对第一幅图像应用形态学基本运算，将运算后得到的图像受限于第二幅图像之上（或之下）。测地变换主要包括测地腐蚀变换和测地膨胀变换，在进行变换时，会涉及标记和掩模图像。

测地膨胀变换步骤为：首先利用基本结构元将标记图像膨胀，其中该结构元是各向同性的，然后将膨胀得到的图像局限在掩模图像之下。掩模图像限制标记图像的膨胀和扩张。

假定 f 为标记图像，g 为掩模图像，标记图像 f 对掩模图像 g 的测地膨胀变换在尺度等于 1 时可表示为 $\delta_g^{(1)}(f)$，则测地膨胀变换就是将掩模图像和标记图像的基本膨胀运算 $\delta^{(1)}(f)$ 进行比较，将每一点的最小值取出：

$$\delta_g^{(1)}(f) = \delta^{(1)}(f) \wedge g \tag{4-36}$$

测地腐蚀变换与测地膨胀变换互为对偶变换：

$$
\begin{aligned}
\varepsilon_g^{(1)}(f) &= [\delta^{(1)}(f^c) \wedge g^c]^c \\
&= [(\varepsilon^{(1)}(f))^c \wedge g^c]^c \\
&= \varepsilon^{(1)}(f) \vee g
\end{aligned}
\tag{4-37}
$$

式中，$\varepsilon^{(1)}$ 代表基本腐蚀运算。测地腐蚀变换首先完成标记图像的腐蚀运算，然后逐点与掩模图像进行比较，得到每一点的最大值。测地膨胀变换、测地腐蚀变换的图形示例分别如图 4-20 和图 4-21 所示。

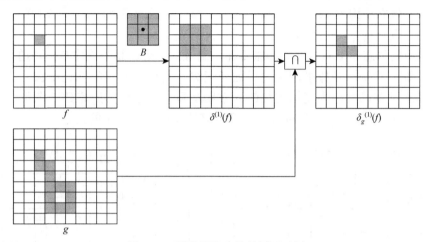

图 4-20　测地膨胀变换的图形示例

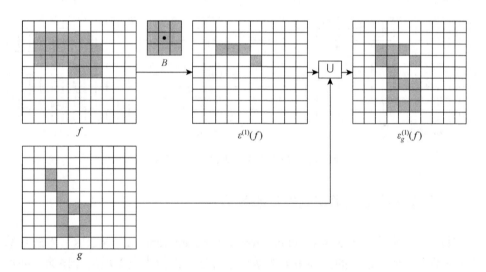

图 4-21　测地腐蚀变换的图形示例

　　如果图像为有界图像，该图像经过有限次测地变换后，得到的结果图像不再发生变化。基于这一原理，对两幅图像进行形态学重建。

　　在形态学重建中，标记图像作为重建的起点，掩模图像可以对重建进行约束，用结构元定义连通性。

　　假定 f 为标记图像，g 为掩模图像，从 f 重建 g 记为 $R_g(f)$，用以下迭代过程定义：

（1）将标记图像 f 初始化为 h_1；

（2）建立结构元 b；

（3）重复 $h_{k+1} = (h_k \oplus b) \bigcap g$，直到 $h_{k+1} = h_k$。

常用的形态学重建方法有膨胀重建、腐蚀重建等。膨胀重建是一种递增、非扩展和等幂变换，是掩模图像的代数开运算。而对于给定的标记图像，掩模图像的形态学腐蚀重建为掩模图像的代数闭运算。形态学膨胀重建的图形示例如图 4-22 所示，其中 $\delta_g^{(1)}(f)$ 为图 4-20 测地膨胀变换图形示例的结果。

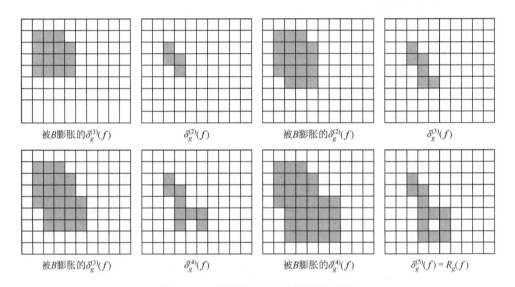

被 B 膨胀的 $\delta_g^{(1)}(f)$　　　　　$\delta_g^{(2)}(f)$　　　　　被 B 膨胀的 $\delta_g^{(2)}(f)$　　　　　$\delta_g^{(3)}(f)$

被 B 膨胀的 $\delta_g^{(3)}(f)$　　　　　$\delta_g^{(4)}(f)$　　　　　被 B 膨胀的 $\delta_g^{(4)}(f)$　　　　　$\delta_g^{(5)}(f) = R_g(f)$

图 4-22　形态学膨胀重建的图形示例

4.2.2　目标回波交叉项抑制的形态学方法

移除交叉项重建（reconstruction cross-component removal，RCCR）方法是基于形态学重建理论形成的，利用形态学重建方法对图像中交叉项进行移除，并对重建之后得到的信息进行分析研究及后续处理。形态学重建是对图像不断地进行测地变换，并与原图像对比的过程。本节采用 RCCR 方法，对 WVD 产生的交叉项进行移除抑制，不断拟合恢复信号的自项，从而得到信号自项更丰富的信息。

1. RCCR 方法

RCCR 方法的主要目的就是对含噪图像中的干扰成分（即交叉项）进行削弱。根据形态学重建的基本理论，在进行形态学重建过程中需要使用到两幅图像，即标记图像与掩模图像。

由于在 WVD 与短时 Fourier 变换中信号的自项位置几乎相同，并且形态相似，结合这两种时频分析方法的特点，根据形态学重建可选择短时 Fourier 变换作为 RCCR 方法中的标记图像，WVD 作为 RCCR 方法中的掩模图像。此外，根据这两种分析得到的图像特征采用膨胀的形态学重建方法。RCCR 方法基本流程如图 4-23 所示。

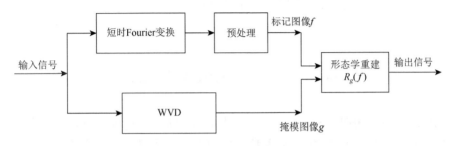

图 4-23　RCCR 方法基本流程

该方法的中心思想就是从 WVD 中提取出信号自项，将其恢复；并移除交叉项，以减少对自项的干扰。为了使形态学重建结果更加准确，在进行短时 Fourier 变换之后，需要对变换结果进行预处理。预处理对短时 Fourier 变换得到的结果进行阈值分割及细化处理，通过进行预处理可以获取短时 Fourier 变换的形态结构信息，此操作可以得到 RCCR 方法中所需的标记图像 f；另外，输入信号的 WVD 就可作为掩模图像 g。这种方法改善了短时 Fourier 变换较差的时频分辨率，同时还保证了其与 WVD 的信号自项位置相互一致。

2. 目标回波亮点交叉项抑制仿真

首先构造一个线性调频信号 $x(t) = e^{i2\pi\left(f_0 t + \frac{1}{2}kt^2\right)}$，调频斜率为 $k = (f_1 - f_0)/t_0$，信号长度为 t_0，频率从 f_0 变化到 f_1。对信号进行延时 t_0 获得延时信号，将延时信号与 $x(t)$ 叠加得到仿真信号 $x_n(t)$，时域波形和频域信息如图 4-24 所示。

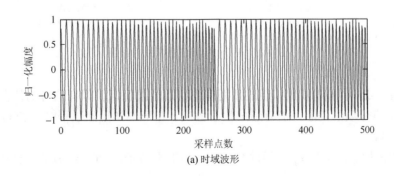

(a) 时域波形

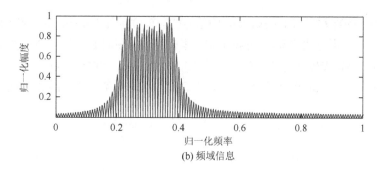

(b) 频域信息

图 4-24　信号 $x_n(t)$ 的时域波形和频域信息

对 $x_n(t)$ 进行短时 Fourier 变换，变换结果 $f_i(x)$ 如图 4-25（a）所示。进一步将 $f_i(x)$ 进行预处理以得到准确度较高的形态学重建，处理得到结果 $f(x)$ 如图 4-25（b）所示。

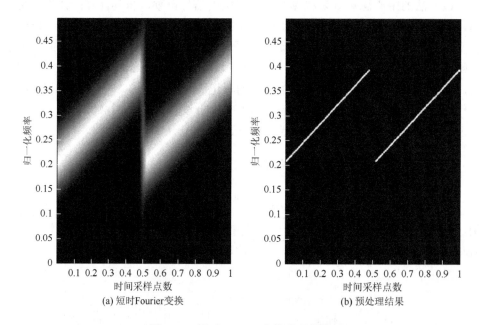

(a) 短时Fourier变换　　　　　　　　　　(b) 预处理结果

图 4-25　短时 Fourier 变换处理结果

从图 4-25 中可以看到，经过预处理得到的结果保留了原有信号的位置，同时还表示了信号项的信息，没有造成信息丢失。在形态学重建过程中，$f(x)$ 可以作为标记图像 f。

掩模图像 g 由信号 $x_n(t)$ 经过 WVD 计算得到，如图 4-26（a）所示。叠加信号有两个信号自项和一个交叉项，交叉项位于这两个自项中间的位置，交叉项斜率是自项斜率的均值。对比经过短时 Fourier 变换和预处理得到的结果，可知 WVD 中自项的位置与处理结果一致，若进行形态学重建处理，可以保证信号自项的信息得以保留。

获得标记图像 f 和掩模图像 g 之后，采用膨胀的方法进行形态学重建，选取菱形作为结构元，重建得到的结果如图 4-26（b）所示。对比图 4-26（a）的结果，可以清晰地看到信号 WVD 中的交叉项被抑制，自项被保留，并且自项的细节信息保留得比较完整。这表明经过膨胀重建之后，多分量信号自项被保留的同时交叉项也得到了抑制。

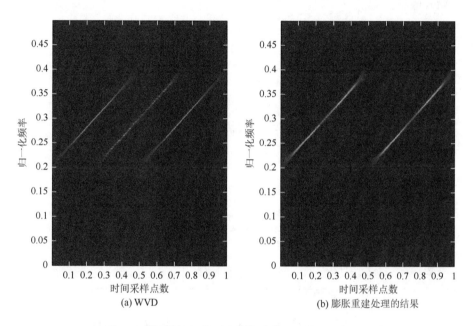

(a) WVD

(b) 膨胀重建处理的结果

图 4-26　WVD 及膨胀重建处理结果

移除交叉项重建方法的仿真结果表明，WVD 的交叉项可以得到抑制。采用该方法分析目标回波几何亮点结构，可以有效地抑制亮点结构中的交叉项，突出几何亮点。

4.2.3　实验数据处理

根据实验目标回波能量分布和目标方位姿态与数据的对应关系，选择两种入射方位条件下的目标回波进行分析，使用 RCCR 方法从时频平面上提取目标回波的几何亮点，几何亮点间的声程差与目标的实际几何结构基本吻合。

1. 正横方向 90°

根据在正横方向 90°下采集的波形文件，计算接收阵中所有基元的时域波形及匹配滤波。对比计算结果和实际实验中基元的工作状况，选择其中一个基元通道接收到的数据作为待处理数据。

获取所选择基元通道的接收信号，如图 4-27 所示。图 4-27（a）为基元声压通道的一段原始时域波形，图 4-27（b）为对该波形进行归一化得到的频谱图。对时间采样点数在[6500，8500]范围内的目标回波数据进行截取，作为 RCCR 方法中的输入数据。

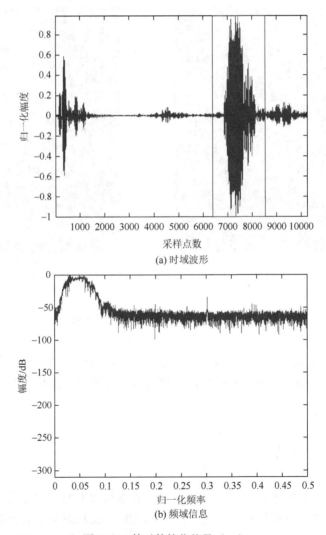

(a) 时域波形

(b) 频域信息

图 4-27　基元的接收信号（一）

　　对截取的信号进行短时 Fourier 变换，变换结果如图 4-28（a）所示。再对变换结果进行预处理，得到的结果如图 4-28（b）所示。在 90°下，经过短时 Fourier 变换和预处理之后的结果就是形态学重建处理中所需的标记图像。可以看到图 4-28（b）中的标记图像表现出只有一条斜线形态。

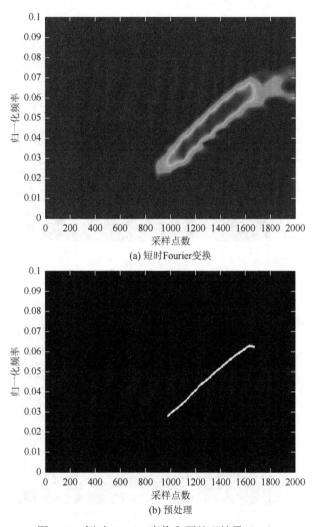

(a) 短时Fourier变换

(b) 预处理

图 4-28　短时 Fourier 变换和预处理结果（一）

　　计算截取数据段的 WVD，结果如图 4-29（a）所示，该结果图像作为形态学重建中的掩模图像。从图 4-29（a）中可以看到一条亮度比较强的直线，在这条线后面还有一些能量较弱的线。通过得到的标记图像和掩模图像，进而完成形态学重建处理，得到的结果如图 4-29（b）所示。对比图 4-29（a）可以看到，处理后的结果比之前谱线的轮廓有所缩小，但仅有一条明显的线谱，即实验过程中的噪声干扰被滤除了，突出了目标回波的几何亮点。

目标回波信号处理得到的结果表明此时有一个能量较强的亮点，可以判断目标模型应为正横姿态。结合目标模型初始位置和所选取的采集文件序号，计算求得此时目标模型的确处于正横姿态。

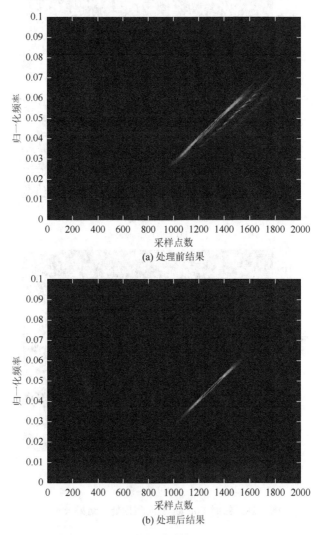

(a) 处理前结果

(b) 处理后结果

图 4-29　实验数据处理前后对比（一）

2. 45°入射方向

比较在 45°入射方向上各基元时域波形、匹配滤波结果和实际实验中基元的工作状况，选择其中一个基元通道接收到的数据作为待处理数据。所选择基元的接收信号如图 4-30 所示。其中，图 4-30（a）是在 45°入射方向上基元声压通道的一段原始时域波形，图 4-30（b）是对该波形进行归一化得到的频谱图。在该组处理过程中截取原始数据中时间采样点数在[6500，8500]范围内的数据，作为后续分析处理部分。

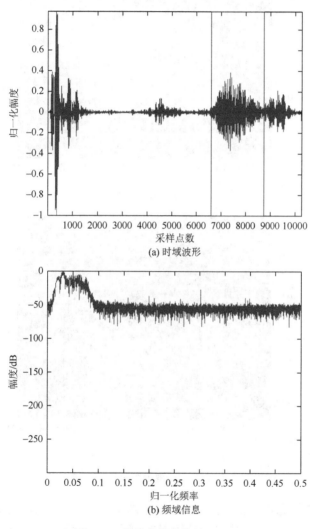

(a) 时域波形

(b) 频域信息

图 4-30　基元的接收信号（二）

按照 RCCR 方法，首先对截取的信号进行短时 Fourier 变换，结果如图 4-31（a）所示；再对变换结果进行预处理，预处理结果如图 4-31（b）所示。从图 4-31（a）

中可以看出，经过短时 Fourier 变换处理的实验数据，无法分辨出几何亮点的位置和结构信息；从图 4-31（b）中可以看到，预处理结果的形态主要表现为三条斜线，并且三条斜线的变化趋势比较一致，这样的结果就是所需的标记图像。

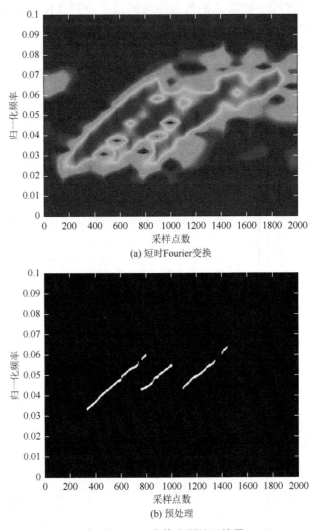

图 4-31　短时 Fourier 变换和预处理结果（二）

　　计算截取得到数据段的 WVD，结果如图 4-32（a）所示。从图 4-32（a）中可以看到有五条比较明亮的线，其中最左侧谱线亮度最亮。进行形态学重建，图 4-32（b）所示为重建处理得到的结果。对比图 4-32（a）来看，虽然处理后的谱线轮廓比处理前的有所缩小，但是仍有三条明显的亮线，即交叉项被抑制了，同时实验过程中的噪声等干扰都被清除了，突出了目标模型回波中真实的几何亮点。

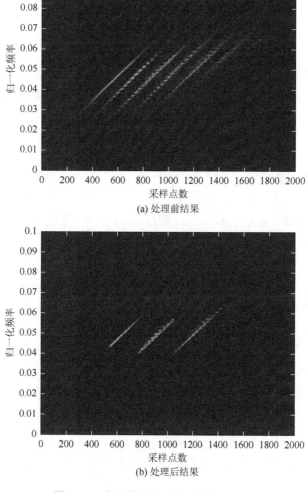

(a) 处理前结果

(b) 处理后结果

图 4-32　实验数据处理前后对比（二）

　　根据图 4-32（b），结合采样频率与水中声速可以计算这三条谱线之间的声程差分别约为 0.41m、0.43m、0.82m。根据该组数据的采集编号可以计算求得此时目标模型与入射声波的夹角 45°。理论上在 45°入射方向上应该存在三个亮点。根据求得这三个亮点相对于参考中心的时延，得到这三个亮点之间的声程差分别为 0.40m、0.41m、0.81m。与理论值之间的误差分别为 0.01m、0.02m、0.01m。RCCR 方法在 45°入射实验下突出了目标回波真实的几何亮点，有利于分析目标回波的几何亮点结构。

　　实验结果表明，RCCR 方法能够在目标探测与识别及回波几何亮点结构的分析中去除交叉项的干扰。目标回波几何亮点之间声程差的实验值与理论值基本吻合。

4.3　WVD-Hough 变换方法

4.3.1　Hough 变换

Hough 变换[8-10]是一种图形特征提取算法，由 Hough 在 1962 年提出并应用于图像直线参数提取。该方法对噪声不敏感，可在低信噪比下提取出图像中的直线。由于线性调频信号在时频面上为直线，可以对其时频表示后进行 Hough 变换，提取参数。Hough 变换能够把图像中所有的点变换到对应的参数空间中的曲线。当图像中有点在同一直线上时，在参数域中，这些点对应着过同一个点的曲线簇。用公式表示图像中直线为

$$y = px + q \tag{4-38}$$

式中，(p,q) 是斜率和截距，若 (x_1, y_1) 和 (x_2, y_2) 在同一直线上，转化到参数空间为

$$q = -x_1 p + y_1 \tag{4-39}$$

$$q = -x_2 p + y_2 \tag{4-40}$$

在参数空间中相交于点 (p,q)，同样方法处理所有点，让其在参数域中加和，在参数空间中得到点 (p,q) 处的峰值，从而检测并估计直线参数。由于直线的斜截式方程无法表达与纵坐标平行的直线，所以换成参数方程：

$$x \cos\theta + y \sin\theta = \rho \tag{4-41}$$

式（4-41）把点 (x,y) 换成参数空间 (ρ, θ) 中的正弦波，而且其幅值与图像在 (x,y) 处的密度成正比。图 4-33 为直线的 Hough 变换示意图。

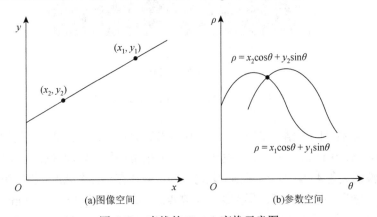

图 4-33　直线的 Hough 变换示意图

Hough 变换将原来的 $I(x,y)$ 转换到参数空间 $M(\theta, \rho)$，其数学表达式为

$$M(\theta, \rho) = \sum\sum I(x,y)\delta(\rho - x\cos\theta - y\sin\theta) \tag{4-42}$$

仿真含高斯白噪声的直线信号如图 4-34（a）所示，其图像域很难观测到直线信号，对其进行 Hough 变换后，如图 4-34（b）中结果所示，在参数域中有一个明显峰值，对应原图中一根直线。

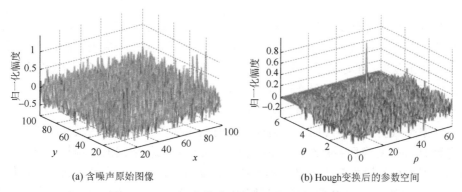

（a）含噪声原始图像　　　　　　　　（b）Hough变换后的参数空间

图 4-34　Hough 变换对噪声背景下直线信号检测

当回波中含有多个几何亮点成分时，其 WVD 时频平面上不仅有自项，任意两个自项之间还存在交叉项干扰。可以通过对回波信号的时频分布图进行 Hough 变换的方法去除交叉项，并进行累加，进而实现对几何亮点回波的特征提取。

Hough 变换将在图像空间中的直线映射为参数空间中点并累加，达到图像中直线检测的目的。水下目标回波信号在 WVD 时频平面上的分布呈直线形式 $f = f_0 + kt$，Hough 变换则是沿着这一直线上的积分，采用标准化方程：

$$\rho = t\cos\theta + f\sin\theta \tag{4-43}$$

在时频平面 (t, f) 上的点经 Hough 变换后被映射到参数空间 (ρ, θ) 中，同一条直线上的一系列点 (t_i, f_i)，在参数空间中都交于一点 (ρ_0, θ_0)。利用 Hough 变换将图像空间中对于线段的检测任务转变为在参数空间中对点的统计问题，通过对参数空间中点的累加统计达到对直线的检测目的。

将信号 WVD 与 Hough 变换相结合得到 WVD-Hough 变换（WVD-Hough transform，WHT），可有效提取信号特征，并去除由 WVD 变换产生的交叉项干扰。LFM 信号的 WHT 为

$$\mathrm{WHT}_s(f, g) = \int_{-\infty}^{\infty}\int_{-\infty}^{\infty} s(t + \tau/2)s^*(t - \tau/2)\mathrm{e}^{-\mathrm{i}2\pi(f + kt)\tau}\,\mathrm{d}\tau\mathrm{d}t \tag{4-44}$$

式（4-44）可以换一种方式，表示为对信号 WVD 的线积分：

$$\begin{aligned}\mathrm{WHT}_s(f, k) &= \int_{-\infty}^{\infty}\int_{-\infty}^{\infty} W_s(t, u)\delta(u - f - kt)\mathrm{d}t\mathrm{d}u \\ &= \int_{-\infty}^{\infty} W_s(t, f + kt)\mathrm{d}t\end{aligned} \tag{4-45}$$

式中，f 为直线的截距；k 为直线的斜率，则有

$$k = -\cot\theta, \quad f = \rho/\sin\theta \tag{4-46}$$

将式（4-46）代入式（4-45），可得相应的极坐标形式，即

$$\mathrm{WHT}_s(\rho,\theta) = \int_{-\infty}^{\infty} W_s\left(t, \frac{1}{\sin\theta}(\rho + t\cos\theta)\right)\mathrm{d}t \tag{4-47}$$

当目标回波含有多个几何亮点成分时，对回波进行 WVD 变换，其自项始终为正值，因此经 Hough 变换后可以在参数空间中可得到一个尖锐峰值；而交叉项由于存在余弦项，在时频平面上呈正负振荡变化，经 Hough 变换后无法形成峰值；回波中存在噪声时，由于噪声在时频平面上分布是离散的，不能得到有效的累计结果，因此该方法可以提高信噪比，有利于对信号的检测。

根据亮点模型，常使用各几何亮点的时延来估计目标的形状尺寸，因此还应考虑经 Hough 变换后各直线之间的距离，即各几何回波之间的声程差。如图 4-35 所示，若目标回波中有两个亮点回波成分，经 Hough 变换后可得到两个峰值点 (ρ_i, θ_i) $(i = 1, 2)$，这两个信号应有相同的调频斜率，即 $\theta_1 = \theta_2 = \theta$，根据三角函数关系，两条直线的水平距离 L 为

$$L = \frac{\Delta\rho}{|\cos\theta|} \tag{4-48}$$

式中，$\Delta\rho = |\rho_2 - \rho_1|$。

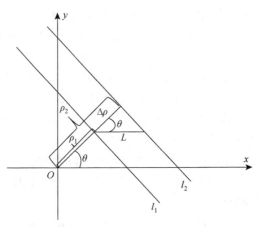

图 4-35　参数空间坐标与图像空间水平距离关系

当回波中存在多个几何亮点回波信号，且信号中各分量的能量相差较大时，经 Hough 变换后在参数域中弱信号累计的峰值往往会被强信号所掩盖，针对这一问题常用的方法是二值积累方法，其基本思想是在时频平面进行阈值处理。即对信号的时频分布矩阵设定一个阈值 T，让幅值大于 T 的值等于 1，小于 $-T$ 的值等于 -1，其余的矩阵值等于 0，将处理后的时频分布进行 Hough 变

换，然后搜索局部最大值即对应的峰值点，特征提取的步骤如图 4-36 所示。
该方法可以检测出弱信号峰值，更有效地提取目标回波特征。阈值的选取方法
有很多，需要根据实际情况确定，本节选取方法是根据超出阈值部分的能量占
总能量的百分比来确定的，如式（4-49）所示，根据采用实验数据的信噪比条
件，选择 $\gamma = 90\%$。

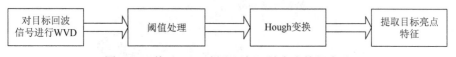

图 4-36　基于 WHT 提取目标回波亮点特征步骤

能量比：

$$\gamma = \frac{\text{超出阈值的能量}}{\text{总能量}} \qquad (4\text{-}49)$$

　　仿真含有两个亮点的回波信号，并且信号的能量强度不同，含有高斯白噪
声，调频斜率一致，其 WVD 如图 4-37（a）所示。在时频分布图中可以看到
两条较亮的亮线，弱信号几乎分辨不出来，对其进行 Hough 变换二值积累，两
个亮点特征被提取出来，并且抑制了 WVD 产生的交叉项，如图 4-37（b）所
示。两个峰值点在参数域 (ρ, θ) 中的坐标为 $(30, -72)$、$(-202, -72)$，在 $\theta = -72°$
时的截面图如图 4-37（c）所示，根据式（4-48）可以求得两条直线之间的水
平距离 $L = 751$，仿真两信号水平距离为 750，误差为 0.13%。由仿真结果可知，
采用基于 Hough 变换的目标回波特征提取方法估计亮点间的声程差是可行的。

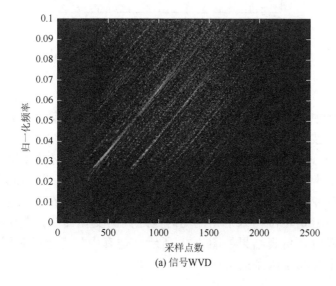

(a) 信号WVD

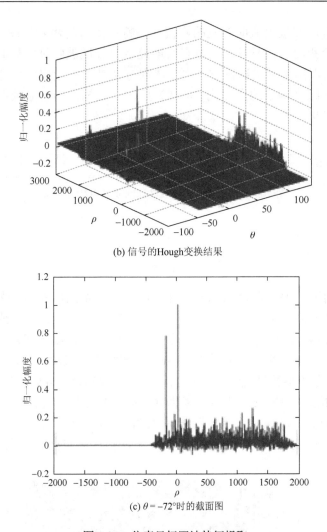

(b) 信号的Hough变换结果

(c) θ = -72°时的截面图

图 4-37　仿真目标回波特征提取

　　目标回波中包含的几何声散射成分都有相同的调频斜率，声波在不同角度入射时其回波的时延不同，表现在时频平面上就是直线之间的水平距离不同。经 Hough 变换后，在参数域上得到的峰值点坐标应有相同的 θ 值，利用式（4-48）可计算出各亮点之间的声程差，即时延。对于图 2-30 所示的目标模型，根据表 2-5 中入射角度与时延因子之间的关系，在参数空间中仿真目标模型在 0°～180° 范围内入射角度与时延之间的变化曲线，其中 0° 定义为从模型圆端面入射，仿真结果如图 4-38 所示。仿真中只考虑时延因子的影响，忽略幅度因子与相位因子的影响。

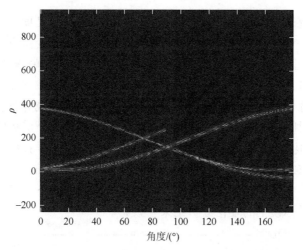

图 4-38　参数域中声散射分量与入射角度之间的关系

4.3.2　WVD-Hough 变换的特征提取

目标模型的结构对称，因此只分析 0°～180°范围内的目标回波信号。结合表 2-5 中各亮点出现角度之间的关系，将目标模型与换能器之间的位置关系分为以下几种情况进行讨论，如图 4-39 所示，其中 0°定义为从模型平端面入射。

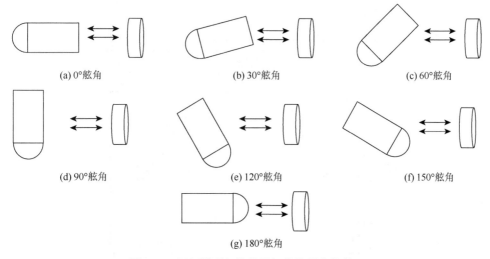

(a) 0°舷角　　　　　　(b) 30°舷角　　　　　　(c) 60°舷角

(d) 90°舷角　　　　　　(e) 120°舷角　　　　　　(f) 150°舷角

(g) 180°舷角

图 4-39　目标模型与换能器间的位置变化情况

用 WVD-Hough 变换方法对图 4-39 中目标位置（c）对应的回波信号进行分析，其时域与频域波形如图 4-40 所示，单独从时域或频域上无法得到目标回波的亮点信息。对该段数据进行 WHT，结果如图 4-41（a）所示，从 WVD 上可以看出时频平面上有若干条亮线，但无法判断信号的自项与交叉项，也无法得到回波中的亮点信息。对回波信号的时频分布采用 WVD-Hough 变换方法进行处理，变换后在参数空间 (ρ, θ) 中通过局部最大值搜索可得到三个峰值点的坐标分别为（100，–73）、（176，–73）、（262，–73）。图 4-41（b）是 WHT 后在 $\theta = -73°$ 时的截面图，三个峰值具有同样的 θ 值，说明回波中各声散射成分具有一样的调频斜率。该角度入射时目标共有三个几何亮点产生散射回波，分别是棱角 A、棱角 B 以及棱角 D，根据三个峰值点的坐标、式（4-48）以及采样频率和水中声速可以计算出三个亮点之间的声程差分别为 0.39m、0.44m、0.83m。并且三个亮点回波的能量不同，其中处于中间位置的棱角亮点回波的幅值最小，应该是棱角 B 产生的，与对实验目标模型的理论分析结果一致。

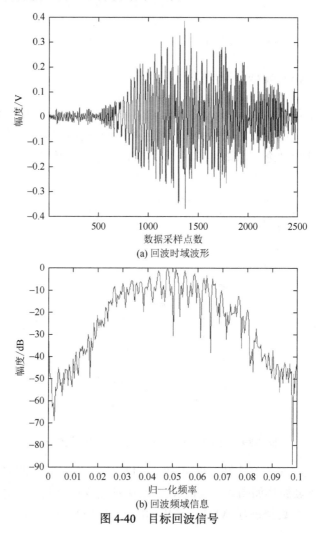

(a) 回波时域波形

(b) 回波频域信息

图 4-40　目标回波信号

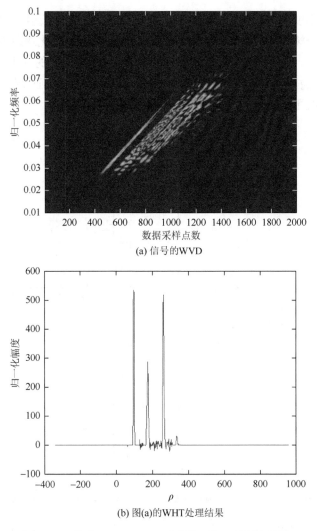

(a) 信号的WVD

(b) 图(a)的WHT处理结果

图 4-41　基于 WVD-Hough 变换的目标回波特征提取

对图 4-41 中目标不同舷角下对应的数据进行 WVD-Hough 变换处理，搜索的局部最大值具有相同的 θ 值，且 $\theta = -73°$，结果如图 4-42 所示。图 4-42（a）、（d）、（g）分别对应目标的圆端面、正横以及半球冠，此时目标回波主要成分是镜面反射回波，从处理结果中可以看出三种状态都只得到一个明显的尖峰，且位置坐标有所不同。图 4-42（b）、（c）对应的是目标棱角 A、棱角 B 以及棱角 D 三个棱角亮点产生的棱角反射回波，相比镜面反射回波其能量较小，经 WVD-Hough 变换处理后得到的结果其幅值要小，且容易受干扰的影响。图 4-42（e）、（f）是目标半球冠及两个棱角，其中以半球冠产生的镜面反射回波为主，理论上半球冠产生的镜面反射回波幅值是固定不变的，从处理结果中可以看到半球冠的镜面反射回波幅值较大且变化不大，而两个棱角波幅值相对来说较小，且随着角度的变化逐渐消失，最后只有一个镜面反射波，即图 4-42（g）。通过对比目标这些舷角下的分析结果可以得知，目标回波的全面特征不能简单地用某一角度下的目标回波特征来表示，还需要建立目标在所有角度下的目标回波亮点特征分析模型。

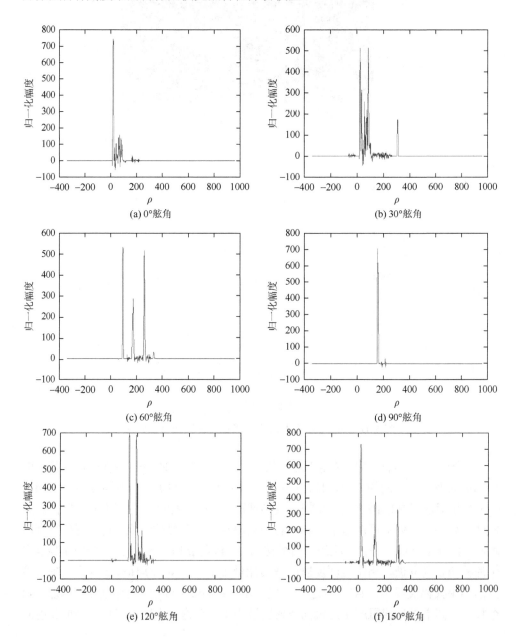

(a) 0°舷角

(b) 30°舷角

(c) 60°舷角

(d) 90°舷角

(e) 120°舷角

(f) 150°舷角

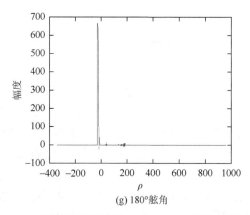

(g) 180°舷角

图 4-42　目标不同舷角下 WVD-Hough 变换处理结果

　　对 0°～180°所有角度下的目标回波数据进行 WVD-Hough 变换处理，可得到基于参数域的全方位目标回波亮点特征分析模型，如图 4-43 所示。与图 4-38 的理论计算结果对比可以看出，实验数据处理结果与理论计算结果基本吻合，目标各个亮点回波随声波入射角的变化符合亮点模型理论，但也受到实验设备与实验环境的影响。本节的实验模型不是理想模型，在焊接处、悬吊目标的吊环等都会产生亮点回波。从处理结果中可以看出，在目标正横方向（90°）时亮点数最少，且在目标正横附近较大的角度范围内出现了目标弹性亮点回波，这是对此类目标进行特征提取和识别的重要依据。通过分析目标回波亮点特征与声波入射角的关系，可以发现随着声波入射角的改变（即目标与换能器间的位置关系），回波信号的时频特征会有显著的变化，亮点的个数、强弱和各亮点之间的声程差都会发生变化，这些都是用于识别不同舷角下的目标声散射特征的重要信息。

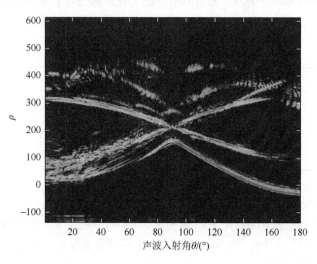

图 4-43　参数域中目标回波亮点特征与声波入射角的关系

4.3.3　目标回波时频特征选择方法

WVD-Hough 变换分析方法能够有效提取水下目标回波特征，但这些特征向量的维数较高，经 WVD-Hough 变换得到的目标亮点特征向量维数要在 1000 维以上。若将这些高维特征直接输入分类器进行识别，不仅会有超高的计算量，而且还包含了大量与识别无关的信息甚至会导致识别任务的错误。因此在进行识别或是特征融合前，应对得到的时频特征做进一步的选择，选择维数低且能表征目标特征的向量。

由理论分析与实验数据处理结果可知，在不同的声波入射角下目标回波的亮点特征有显著的差异。通常用来表征水下目标回波的亮点特征是亮点个数 $i(\theta)$、各亮点的位置关系（各亮点之间的声程差或时延）$r_i(\theta)$ 或 $\tau_i(\theta)$、亮点的强度 $h_i(\theta)$，这些特征都具有明确的物理意义。根据亮点模型对 2.5 节的实验目标模型的亮点特征进行分析，目标的亮点特征已经确知。实际的目标受多种因素的影响，应该以实测的数据来确定目标回波的亮点统计特征模型。

对于已经得到的基于 WVD-Hough 变换的目标全方位亮点特征模型，在参数域中搜索到的每个峰值点都可能表示目标的一个亮点。在对得到的特征向量进行提取亮点个数 $i(\theta)$ 时，首先对特征向量进行阈值处理，消除背景的影响与伪亮点，选取的阈值为 $\gamma = 90\%$，根据图 2-30 目标的几种舷角，将目标不同方位的亮点特征归纳为 7 个角度，并进行分析。结果如表 4-1 所示，在对应的每个角度下都选取了 10 个回波数据进行统计分析。从处理结果中可以观察到，在正横方位 WVD-Hough 变换经两次阈值处理后亮点个数较少。随着角度的增加亮点的数目也发生变化，在 180° 时亮点数目最少，此时应只有目标半球冠一个亮点。随着入射角的变化目标亮点个数也会发生变化。因此，亮点回波个数可以作为识别不同入射角下目标的声散射特征的信息之一。

表 4-1　目标不同入射角下回波亮点个数

入射角度 θ	亮点个数	入射角度 θ	亮点个数
0°	3	120°	4
30°	4	150°	2
60°	6	180°	1
90°	3		

目标回波各个亮点之间的位置关系也是表征目标特征的重要信息之一，目标不同入射角下的回波亮点位置关系如表 4-2 所示。在目标函数中对应的是时延因子，与目标的形状尺寸有关，根据在参数域下的位置坐标，可通过式（4-43）求各个亮点之间的时延。

表 4-2　目标不同入射角下回波亮点位置关系

入射角度 θ	亮点坐标位置	入射角度 θ	亮点坐标位置
0°	21，72，93	120°	66，148，162，261
30°	26，81，142，290	150°	−27，−13
60°	126，176，184，197，225，277	180°	−44
90°	144，202，265		

此外，亮点强度也是表征目标回波特征的一个重要的参数，目标不同入射角下的各回波亮点强度关系如表 4-3 所示。在不同的声波入射角下，起主要贡献的亮点回波是不同的，与目标的形状、材质等有关。

表 4-3　目标不同入射角下各回波亮点强度关系

入射角度 θ	亮点强度	入射角度 θ	亮点强度
0°	1，0.42，0.55，0.33	120°	1，0.85，0.06，0.46
30°	0.61，0.37，1，0.92	150°	1，0.13
60°	1，0.45，0.38，0.08，0.84，0.06	180°	1
90°	1，0.09，0.23		

综上所述，利用 WVD-Hough 变换提取目标回波特征，进一步选择目标亮点的统计特征，即亮点个数、亮点位置关系以及亮点强度关系，将各个亮点统计特征构成一个 13 维的特征向量用于目标的声散射特征识别。

4.4　径向高斯核时频分析方法的声散射信号结构提取

WVD 的交叉项抑制还有另一个思路。Cohen 类双线性时频分布揭示二次型时频分布的实质——信号的模糊函数与二维核函数乘积结果的二维 Fourier 变换。模糊域与时频域一样，存在信号的自项和交叉项，区别是在模糊域中信号的自项集中在原点附近而信号的交叉项远离原点。WVD 属于 Cohen 类时频分布的特殊形式，在模糊域进行二维 Fourier 变换时，其自项和交叉项是全局通过的。Cohen 类时频分布的模糊域表达形式为交叉项的抑制提供了另一个思路——通过设计合理的核函数，消除交叉项的同时，保留自项并达到所期待的时频聚集特性。核函数的设计可以通过固定核和自适应核两种方式来实现：固定核函数的形状是一定的，只适应于一种或一类信号；自适应核函数则是根据所研究信号的不同而自动调整核函数的形状，即核函数与信号是自适应的。

4.4.1 自适应径向高斯核时频分布

自适应核函数设计可以追溯到 20 世纪 90 年代。Jones 等针对线性调频信号设计出自适应谱图[11]，谱图中的窗函数形式与该线性调频信号一致；Baraniuk 等[12, 13]针对模糊域信号的特点提出了设计全局最优核函数的思想。

1. 固定核函数的时频分布

Cohen 类时频分布是信号的模糊函数与核函数相乘后进行二维 Fourier 变换的结果，核函数可以等效为一个二维窗函数，模糊函数与核函数相乘相当于模糊函数经过窗函数的滤波处理，这种运算为抑制交叉项提供了一种思路——通过选取合适的核函数，过滤掉模糊函数中信号的交叉项，保留信号的自项。常用的一些时频分布的核函数往往是固定的，如 WVD 的核函数 $\Phi_{\text{WVD}}(\theta,\tau)=1$，WVD 的自项和交叉项全部通过，交叉项没有得到抑制。Choi-Williams（C-W）分布的核函数为 $\Phi_{\text{C-W}}(\theta,\tau)=\mathrm{e}^{-\theta^2\tau^2/\sigma}$，其核函数主要沿着 θ 轴和 τ 轴分布，如图 4-44 所示，即 C-W 分布对模糊函数自项分布在 θ 轴和 τ 轴上的信号有良好的时频分析性能，但该分布对 LFM 信号的分析性能不佳。这是由于在模糊平面上，LFM 信号的模糊函数沿着 $\theta=m\tau$ 直线分布，LFM 信号的模糊函数与 C-W 分布的核函数相乘，既有可能截断信号的自项，也有可能通过一部分交叉项。

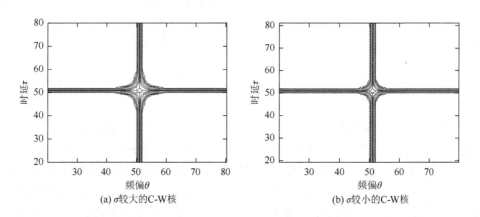

(a) σ较大的C-W核   (b) σ较小的C-W核

图 4-44　C-W 分布的核函数

固定核函数的时频分布通带和阻带是固定的，不能适应于所有类型的信号。当对信号进行时频分析时，如果采用的固定核函数与模糊函数形状不完全匹配，可能导致模糊函数的自项被削减或者信号的交叉项没有滤除。信号的交叉项和自项在模糊域的分布形式是与信号本身有关的，若要通过设计合理的核函数达到抑制交叉项的效果，核函数应该是自适应于信号的，即核函数的实际形状应该根据信号自项及交叉项在模糊域的特点自动调整，对信号本身则没有过多要求。

2. 自适应径向高斯核函数优化问题

通过优化方法可以设计出不依赖于信号的核函数。自适应设计核函数的优化问题需要给出满足函数选取标准的约束条件：①有界，体积有限，径向非递增的条件；②该核函数具有二维低通特性，以达到抑制信号模糊函数交叉项的目的；③为减小时频分布中的振荡，核函数应为平滑函数；④核函数易于用优化方法求解。

Baraniuk 等提出采用二维径向高斯函数来进行自适应核函数的设计。

$$\Phi(\theta,\tau) = e^{-\frac{\theta^2+\tau^2}{2\sigma^2(\psi)}} \tag{4-50}$$

式中，ψ 为径向角，$\psi = \arctan\left(\dfrac{\tau}{\theta}\right)$；$\sigma(\psi)$ 为扩展函数，扩展函数随着径向角 ψ 的变化而变化，扩展函数决定了在不同的角度下高斯函数的"扩展"情况。

径向高斯核函数与二维低通高斯核函数相似，但自适应方法设计的核函数其等高线形状可以是任意的。式（4-50）为径向高斯核函数直角坐标系下的表达形式，利用 $r=\sqrt{\theta^2+\tau^2}$ 将其转换到极坐标下，得到径向高斯核函数极坐标系下的表达式为

$$\Phi(r,\psi) = e^{-\frac{r^2}{2\sigma^2(\psi)}} \tag{4-51}$$

径向高斯核函数由扩展函数 $\sigma(\psi)$ 决定，可以将寻找给定信号的最优径向高斯核函数的问题转化为自适应于信号的最佳扩展函数 $\sigma_{\text{opt}}(\psi)$ 的计算问题。给定求解核函数的优化问题为

$$\max_{\Phi} \int_0^{2\pi} \int_0^{\infty} |\text{AF}(r,\psi)\Phi(r,\psi)|^2 \, r\mathrm{d}r\mathrm{d}\psi \tag{4-52}$$

约束条件为

$$\Phi(r,\psi) = e^{-\frac{r^2}{2\sigma^2(\psi)}} \tag{4-53}$$

$$\frac{1}{2\pi}\int_0^{2\pi}\int_0^{\infty} |\Phi(r,\psi)|^2 \, r\mathrm{d}r\mathrm{d}\psi \leqslant \alpha \tag{4-54}$$

$$\alpha \geqslant 0 \tag{4-55}$$

式中，$\text{AF}(r,\psi)$ 是信号在极坐标系下的模糊函数。约束条件（4-53）限定最优核函数是一个径向高斯核函数，约束条件（4-54）限定核函数的体积为 α，理论和

实验研究表明 $1 \leqslant \alpha \leqslant 5$ 是合适的选择。考虑到径向高斯核函数的特殊性，优化问题也可以转化为

$$\frac{1}{2\pi} \int_0^\pi \sigma^2(\psi) \mathrm{d}\psi \leqslant \alpha \tag{4-56}$$

模糊函数关于原点对称，$\left|\mathrm{AF}(r,\psi)\right|^2 = \left|\mathrm{AF}(r,\psi+\pi)\right|^2$，只需求出 $\sigma_{\mathrm{opt}}(\psi)$ 在模糊域上半平面即 $0 \leqslant \psi \leqslant \pi$ 范围内的值，下半平面进行对称处理即可。上述目标函数和约束条件是以保留自项去除交叉项为目的建立的，这些约束条件限制了径向高斯核函数是一个体积固定的二维核函数。径向高斯核函数要满足低通滤波特性，这是因为模糊域上信号的自项集中在原点附近但是交叉项远离原点，低通是径向高斯核函数提取出信号自项的必要条件。

约束条件式（4-53）～式（4-55）虽然对径向高斯核函数的体积做出了限制，但是并未给出径向高斯核函数的具体形状，通过对式（4-52）最大值的求解，可以确定径向高斯核函数的形状。LFM 信号在模糊面上的自项和交叉项是分开且平行的。优化问题中的约束条件限制了径向高斯核函数的通带区域，如果径向高斯核函数的通带延伸到了信号的交叉项区域，径向高斯核函数的体积会被自项和交叉项中间的"空白"区域占用许多。求解优化问题得到的最优核函数，实现了在径向高斯核函数体积限定为常数的情况下，过滤出原点附近尽可能多的信号成分这一目的。

实际数据是离散的，模糊函数、径向高斯核函数以及优化问题的离散化表示形式如下。

（1）模糊函数：

$$\mathrm{AF}_d(m,n) = \mathrm{AF}(\theta,\tau)\big|_{\theta=m\Delta\theta,\tau=n\Delta\tau} \tag{4-57}$$

$$m = -\frac{1}{2}M + 1, \cdots, \frac{1}{2}M \tag{4-58}$$

$$n = -\frac{1}{2}N + 1, \cdots, \frac{1}{2}N \tag{4-59}$$

式中，$\mathrm{AF}_d(m,n)$ 是直角坐标系下模糊函数的离散化形式；M 和 N 一般与待分析信号的长度相等。

（2）径向高斯核函数：

$$\Phi_P(p,q) = \mathrm{e}^{-\frac{(p\varDelta)^2}{2\sigma_q^2}} \tag{4-60}$$

（3）优化问题：

$$\max_{\sigma \geqslant 0} f(\sigma) \tag{4-61}$$

（4）约束问题：

$$\left\|\underline{\sigma}\right\|^2 \leqslant \gamma^2 \qquad (4\text{-}62)$$

式中

$$f(\underline{\sigma}) = \sum_{q=0}^{Q-1}\sum_{p=1}^{P-1} p\left|\mathrm{AF}_P(p,q)\right|^2 \mathrm{e}^{\frac{-(p\varDelta_r)^2}{\sigma_q^2}} \qquad (4\text{-}63)$$

$$\left\|\underline{\sigma}\right\|^2 = \sum_{q=0}^{Q-1}\sigma_q^2 \qquad (4\text{-}64)$$

$$\gamma = \sqrt{\frac{2\pi\alpha}{\varDelta_\psi}} \qquad (4\text{-}65)$$

自适应径向高斯核（redesigned adaptive radially Gaussian kernel，RARGK）函数的求解过程如下。

（1）在直角坐标系下求解出信号的模糊函数，采用插值的方法将其转换到极坐标系下，得到模糊函数的离散化表达形式为

$$\mathrm{AF}_P(p,q) = \mathrm{AF}'(r,\psi)\big|_{r=p\varDelta,\,\psi=q\varDelta_\psi} \qquad (4\text{-}66)$$

$$p = 0,1,\cdots,P-1 \qquad (4\text{-}67)$$

$$q = 0,1,\cdots,Q-1 \qquad (4\text{-}68)$$

式中，$p = \dfrac{L}{\sqrt{2}}$；$Q = L$，L 是待分析信号的时域采样点数。

（2）在最优扩展函数 $\sigma_{\mathrm{opt}}(\psi)$ 的求解过程中，$\sigma_{\mathrm{opt}}(\psi)$ 直接决定了最优径向高斯核函数的形状，采用梯度上升迭代算法对优化问题进行求解。梯度上升迭代算法对自适应径向高斯核函数优化问题的求解，通过逐步更新第 k 步扩展函数 $\sigma(k)$ 的值来实现。梯度矢量可以通过式（4-63）对 σ_q 求导得到：

$$\nabla_q(k) = \frac{\varDelta_r^4 \varDelta_\psi}{\sigma_q^3(k)} \sum_{p=1}^{P-1} p^3\left|\mathrm{AF}_P(p,q)\right|^2 \mathrm{e}^{-\frac{(p\varDelta r)^2}{\sigma_q(k)}}, \quad q = 0,1,\cdots,Q-1 \qquad (4\text{-}69)$$

梯度上升算法的迭代公式为

$$\sigma(k+1) = \sigma(k) + \mu\nabla(k) \qquad (4\text{-}70)$$

式中，μ 是步长，既可以取成一个足够小的正常数，也可以在每一次迭代后根据迭代的结果进行调整。

扩展向量关于原点对称且体积为 α，给定其初始值为

$$\sigma(0) = \sqrt{\frac{2\pi\alpha}{\varDelta_\psi}}\begin{bmatrix}1 & \cdots & 1\end{bmatrix}^{\mathrm{T}} \tag{4-71}$$

梯度 $\nabla(k) \geqslant 0$，$\|\underline{\sigma}(k)\|^2$ 随着迭代的进行不断增大，径向高斯核函数的体积不断增加，破坏了径向高斯核函数体积固定的约束。为确保径向高斯核函数的体积被严格限制在 α 内，令

$$\underline{\sigma}(k+1) \leftarrow \underline{\sigma}(k+1)\frac{\gamma}{\|\underline{\sigma}(k+1)\|} \tag{4-72}$$

（3）将上述极坐标系下计算的最优扩展函数通过插值的方法转换到直角坐标系下。这是由于对径向高斯核函数和模糊函数的乘积进行的二维快速 Fourier 变换需在直角坐标系下进行。

（4）根据求出的扩展函数和式（4-60）计算出直角坐标下最优径向高斯核函数。

（5）对最优径向高斯核函数和模糊函数的乘积进行关于 (θ,τ) 的二维 Fourier 变换得到最优自适应径向高斯核时频分布。

该算法每一步的计算量为 $O[PQ]$，最优径向高斯核函数计算总的计算量为 $O[PQI]$，I 是 $\sigma(\psi)$ 达到收敛时算法的迭代步数。

3. 仿真分析

应用自适应径向高斯核时频分析方法对多分量 LFM 信号进行仿真，观察并总结此方法在多分量 LFM 信号不同调频斜率下的时频分析效果。

两个线性调频信号 $s_1(t) = \mathrm{e}^{\mathrm{i}2\pi(f_1 t + 0.5 k_1 t^2)}$ 和 $s_2(t) = \mathrm{e}^{\mathrm{i}2\pi(f_2 t + 0.5 k_2 t^2)}$，采样点数为 500 点，信号归一化频率范围分别为 $\Delta f_1 : 0.02 \sim 0.08$，$\Delta f_2 : 0.02 \sim 0.04$，调频斜率分别为 k_1 和 k_2，$k_1 \neq k_2$，叠加 $s_1(t)$ 和 $s_2(t)$ 得到仿真信号 $x(t)$，仿真结果如图 4-45 所示。

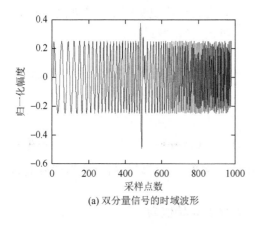

(a) 双分量信号的时域波形

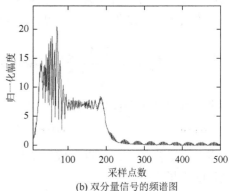

(b) 双分量信号的频谱图

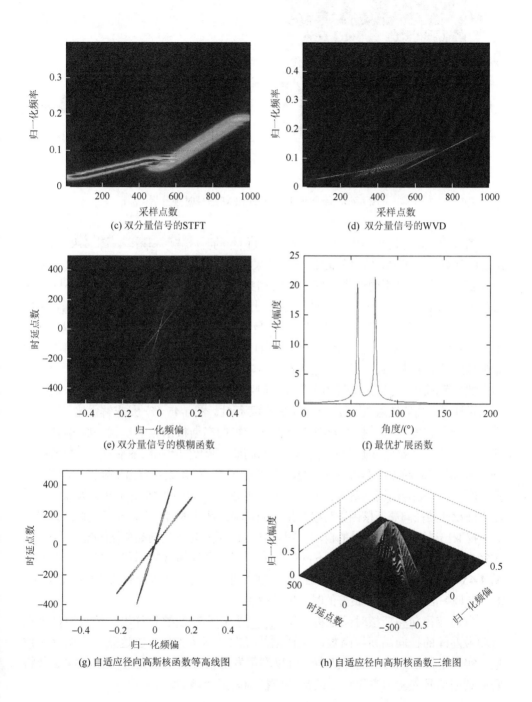

(c) 双分量信号的STFT

(d) 双分量信号的WVD

(e) 双分量信号的模糊函数

(f) 最优扩展函数

(g) 自适应径向高斯核函数等高线图

(h) 自适应径向高斯核函数三维图

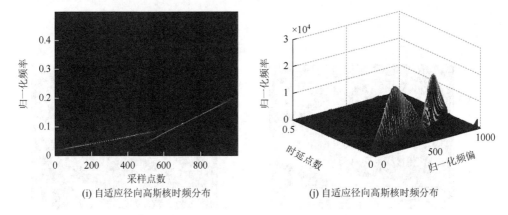

(i) 自适应径向高斯核时频分布   (j) 自适应径向高斯核时频分布

图 4-45   不同调频斜率的 LFM 信号时频分析

图 4-45（a）和图 4-45（b）分别为仿真信号的时域波形和频谱。图 4-45（c）中 STFT 对多分量 LFM 信号的时频分析结果表明，STFT 的固定分辨率导致其时频分辨能力有限，对不同调频斜率的线性调频信号表现出的时频分析效果不同。通过图 4-45（d）中信号的 WVD 结果可以看出，进行时频分析时，WVD 对不同调频斜率的 LFM 信号具有良好的时频聚集性。但是 WVD 中存在着严重的交叉项干扰，在此类调频斜率不同的双分量 LFM 信号的 WVD 中，交叉项将信号自项淹没。图 4-45（e）是信号的模糊函数，通过原点且集中在原点附近的是两个信号的自项，远离原点且分布区域呈菱形的成分则是信号的交叉项。信号自项和交叉项在模糊域的特性；验证了通过设计径向高斯核函数进行交叉项抑制的可行性。图 4-45（f）是求解优化问题后计算出的最优扩展函数，扩展函数决定自适应径向高斯核函数的形状，图 4-45（f）和图 4-45（g）直观地表明了这一特点，径向高斯核函数的等高线图沿着旋转角度 ψ 的分布形状和扩展函数的形状是一致的，且都在 57° 和 76° 附近位置出现峰值，峰值的位置与两个分量信号的调频斜率有关。对比图 4-45（e）和图 4-45（g）可以发现，自适应方法设计的径向高斯核函数与模糊函数的自项区域基本吻合，径向高斯核函数可以有效提取出模糊函数中信号的自项。图 4-45（h）是自适应径向高斯核函数的三维图，该径向高斯核函数垂直于径向方向的截面呈现出高斯函数的形状。图 4-45（i）和图 4-45（j）是自适应径向高斯核时频分布的结果，该方法不仅能有效地去除交叉项，对线性调频信号也表现出良好的时频聚集性能。

自适应径向高斯核时频分析方法无须先验信息就能够设计出与信号模糊函数自项最匹配的径向高斯核函数，设计出的径向高斯核函数可以达到全局最优的效果。实际上，在主动声呐探测中，可以利用发射信号的一些先验信息。4.4.2 节将研究利用信号先验信息设计出的自适应径向高斯核函数。

4.4.2 RARGK 时频分析方法

1. RARGK 时频分析方法的提出

线性调频信号作为主动声呐的发射信号时，目标回波中包含若干个与发射信号调频斜率一致的几何亮点回波信号。通过前面分析已知，LFM 信号的自项在 $\theta\tau$ 模糊平面上自项沿着 $\theta = k\tau$ 直线分布，若 LFM 信号调频斜率 k 已知，模糊域几何亮点回波自项的位置是可以预知的。

理论上，无限长 LFM 信号的模糊函数在模糊域上是一系列冲激函数，实际上只有无限长的 LFM 信号的模糊函数在模糊平面才能呈现出直线 $\theta = k\tau$ 的形式。实际信号是长度有限信号，导致信号模糊函数的展宽，证明如下：

$$
\begin{aligned}
\mathrm{AF}_s(\theta,\tau) &= \int s\left(t+\frac{\tau}{2}\right) \cdot s^*\left(t-\frac{\tau}{2}\right) \mathrm{e}^{-\mathrm{i}\theta t}\mathrm{d}t \\
&= A_0^2 \int \mathrm{rect}\left(\frac{t+\frac{\tau}{2}}{T_0}\right) \cdot \mathrm{rect}\left(\frac{t-\frac{\tau}{2}}{T_0}\right) \cdot \mathrm{e}^{\mathrm{i}\left(\frac{1}{2}k\left(\left(t+\frac{\tau}{2}\right)^2-\left(t-\frac{\tau}{2}\right)^2\right)+\omega_0\tau-\mathrm{i}\theta t\right)}\mathrm{d}t \\
&= A_0^2 \int \mathrm{rect}\left(\frac{t+\frac{\tau}{2}}{T_0}\right) \cdot \mathrm{rect}\left(\frac{t-\frac{\tau}{2}}{T_0}\right) \cdot \mathrm{e}^{\mathrm{i}((k\tau-\theta)t+\omega_0\tau)}\mathrm{d}t \\
&= A_0^2 \mathrm{e}^{\mathrm{i}\omega_0\tau} \int \mathrm{rect}\left(\frac{t+\frac{\tau}{2}}{T_0}\right) \cdot \mathrm{rect}\left(\frac{t-\frac{\tau}{2}}{T_0}\right) \cdot \mathrm{e}^{\mathrm{i}(k\tau-\theta)t}\mathrm{d}t
\end{aligned}
\tag{4-73}
$$

式中

$$
\mathrm{rect}\left(\frac{t+\frac{\tau}{2}}{T_0}\right)=\begin{cases}1, & -\frac{\tau}{2}-\frac{T_0}{2}\leqslant t \leqslant -\frac{\tau}{2}+\frac{T_0}{2} \\ 0, & \text{其他}\end{cases}
\tag{4-74}
$$

$$
\mathrm{rect}\left(\frac{t-\frac{\tau}{2}}{T_0}\right)=\begin{cases}1, & \frac{\tau}{2}-\frac{T_0}{2}\leqslant t \leqslant \frac{\tau}{2}+\frac{T_0}{2} \\ 0, & \text{其他}\end{cases}
\tag{4-75}
$$

所以

$$\mathrm{AF}_s(\theta,\tau) = A_0^2 \mathrm{e}^{\mathrm{i}\omega_0\tau} \int_{-\frac{T_0-|\tau|}{2}}^{\frac{T_0-|\tau|}{2}} \mathrm{e}^{\mathrm{i}(k\tau-\theta)t} \mathrm{d}t$$

$$= A_0^2 \mathrm{e}^{\mathrm{i}\omega_0\tau} \frac{1}{\mathrm{j}(k\tau-\theta)} \mathrm{e}^{\mathrm{i}(k\tau-\theta)t} \Big|_{-\frac{T_0-|\tau|}{2}}^{\frac{T_0-|\tau|}{2}}$$

$$= A_0^2 \mathrm{e}^{\mathrm{i}\omega_0\tau} \frac{1}{\mathrm{j}(k\tau-\theta)} \cdot 2\mathrm{i}\sin\left((k\tau-\theta)\frac{T_0-|\tau|}{2}\right)$$

$$= A_0^2 \mathrm{e}^{\mathrm{i}\omega_0\tau} (T_0-|\tau|)\,\mathrm{Sa}\left((k\tau-\theta)\frac{T_0-|\tau|}{2}\right) \tag{4-76}$$

上述结果表明，有限长度 LFM 信号的模糊函数在模糊域上由一系列 Sa 函数叠加而成；在模糊平面上其整体是沿 $\theta = k\tau$ 方向的一段带状区域。模糊函数的幅度是关于时延 τ 的函数，Sa 函数包含一项 $T_0-|\tau|$，不同 τ 处 LFM 信号的模糊函数展宽程度是不同的，如果采用固定宽度的核函数，在对多亮点回波进行分析时，核函数与信号自项的匹配效果不佳，尤其在噪声或者混响环境下，固定宽度的核函数抗噪性能有限。此时期待设计的核函数要沿 $\theta = k\tau$ 方向的这段带状区域自适应于信号。借鉴自适应径向高斯核的思想，利用发射信号先验信息进行自适应径向高斯核的再设计。

对于最优 RARGK 设计的优化问题重新描述如下。

优化问题：

$$\max_{\underline{\sigma} \geq 0} f(\underline{\sigma}) \tag{4-77}$$

约束条件：

$$\|\underline{\sigma}\|^2 \leq \gamma^2 \tag{4-78}$$

$$\psi_0 - \Delta\psi \leq \psi \leq \psi_0 + \Delta\psi \tag{4-79}$$

式中

$$f(\underline{\sigma}) = \sum_{q=0}^{Q-1}\sum_{p=1}^{P-1} p \left|\mathrm{AF}_P(p,q)\right|^2 \mathrm{e}^{-(p\Delta_r)^2/\sigma_q^2} \tag{4-80}$$

$$\mathrm{AF}_P(p,q) = \mathrm{e}^{-(p\Delta_r)^2/(2\sigma_q^2)} \tag{4-81}$$

$$\|\sigma\|^2 = \sum_{q=0}^{Q-1} \sigma_q^2 \tag{4-82}$$

$$\gamma = \sqrt{\frac{2\pi\alpha}{\Delta_\psi}} \tag{4-83}$$

相比于自适应径向高斯核时频分析方法，RARGK 时频分析方法沿着 $\theta = k\tau$ 的带状区域进行自适应核函数的设计，核函数的宽度与信号自适应。核函数求解过程中会转换到极坐标系下，此带状区域所沿直线 $\theta = k\tau$ 的斜率 k 与极坐标的径向角度有着密切的联系，带状区域核函数的设计转化为对角度 ψ 的约束上。自适应径向高斯核时频分析方法在 $\psi \in (0, \pi)$ 的范围内进行最优搜索，对于调频斜率 k 一定的 LFM 线性调频信号，可以在 $(\psi_0 - \Delta\psi, \psi_0 + \Delta\psi)$ 的范围内进行最优扩展函数的计算，其中 $\psi_0 = \arctan k$。另外，信号自项在模糊域上宽度会展宽，$\Delta\psi$ 为核函数宽度设置了一个阈值。

该优化问题采用迭代上升法求解，求解出最优扩展函数后通过式（4-81）得到最优核函数，实现在所期望的 LFM 信号自项位置附近设计径向高斯核函数，适用于目标回波几何声散射信号结构的提取，降低非目标亮点回波信号干扰的同时减小了径向高斯核函数求解过程的计算量。

利用自适应径向高斯核时频分析方法求解优化问题时，每一步的计算量为 $O[PQ]$，总计算量为 $O[PQI]$，I 是 $\sigma(\psi)$ 达到收敛时算法的迭代步数。RARGK 时频分析算法中，优化问题求解时每一步的计算量是 $O[PQ \times 2 \times (\Delta\psi)/\pi]$，$\Delta\psi$ 越小则每一步的计算量越小，通过实验发现 RARGK 时频分析方法达到收敛时的迭代步数与原始算法的迭代步数相当，此时径向高斯核函数最优求解过程总的计算量为 $O[IPQ \times 2 \times (\Delta\psi)/\pi]$。

2. 仿真分析

通过仿真比较 RARGK 时频分析方法与原始方法的抗干扰性能和计算效率（仿真 1），针对不同时延（仿真 2）以及不同信噪比（仿真 3）情况下 RARGK 时频分析效果进行仿真。

仿真 1：双分量信号不同调频斜率。

两个线性调频信号，$s_1(t) = e^{i2\pi(f_1 t + 0.5k_1 t^2)}$，$s_2(t) = e^{i2\pi(f_2 t + 0.5k_2 t^2)}$，采样点数为 500 点，信号归一化频率范围分别为 $\Delta f_1 : 0.02 \sim 0.08$，$\Delta f_2 : 0.02 \sim 0.2$，调频斜率分别为 k_1 和 k_2，$k_1 \neq k_2$，叠加 $s_1(t)$ 和 $s_2(t)$ 得到仿真信号 $x(t)$，自适应径向高斯核时频分析相关的算法对 $x(t)$ 的处理结果如图 4-46 所示。

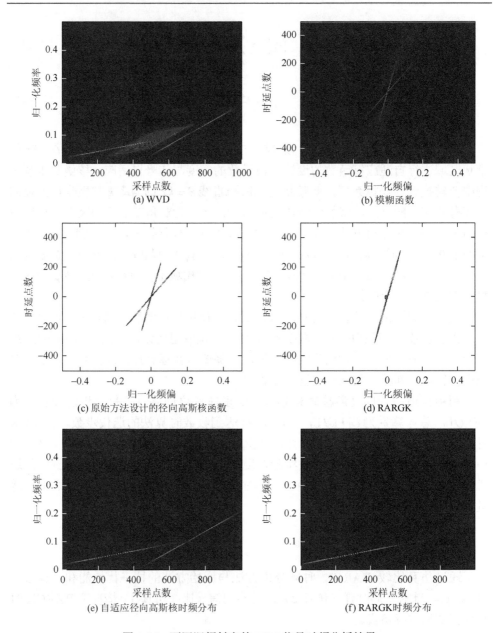

图 4-46　不同调频斜率的 LFM 信号时频分析结果

将调频斜率较小的信号设定为目标信号，调频斜率大的设置为干扰信号。RARGK 时频分析方法中的 ψ_0 是期望信号斜率 k_1 的反正切值，仿真中将径向角的搜索范围约束在 $\Delta\psi = 5^\circ$ 的范围内。自适应径向高斯核时频分析方法设计的核函数与两个信号的自项区域和形状吻合，而 RARGK 时频分析方法的径向高斯核函数仅与期望信号的自项吻合，时频分布结果中 RARGK 时频分析方法可以有效提取出目标信号，抑制干扰信号。在仿真过程中自适应径向高斯核时频分析方法的迭代步数是 14，RARGK 时频分析方法的迭代步数是 16，理论上后者每一步的计算量为前者的 1/18，MATLAB 仿真的运行时间显示，前者迭代运行时间为 0.599s，后者迭代运行时间为 0.043s，与理论计算相符，RARGK 时频分析方法的时间复杂度显著降低。

仿真 2：几何亮点相对时延不同。

根据 2.5.2 节中的几何亮点模型理论，实际几何亮点之间的相对时延很小，本节主要用 RARGK 时频分析方法对小时延亮点的提取进行仿真。构造两个具有一致调频斜率的 LFM 信号，$s_1(t) = \mathrm{e}^{\mathrm{i}2\pi(f_i t + 0.5k_1 t^2)}$，$s_2(t) = s_1(t - \tau)$，信号各有 500 个采样点，$s_2(t)$ 比 $s_1(t)$ 时间延迟 90 个采样点，信号归一化频率范围为 $\Delta f_1: 0.02 \sim 0.08$，调频斜率为 k_1，叠加 $s_1(t)$ 和 $s_2(t)$ 后得到相应的仿真结果如图 4-47 所示。

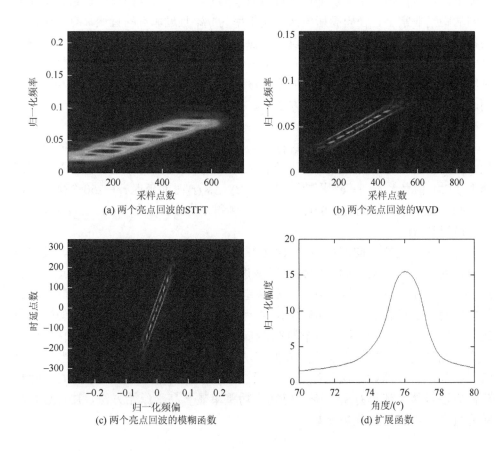

(a) 两个亮点回波的STFT

(b) 两个亮点回波的WVD

(c) 两个亮点回波的模糊函数

(d) 扩展函数

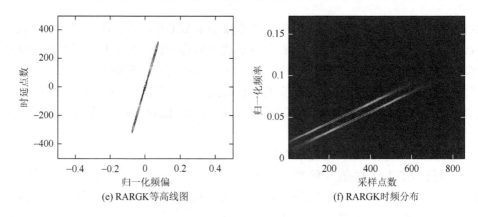

(e) RARGK等高线图　　　　　　　　(f) RARGK时频分布

图 4-47　几何亮点小时延情况下时频分析

亮点间时延较小时，STFT 无法分辨两个几何亮点。WVD 存在交叉项，模糊平面上，信号自项和交叉项平行且直线斜率为 $1/k_1$，小时延情况下自项和交叉项之间的距离非常小。径向高斯核函数是斜率为 $1/k_1$ 且过原点的直线，有利于提取出信号的自项。在本次仿真中，自适应径向高斯核函数的体积选取是关键，取值过大容易通过交叉项，自适应径向高斯核函数取值过小又容易出现拖尾情况，仿真实验对比表明，径向高斯核函数体积 α 取 1.4 是合适的选择，在抑制交叉项的同时也能保证 RARGK 时频分析方法良好的时频分辨率。

仿真 3：不同信噪比（SNR）。

上述仿真是在无噪声背景下进行的，实际采集到的实验数据会受到噪声的干扰，仿真验证零均值高斯白噪声背景下 RARGK 时频分析方法的性能。仿真采用两个 LFM 信号，$s_1(t) = e^{i2\pi(f_1 t + 0.5 k_1 t^2)}$，$s_2(t)$ 比 $s_1(t)$ 时间延迟 $\tau_1 = 250$ 个采样点，信号归一化频率范围为 $\Delta f_1 : 0.02 \sim 0.08$，调频斜率为 k_1，叠加 $s_1(t)$、$s_2(t)$ 和高斯白噪声得到 $x(t)$。

为对比自适应径向高斯核和 RARGK 时频分析方法的抗噪声性能，采用两种方法对处于不同信噪比下的亮点回波进行提取，每一信噪比下独立运行 100 次 Monte Carlo 仿真实验，将成功概率定义为可以准确提取出亮点的仿真次数与实验总次数的比值，图 4-48 给出了两种方法在不同信噪比下的成功概率曲线。从图 4-48 中可以看出，当信噪比高于 -9dB 时，两种方法都可以有效提取出亮点回波信号，随着信噪比的降低算法的性能会受到一定的影响，当信噪比低于 -15dB 时，原始方法已经无法从回波中提取出亮点，此时，RARGK 时频分析方法虽然性能也有所下降，但其成功概率显著高于原始方法，RARGK 时频分析方法抗噪性能优势明显。

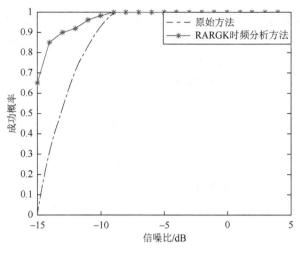

图 4-48　信噪比性能曲线

4.4.3　实验数据处理

本节实验数据来自 2.5 节消声水池水中目标探测实验。实验中采用线性调频脉冲作为发射信号，脉冲采样点数为 1000 点，LFM 脉冲的归一化频率范围为 $\Delta f_1:0.02\sim0.08$。目标模型绕旋转支架匀速旋转 $360°$ 获得目标模型全角度下的目标回波。对 $120°$ 回波数据进行处理，处理结果如图 4-49 所示。

图 4-49（a）是基元通道直接接收到的原始数据时域波形，截取目标回波所在的部分数据如图 4-49（b）所示。图 4-49（c）和图 4-49（d）对比结果显示，STFT 的时频分辨率无法准确分辨出三个声散射信号的结构信息和相对位置，WVD 表现出了良好的时频分析性能。但是 WVD 存在着严重的交叉项干扰，从图 4-49（d）中可以看到 6 条较明亮的谱线，这 6 条谱线对应着几何声散射信号的自项和交叉项，WVD 难以辨别几何亮点回波自项和交叉项。模糊函数中声散射信号的自项过原点，与交叉项平行。图 4-49（f）是自适应设计的扩展函数，其峰值的位置 ψ_p 与采用的发射 LFM 信号的调频斜率有关，该扩展函数对应的径向高斯核函数沿着 $1/\tan\psi_p$ 直线分布，扩展函数决定了径向高斯核函数的形状，图 4-49（g）和图 4-49（i）通过自适应方法设计的径向高斯核函数与几何声散射信号自项的形状一致，有利于提取出信号自项，抑制交叉项。

水池实验中的信噪比较高，从自适应径向高斯核及 RARGK 时频分布中都可以清楚地观察到 3 条亮线，WVD 中的交叉项、背景噪声等的反射干扰都被消除掉。3 条亮线就是 $120°$ 下的目标产生的 3 个几何声散射信号结构。实验中，自适应径向高斯核时频分布及 RARGK 时频分析方法的迭代步数分别为 $I_{old}=10$，$I_{new}=8$，

RARGK 时频分析方法的角度搜索范围限制在 $\Delta\psi=15°$ 的范围内，其时间复杂度仅为原始算法的 $(8\times30\times PQ)/(10\times180\times PQ)=2/15\approx0.13$。实际上 MATLAB 对两种算法的运行时间分别为 0.34s 和 2.07s，运行时间复杂度之比为 0.16，与理论值基本吻合。RARGK 降低了时频分析算法的计算量，显著优化了计算效率。

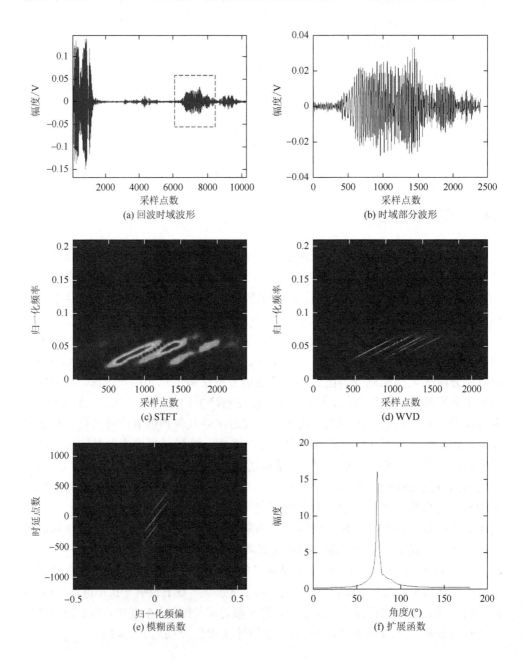

(a) 回波时域波形

(b) 时域部分波形

(c) STFT

(d) WVD

(e) 模糊函数

(f) 扩展函数

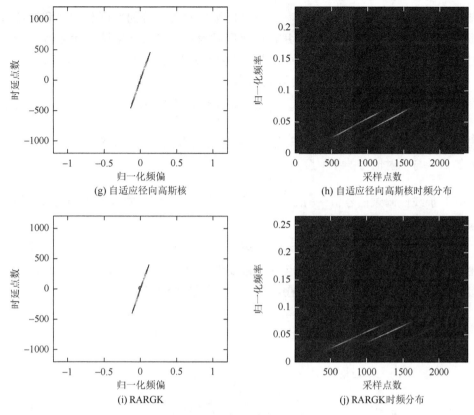

(g) 自适应径向高斯核

(h) 自适应径向高斯核时频分布

(i) RARGK

(j) RARGK时频分布

图 4-49　目标回波时频分析

采用 RARGK 时频分析方法对自由场背景下的实验数据进行处理。水池实验数据处理结果表明，利用发射信号先验信息的 RARGK 时频分析方法在显著优化计算效率的同时，可有效提取目标回波中的几何亮点。

4.5　乘积高阶模糊函数的声散射信号时频特性分析

乘积高阶模糊函数可以自适应地对多分量的线性调频信号的自项加强，减弱交叉项干扰和背景干扰。结合乘积高阶模糊函数的 Radon 变换，可以自适应估计接收信号的调频斜率，提高对回波亮点间交叉项的抑制效果。

4.5.1　乘积高阶模糊函数

1. 线性调频信号的模糊函数

模糊函数由 Ville 在 1948 年提出，早期应用于雷达领域；随后 Woodward 对其理论完善做了诸多工作，模糊函数可以衡量发射信号的速度分辨率和距离分辨率[14]。当发射信号遇到目标并且反射回发射位置时，反射回波信号存在一个时延 τ，如果信号在径向有相对移动，则会形成多普勒效应，产生频移 θ。

对于信号 $x(t)$，模糊函数可以表示为

$$A_x(\theta,t) = \frac{1}{2\pi} \int x\left(t+\frac{\tau}{2}\right) x^*\left(t-\frac{\tau}{2}\right) \mathrm{e}^{\mathrm{i}\theta t} \mathrm{d}t \tag{4-84}$$

模糊函数可以认为是信号与信号频移、时移后的内积表达，用来刻画目标反射回来的信号与发射信号的相似度。

对于线性调频信号 $x(t) = a\mathrm{e}^{\left(\mathrm{i}2\pi\left(f_0 t + \frac{1}{2}mt^2\right)\right)}$，代入模糊函数公式求得信号的模糊函数为

$$\mathrm{AF}(\tau,\nu) = a\delta(\nu - m\tau)\mathrm{e}^{\mathrm{i}2\pi f_0 \tau} \tag{4-85}$$

由式（4-85）可知自项过中心点，且直线斜率等于调频斜率。仿真含高斯噪声 SNR=0dB 的两个分量信号的模糊函数，结果如图 4-50 所示。

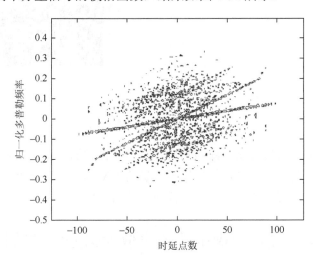

图 4-50　含噪声干扰的线性调频信号的模糊函数

2. 高阶瞬时矩与高阶模糊函数

信号 $x(t)$ 的高阶瞬时矩（high-order instantaneous moment，HIM）函数定义为

$$\begin{cases} P_1(t,\tau) = x(t) \\ P_2(t,\tau) = p_1(t)p_1^*(t-\tau) \\ \quad\vdots \\ P_M(t,\tau) = p_{M-1}(t)p_{M-1}^*(t-\tau) \end{cases} \tag{4-86}$$

当信号形式为 $x(t) = A\mathrm{e}^{\mathrm{i}2\pi\sum\limits_{m=0}^{M} a_{k,m} t^m}$ 时，其 HIM 为单频形式：

$$P_M(t,\tau) = A^{2^{M-1}} \mathrm{e}^{\mathrm{i}(2\pi f_0 t + \varphi)} \tag{4-87}$$

式中，$f_0 = M!\tau^{M-1} a_M$；$\varphi = (M-1)!\tau^{M-1} a_{M-1} - 0.5M!(M-1)\tau^M a_M$。从而高阶模糊函数（high-order ambiguity function，HAF）可以表示为

$$X_M(f,\tau) = \int_{-\infty}^{\infty} P_M(t,\tau)\mathrm{e}^{(-\mathrm{i}2\pi f)t}\,\mathrm{d}t \tag{4-88}$$

3. 乘积高阶模糊函数的特点及其原理

关于含噪声的多分量信号的模糊函数，除自项以外，还具有交叉项与噪声，不能够准确地识别信号。图 4-51 为一含高斯白噪声 SNR=0dB 的两个信号分量信号的模糊函数切片，两信号的幅值比为 10：7，在模糊域上直接取切片已经无法观测到两个线性调频信号的尖峰。

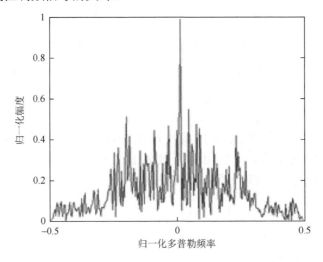

图 4-51　含高斯白噪声的两个分量 LFM 信号的 AF 时延切片图

多分量信号的 HIM 的自项和与延时积具有比例函数关系，选取不同的时延，自项的 HAF 会有不同的频率，可以通过对信号的模糊函数的频率轴进行伸缩变换，使得自项相乘得到加强，交叉项错开减弱，从而加强对信号的辨识能力，定义乘积高阶模糊函数（product high-order ambiguity function，PHAF）为选取不同时延尺度的频率伸缩变换的模糊函数乘积[15]，其数学表达式如下：

$$\mathrm{PHAF}(f,\tau) = \prod_{l=1}^{L} \mathrm{AF}\left(\frac{\tau_l}{\tau} f, \tau_l\right) \tag{4-89}$$

对频率轴进行时延尺度变换后，时延切片处的自项能够相乘加强，而噪声与

交叉项会减弱[16]，乘积高阶模糊函数示意图如图 4-52 所示。

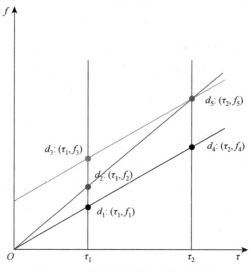

图 4-52　乘积高阶模糊函数示意图

PHAF 的分析性能优于模糊函数的原因有：①由于 PHAF 的自项呈比例关系，可以通过相乘的方式进行增强；②噪声与交叉项会由于 PHAF 处于不同位置而得到减弱；③适当地选取时延切片数目来增强自项[17]。

图 4-53 为包含两个信号分量的线性调频信号的乘积模糊域切片，其中包含高斯白噪声，SNR=0dB，两个信号的幅值比为 10：7，与图 4-51 比较，可以清晰地观测到两个频率成分，处理效果得到提升。

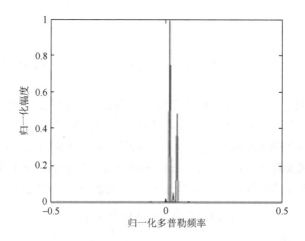

图 4-53　含高斯白噪声的两个分量 LFM 信号 L=2 时 PHAF 时延切片图

4.5.2 乘积高阶模糊函数核的时频分布

1. Cohen 类时频分布

Wigner 在量子力学研究中发现联合密度的存在，用 Wigner 分布来刻画这种关系。他的理论由 Ville 引入信号处理中，建立了 Wigner-Ville 分布(WVD)理论。Mark 指出，WVD 对多分量信号分析存在交叉项，并论证了与短时 Fourier 谱图的关系。此后的研究中又诞生了可以减弱交叉项干扰的 Born-Jordan 分布、Choi-Williams 分布、Zhao-Atlas 分布等。Cohen 用核函数的方法将上述分布统一起来，称为 Cohen 类[18]，不同的核函数具有不同的作用，表达式为

$$\text{Cohen}(t,w) = \frac{1}{2\pi} \iiint x\left(t + \frac{\tau}{2}\right) x^*\left(t - \frac{\tau}{2}\right) g(\xi,\tau) e^{-i(w\tau + \xi t - \xi u)} d\xi du d\tau \quad （4\text{-}90）$$

2. 模糊域的低通滤波与交叉项的减小

由式（4-91）可以得知，模糊函数是关于时延和多普勒频移的二维 Fourier 变换，瞬时相关函数关于时延的 Fourier 变换为 WVD。数学关系表达式如下：

$$\text{WVD}(t,w) = \frac{1}{2\pi} \iint \text{AF}(\tau,v) e^{-i(tv + w\tau)} dv d\tau \quad （4\text{-}91）$$

进一步推导可得 Cohen 类与模糊函数的关系为

$$\text{Cohen}(t,w) = \frac{1}{2\pi} \iint \text{AF}(\tau,v) \phi(\tau,v) e^{-i(tv + w\tau)} dv d\tau \quad （4\text{-}92）$$

Cohen 类可以看作信号在模糊域上的滤波。在模糊平面上，只有信号自项通过中心点，噪声则均匀分布。在 Cohen 类核函数的设计中，需要使核函数为模糊域上的二维低通函数，并且使得自项尽量保留，交叉项尽量滤除，这样可以增强对信号的时频分辨能力。

3. Radon 变换

Radon 变换是一种图形变换方法[19]，由 Radon 在 1917 年提出，此后在天文学、物理学等诸多领域都有应用[20]。经过众多学者的研究，将其由线性 Radon 变换推广到双曲线、抛物线等。切片投影定理证明了多维 Fourier 变换相当于 Radon 变换后的 Fourier 变换。

　　本节仅利用 Radon 变换来提取信号乘积高阶模糊函数的参数特征，使基于乘积高阶模糊函数设计的核函数逼近理想核函数[21]，具有更好的低通滤波效果。

　　Radon 变换的示意图如图 4-54 所示。

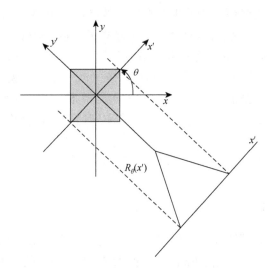

图 4-54　Radon 变换示意图

　　其定义为

$$R_\theta(x') = \int f(x'\cos\theta - y'\sin\theta, x'\sin\theta + y'\cos\theta)\mathrm{d}y' \tag{4-93}$$

$$\begin{bmatrix} x' \\ y' \end{bmatrix} = \begin{bmatrix} \cos\theta & \sin\theta \\ -\sin\theta & \cos\theta \end{bmatrix} \begin{bmatrix} x \\ y \end{bmatrix} \tag{4-94}$$

4.5.3　乘积高阶模糊函数与核函数的设计

　　在模糊域上多分量线性调频信号自项通过中心点，而交叉项不通过中心点。乘积高阶模糊函数对多分量信号的交叉项和噪声都有很好的抑制作用。PHAF 可以在模糊域上加强自项能量，减小交叉项和噪声。根据前面分析可知，Cohen 核函数是模糊域上的低通函数，其与自项的匹配近似度越高，对交叉项的抑制越有利，即 PHAF 可以作为核函数来抑制交叉项以及背景噪声。

　　仿真信号为含有两个不同斜率分量的多分量 LFM 信号，仿真信号不含噪声干扰，信号的模糊函数与 $L=4$（相乘次数）时的乘积高阶模糊函数如图 4-55 所示。

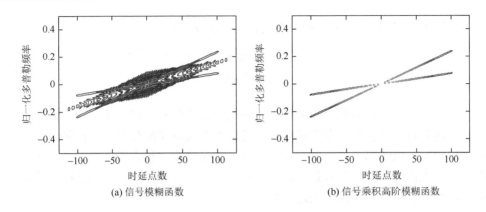

(a) 信号模糊函数　　　　　　　　　(b) 信号乘积高阶模糊函数

图 4-55　调频斜率不同的两分量信号

　　图 4-56 仿真的是含两个信号分量且调频斜率相同时,仿真信号的 AF 与 PHAF 图,取 SNR=0dB, $L=4$。

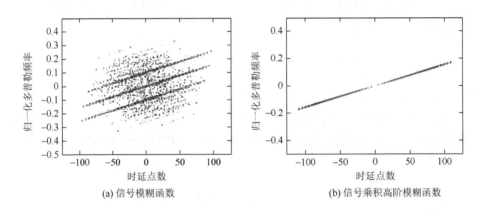

(a) 信号模糊函数　　　　　　　　　(b) 信号乘积高阶模糊函数

图 4-56　调频斜率相同的两分量信号

　　从仿真结果可知,PHAF 对多分量线性调频信号的交叉项和噪声均有抑制作用,可以作为 Cohen 类时频分布理想核函数的原型,指导设计出合理的核函数。

　　此后对 PHAF 进行 Radon 变换,找出调频斜率值。实际接收信号长度有限,其模糊函数不是理想的通过中心点的直线,在模糊域上有一定的展宽。虽然 PHAF 属于低通线性滤波器,但是其各处的低通系数不一致,需要根据具体的乘积高阶模糊函数来设计符合条件的 Cohen 类核函数。具体可以通过预设阈值 k,将过模糊平面中心点的自项以及到自项距离为 k 的区域保留,其余区域滤除。

设计 LFM 信号 PHAF 核时频分布的理想核函数[22]：

$$\phi(\tau, v) = \begin{cases} 1, & \text{PHAF所在区域} \\ 0, & \text{其余情况} \end{cases} \tag{4-95}$$

对于主动声呐发射的已知调频斜率的线性调频信号，求取接收信号的乘积高阶模糊函数是有必要的。在模糊域上设计低通滤波器滤除交叉项干扰时，需要尽量满足对交叉项的抑制以及对自项的保留，而对接收回波求得其乘积高阶模糊函数后，在模糊平面上可以获得自项所处的位置，从而指导设计得到的模糊域上的低通滤波器能够较好地满足上述原则。

4.5.4　多分量 LFM 信号理想核函数的时频分布

根据 LFM 信号模糊函数在模糊平面上是直线的特点，利用 PHAF 设计出核函数，利用 Radon 变换进一步滤除其核函数中的噪声与交叉项，构造逼近理想核函数的 Cohen 类时频分布核：

$$\text{TFR}(t, w) = \iint \text{AF}(\tau, v)\phi(\tau, v)e^{-i(tv+w\tau)}\,d\tau\,dv \tag{4-96}$$

式中，$\phi(\tau, v)$ 为上述所设计的理想核函数。

对含有三个分量的信号进行仿真，仿真采用 PHAF 核。三个分量中有两个分量的调频斜率一致，SNR=0dB，图 4-57 为其 AF 与 PHAF 的比对图。

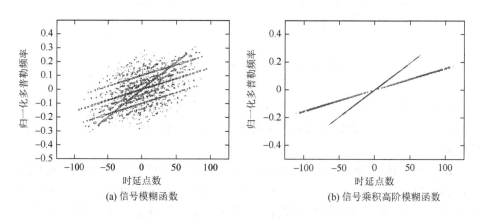

图 4-57　三个分量线性调频信号

出两者的对比发现，PHAF 减小了信号的交叉项。对 PHAF 进行 Radon 变换后，选择出接收到的信号的调频参数，设计核函数，其仿真结果如图 4-58 所示。

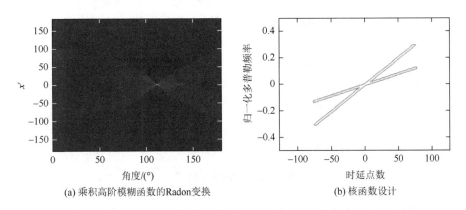

(a) 乘积高阶模糊函数的Radon变换　　　　　(b) 核函数设计

图 4-58　PHAF 仿真结果图

对滤波后的信号进行二维 Fourier 变换，得到信号的 WVD 与 PHAF 时频分布对比结果如图 4-59 所示。

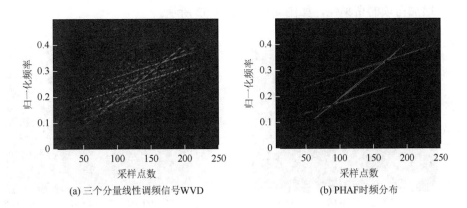

(a) 三个分量线性调频信号WVD　　　　　(b) PHAF时频分布

图 4-59　三个分量线性调频信号的 WVD 及 PHAF 时频分布

图 4-59 结果显示，PHAF 时频分布能够有效地滤除交叉项的干扰，对背景噪声也有很大程度的抑制。

4.5.5　实验数据处理

针对 2.5 节中的目标探测实验，本节选取一组入射角为 70°时的实验模型回波数据，观察回波信号的时域和频域特征，如图 4-60 所示。

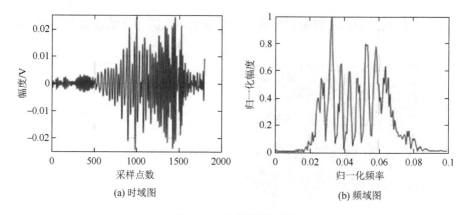

(a) 时域图　　　　　　　　　　　　(b) 频域图

图 4-60　实验模型回波

根据目标回波的时延估计结果,可以得到实验模型的几何亮点回波所在采样点序列,将其分离出来。宽带信号在频域和时域都混叠,不能区分开各几何亮点。由于模型各亮点在回波中的分布存在时延差,理论上在时频域上各亮点是分开的,截取出这一段信号后,对其在时频面上进行 WVD 分析和伪 WVD 分析,然后利用线性分析方法进行短时 Fourier 变换处理,同时对其短时 Fourier 变换谱图进行重排,增加自项的聚集性,如图 4-61 和图 4-62 所示。

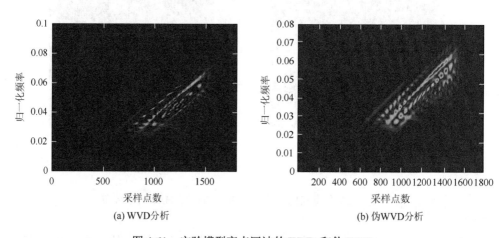

(a) WVD分析　　　　　　　　　　(b) 伪WVD分析

图 4-61　实验模型亮点回波的 WVD 和伪 WVD

由实验模型回波数据的 WVD 和伪 WVD 时频图可知,这两种方法由于亮点的交叉项干扰使得亮点自项不能很好地观测出来,对于短时 Fourier 变换和短时 Fourier 变换谱图重排,虽然谱图重排对自项的能量聚集效果明显,但是二者的时频分辨能力不能很好地分离出亮点,需要研究更好的时频表示方法,在时频面上提取各几何亮点。

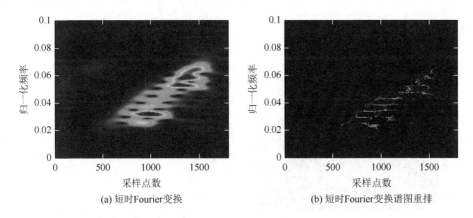

(a) 短时Fourier变换　　　　　　　　　　　(b) 短时Fourier变换谱图重排

图 4-62　实验模型亮点回波的短时 Fourier 变换及谱图重排结果

　　根据目标回波的线性调频特性，将 PHAF 作为 Cohen 类时频分布理想核函数的原型，指导设计出合理的核函数形式。首先根据实验模型目标回波数据，得到其模糊域图，由于线性调频信号在模糊域呈现一冲激直线，从图 4-63（a）中可以明显看出其交叉项的干扰严重，过原点的直线为亮点自项，其两旁直线均为交叉项干扰。由于乘积高阶模糊函数可以减弱交叉项，增强自项，实验数据处理选用三个延时切片对模糊函数处理得到三切片的乘积高阶模糊函数，从图 4-63（b）中可以看到乘积高阶模糊函数在模糊域上对交叉项的削弱效果，亮点交叉项基本滤除。

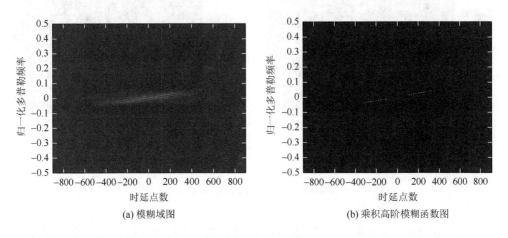

(a) 模糊域图　　　　　　　　　　　　(b) 乘积高阶模糊函数图

图 4-63　亮点回波

　　得到不含交叉项干扰的实验模型回波的乘积高阶模糊函数后，由 Radon 变换得到其调频信息，根据乘积高阶模糊函数在模糊域的形状特征，设计出相应的核函数，结果如图 4-64 所示。

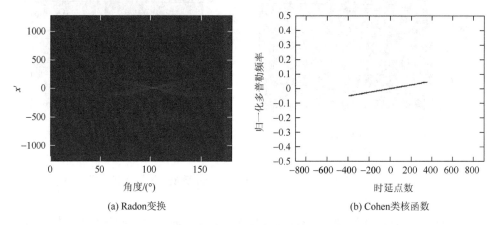

(a) Radon变换

(b) Cohen类核函数

图 4-64　目标亮点回波

用此核函数下的 Cohen 类时频分布对接收回波数据进行处理，对比原始的 WVD 时频图，结果如图 4-65 所示。

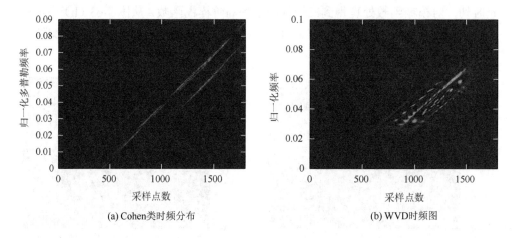

(a) Cohen类时频分布

(b) WVD时频图

图 4-65　亮点回波 PHAF 核函数

图 4-65（b）为实验目标回波的 WVD 时频图，几何亮点的自项和交叉项混杂在一起，难以区分出各几何亮点，对于乘积高阶模糊函数的 Cohen 类时频分布，图 4-65（b）中可以得到三个几何亮点回波，而亮点间的交叉项干扰基本去除。现选取入射角为 15°时的实验模型回波数据，同样用基于乘积高阶模糊函数的 Cohen 类时频分析方法对数据进行处理，结果如图 4-66～图 4-68 所示。

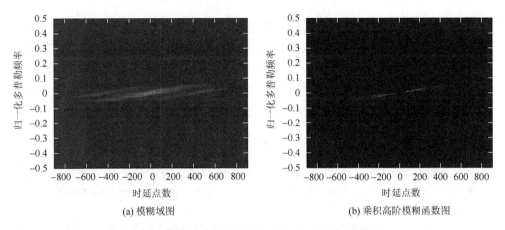

(a) 模糊域图　　　　　　　　　(b) 乘积高阶模糊函数图

图 4-66　亮点回波模糊域与乘积高阶模糊函数图

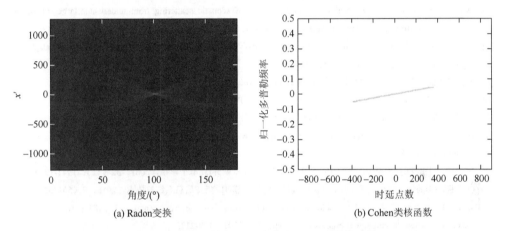

(a) Radon变换　　　　　　　　(b) Cohen类核函数

图 4-67　亮点回波 Radon 变换与 Cohen 类核函数

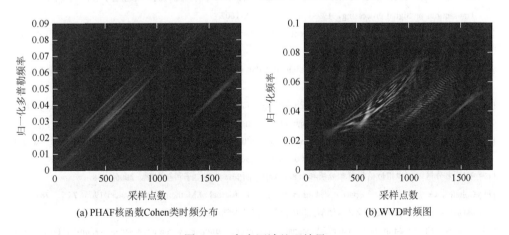

(a) PHAF核函数Cohen类时频分布　　　(b) WVD时频图

图 4-68　亮点回波处理结果

从入射角为15°时的实验模型回波数据处理结果得知，此角度下声散射体目标回波中的几何亮点分布结构与入射角为70°时声散射体目标回波中的几何亮点分布结构不同。同时，基于乘积高阶模糊函数的Cohen类时频分布同样可以滤除亮点间交叉项干扰。因此对线性调频发射信号而言，用乘积高阶模糊函数作为Cohen类分布的核函数原型，可以有效减小各亮点间的交叉项干扰。

参 考 文 献

[1] Ma N，Vray D，Delachartre P，et al. Time-frequency representation adapted to chirp signals：application to analysis of sphere scattering [C]. Proceedings of the 1994 Proceedings of IEEE Ultrasonics Symposium，Cannes， 1994：1139-1142.

[2] Yen N C，Dragonette L R，Numrich S K. Time-frequency analysis of acoustic scattering from elastic objects [J]. The Journal of the Acoustical Society of America，1990，87（6）：2359-2370.

[3] Wu Y，Li X，Wang Y. Extraction and classification of acoustic scattering from underwater target based on Wigner-Ville distribution[J]. Applied Acoustics，2018，138：52-59.

[4] Wu Y，Li X. Elimination of cross-terms in the Wigner-Ville distribution of multi-component LFM signals[J]. Iet Signal Processing，2017，11（6）：657-662.

[5] Serra J. Image Analysis and Mathematical Morphology-Volume I[M]. London：Academic Press， 1983：52-56.

[6] Dougherty E R . Image Algebra and Morphological Image Processing II[M]. London：SPIE，1990.

[7] 吴敏金.图象形态学[M].上海：上海科学技术文献出版社，1991：5-19.

[8] Barbarossa S . Analysis of Multicomponent LFM Signals by a Combined Wigner-Hough Transform[M]. Piscataway：IEEE Press，1995.

[9] 梁国龙，生雪莉.基于WVD-HT的宽带调频信号检测技术研究[J].电子学报，2001，32（12）：1941-1944.

[10] 徐天杨，李秀坤，吴蔚，等. 水下目标声散射角特征建模[J]. 指挥信息系统与技术，2016，7（5）：55-61.

[11] Jones D L，Parks T W. A high resolution data-adaptive time-frequency representation [J]. IEEE Transactions on Acoustics，Speech，and Signal Processing，1990，38（12）：2127-2135.

[12] Baraniuk R G，Jones D L. A signal-dependent time-frequency representation：Optimal kernel design[J]. IEEE Transactions on Signal Processing，1993，41（4）：1589-1602.

[13] Baraniuk R G，Jones D L. Signal-dependent time-frequency analysis using a radially Gaussian kernel[J]. Signal Processing，1993，32（3）：263-284.

[14] Woodward PM.Information theory and design of radar receivers[J].Proceedings of the IRE，1952，39（12）：1521-1524.

[15] Barbarossa S，Scaglione A，Giannakis G B. Product high-order ambiguity function for multicomponent polynomial-phase signal modeling[J]. IEEE Transactions on Signal Processing，1998，46（3）：691-708.

[16] Simeunović M，Djuro I. Parameter estimation of multicomponent 2d polynomial-phase signals using the 2D PHAF-based approach[J].IEEE Transactions on Signal Processing，2016，63（3）：771-782.

[17] 王璞.多分量多项式相位信号时频分析和参数估计[D].西安：西安电子科技大学，2006：1-8.

[18] Cohen L. Generalized phase-space distribution functions[J]. Journal of Mathematical Physics，1966，7（5）：781-786.

[19] 巩向博.高精度Radon变换及其应用研究[D].长春：吉林大学，2008：2-8.

[20] Chen W，Chen R.Multi-component LFM signal detection and parameter estimation based on Radon-HHT[J].Journal

of Systems Engineering and Electronics，2008，19（6）：1097-1101.

[21] Wood J C. Radon transformation of time-frequency distributions for analysis of multicomponent signal[J].IEEE Transactions on Signal Processing，1994，42（11）：3166-3171.

[22] 李英祥，肖先赐. 一种新的多线性调频信号时频表示[J]. 电子学报，2002，30（12）：1879-1882.

第5章　分数阶 Fourier 变换域水下目标声散射回波特性分析

作为一种广义的时频分析方法，分数阶 Fourier 变换（fractional Fourier transform，FRFT）适合处理具有线性调频特性的信号。在主动声呐目标探测识别中，线性调频信号是一种常用的发射信号，因而分数阶 Fourier 变换具有广泛的应用[1, 2]。在发射信号为线性调频信号的情况下，目标散射回波仍具有相似的线性调频特性，特别是镜反射回波信号，因此在分数阶 Fourier 变换域内，可以找到各个回波成分对应的最佳变换阶数[3]。利用最佳变换阶数下的结果进行参数估计，可以获得与匹配滤波相同的分辨能力[4]。相比于匹配滤波，在水声环境下，分数阶 Fourier 变换的阶数选取灵活，可以更好地匹配实际回波信号，具有较好的抗干扰能力[5, 6]。此外，分数阶 Fourier 变换具有逆变换，通过在某个阶数变换结果上的滤波，可以恢复出滤波后的时域信号，因而分数阶 Fourier 变换可以应用于水下目标散射回波的成分分离，恢复出在时频域混叠的不同散射回波成分的波形[7]。

5.1　分数阶 Fourier 变换

5.1.1　分数阶 Fourier 变换的定义

对于时域信号 $x(t)$，其 p 阶分数阶 Fourier 变换定义[8]为

$$X^P(u) = \int_{-\infty}^{\infty} x(t) K_p(u,t) \mathrm{d}t \tag{5-1}$$

式中，$K_p(u,t)$ 为分数阶 Fourier 变换的核函数，可表示为

$$K_p(u,t) = \begin{cases} A_\alpha \, \mathrm{e}^{\mathrm{i}\pi(u^2 \cot\alpha - 2ut\csc\alpha + t^2 \cot\alpha)}, & \alpha \neq n\pi \\ \delta(u-t), & \alpha = 2n\pi \\ \delta(u+t), & \alpha = (2n \pm 1)\pi \end{cases} \tag{5-2}$$

其中，$A_\alpha = \sqrt{1 - \mathrm{i}\cot\alpha}$；$\alpha = p\pi/2$，$p \neq 2n$，$n$ 是整数，p 为变换的阶次，α 为变换的旋转角度。当 α 从 $(-\pi, \pi]$ 连续变化时，FRFT 可以全方位地观察信号在时频平面内的状态；当 $\alpha = 2\pi$ 的整数倍时，变换结果为信号本身；当 $\alpha = \pi/2$ 时，FRFT 就是 Fourier 变换；当 $\alpha \in [0, \pi/2]$ 时，FRFT 显示信号从时域到频域的连续

变换过程。若以坐标旋转的角度看待 FRFT，当旋转后的坐标的横坐标与信号的时频分布线垂直时，信号能量最集中，在 FRFT 域内表现为一条冲激脉冲形式，此时的旋转角度对应的阶次 p 即为分数阶变换的最佳阶次[9]。

5.1.2　分数阶 Fourier 变换的相关性质

分数阶 Fourier 变换除具有 Fourier 变换的全部性质外，其本身也有很多独特的性质，下面给出分数阶 Fourier 变换的一些基本性质。

（1）线性叠加性质。

若以 $F^p(\cdot)$ 表示分数阶 Fourier 变换算子，则

$$F^p\left(\sum_n c_n x_n(t)\right) = \sum_n c_n F^p(x_n(t)) \tag{5-3}$$

式中，c_n 为常数。分数阶 Fourier 变换的线性性质可以解决 WVD 的非线性操作引入的交叉项问题。

（2）阶次叠加性质。

$$F^{p_1} F^{p_2} = F^{p_1 + p_2} \tag{5-4}$$

当对信号进行 p 阶分数阶变换后，可以在此基础上进行 $-p$ 阶变换恢复信号的时域形式。

（3）满足 Parseval 准则，即能量守恒性质。

$$\langle f(u), g(u)\rangle = \left\langle F^p(f(u)), F^p(g(u))\right\rangle \tag{5-5}$$

$$\int_{-\infty}^{\infty} |f(u)|^2 dt = \int_{-\infty}^{\infty} \left|F^p(f(u))\right|^2 du \tag{5-6}$$

（4）时移性质。

若信号 $f(t)$ 时移 τ 后的信号为 $f_1(t) = f(t-\tau)$，且 $F^p(f(t)) = F^p(u)$ 则

$$F^p(f_1(t)) = e^{i\pi\tau^2 \sin\alpha\cos\alpha} \ e^{-2i\pi u\tau \sin\alpha} \ F^p(u - \tau\cos\alpha) \tag{5-7}$$

通过时延表达式可以推算出时域混叠信号之间的时延关系。

（5）频移性质。

若信号 $f(t)$ 加上一定频移后的信号写为 $f_2(t) = e^{2i\pi\nu t} f(t)$，则

$$F^p(f_2(t)) = e^{-i\pi\nu^2 \sin\alpha\cos\alpha} \ e^{-2i\pi u\tau \cos\alpha} \ F^p(u - \tau\sin\alpha) \tag{5-8}$$

通过频移对应关系可以从分数阶 Fourier 变换域推算出信号的频移信息。

5.1.3 分数阶 Fourier 变换的数值计算

在实际应用中，任何一种性质的信号只有被转换成数字信号才能被计算机或处理器接受，分数阶 Fourier 变换也是在其有效的数值计算算法被提出后才在信号处理领域中得以实现应用。对于分数阶 Fourier 变换的数值计算方法，本节对目前使用比较广泛的采样型算法[10]进行介绍。

分数阶 Fourier 变换有别于 Fourier 变换在时频域独立的特点，它是介于时域与频域之间的变换，由于同时涉及时域与频域，没有一个统一的量纲，因此在进行离散化处理时需要进行量纲归一化。具体做法是引入尺度因子 S，并定义新的尺度化坐标：

$$x = t/S, \quad v = fS \tag{5-9}$$

式中，$S = \sqrt{T/f_s}$，T 为观测时间，f_s 为采样频率。据此归一化后的宽度 Δx 为

$$\Delta x = \sqrt{Tf_s} = \sqrt{N} \tag{5-10}$$

式中，N 为观测信号采样点数。量纲归一化后的信号相当于进行了尺度伸缩变换，如对于线性调频信号，量纲归一化后信号的调频斜率被改变，若原信号调频斜率为 k，则归一化后调频斜率为

$$k' = k\frac{T}{f_s} \tag{5-11}$$

对于量纲归一化后的信号 $x(t)$，首先将其进行插值处理，然后与离散的 LFM 信号 $y(t) = \mathrm{e}^{-\mathrm{i}\pi t^2 \tan\left(\frac{\alpha}{2}\right)}$ 进行乘积，将乘积后的信号利用快速 Fourier 变换运算与 $y(t)$ 进行卷积，最后对卷积所得的信号进行 2 倍抽取得到信号 $x(t)$ 的 N 点离散采样 $X_p\left(\dfrac{m}{\Delta x}\right)$。其中

$$X_p\left(\frac{m}{2\Delta x}\right) = \frac{A_\alpha}{2\Delta x} x\left(\frac{n}{2\Delta x}\right) \mathrm{e}^{\mathrm{i}\pi(\cot\alpha - \csc\alpha)\left(\frac{m}{2\Delta x}\right)^2} \cdot \mathrm{e}^{\mathrm{i}\pi(\cot\alpha - \csc\alpha)\left(\frac{n}{2\Delta x}\right)^2} \cdot \sum_{n=-N}^{N} \mathrm{e}^{\mathrm{i}\pi\csc\alpha\left(\frac{m-n}{2\Delta x}\right)^2}$$

$$-N \leqslant m \leqslant N$$

$$\tag{5-12}$$

对 $X_p\left(\dfrac{m}{2\Delta x}\right)$ 进行 2 倍抽取的结果即为采样间隔为 $1/\Delta x$ 的 $X_p\left(\dfrac{m}{\Delta x}\right)$。

5.2　目标几何声散射回波的分数阶 Fourier 变换

在发射线性调频脉冲信号时，目标回波中的各声散射分量仍具有线性调频性质，但由于幅度、相位的变化，声散射分量与线性调频脉冲信号间存在差异，经分数阶 Fourier 变换后也有所不同。分析几何声散射回波经分数阶 Fourier 变换后的特性可为将分数阶 Fourier 变换用于实际水下目标回波分析提供理论指导。

假设发射的 LFM 脉冲信号为

$$s(t) = \begin{cases} A_0\, \mathrm{e}^{2\mathrm{i}\pi f_0 t + \mathrm{i}\pi k t^2}, & t \in [0, T] \\ 0, & \text{其他} \end{cases} \tag{5-13}$$

式中，A_0 为信号幅度；f_0 为初始频率；k 为调频斜率；T 为信号长度。根据目标回波亮点模型，单个亮点的传递函数为

$$H(\boldsymbol{r}, \omega) = A(\boldsymbol{r}, \omega)\mathrm{e}^{\mathrm{i}\omega\tau}\mathrm{e}^{\mathrm{i}\varphi} \tag{5-14}$$

若发射信号为 $s(t)$，则其接收回波为

$$x_s(t) = s(t) * h(t) = \mathrm{FFT}^{-1}(S(\omega) \cdot H(\boldsymbol{r}, \omega)) \tag{5-15}$$

若目标含有 N 个声散射分量，则总的接收回波为

$$x(t) = \sum_{i=1}^{N} x_i(t) = \sum_{i=1}^{N} A_i(\boldsymbol{r}, \omega) x_i(t - \tau_i)\, \mathrm{e}^{\mathrm{i}\varphi_i} \tag{5-16}$$

式中，$A_i(\boldsymbol{r}, \omega)$、$\tau_i$ 和 φ_i 分别为第 i 个散射分量的幅度、时延及相位因子。

5.2.1　镜反射回波

对于如镜反射亮点一样，幅度因子与信号频率无关的几何声散射分量，选择旋转角度满足 $k = -\cot\alpha$，其最佳分数阶 Fourier 变换结果为

$$X_{ip}(u) = A_{ip}T\,\mathrm{e}^{\mathrm{i}\pi T(f_0 - k\tau_i - u\csc\alpha)} \cdot \mathrm{sinc}\,(\pi T(f_0 - k\tau_i - u\csc\alpha)) \tag{5-17}$$

式中

$$A_{ip} = A_0 A_i A_\alpha\, \mathrm{e}^{\mathrm{i}\varphi_i + \mathrm{i}\pi u^2 \cot\alpha}\, \mathrm{e}^{-\mathrm{i}\pi(k\tau_i^2 + 2u\tau_i\csc\alpha)} \tag{5-18}$$

即回波信号在其最佳分数阶 Fourier 变换域中为 sinc 函数形式，可以起到脉冲压缩的效果。幅度极大值及其位置、主瓣零点宽度分别为

$$
\begin{cases}
\left| X_{ip}(u) \right|_{\max} = \dfrac{A_0 A_i T}{\sqrt{|\sin\alpha|}} \\[2mm]
u_{i\max} = (f_0 - k\tau_i)\sin\alpha \\[2mm]
\Delta u_i = \dfrac{2}{T}\sin\alpha
\end{cases}
\tag{5-19}
$$

极大值位置与初始频率 f_0、调频斜率 k 以及时延因子 τ_i 有关；幅度极大值和主瓣零点宽度都与发射信号长度 T 及调频斜率 k 有关。对于不同的回波成分，幅度因子影响变换后的幅值大小，而时延因子的不同表现在脉冲位置的不同，在最佳分数阶 Fourier 变换结果中可以将脉冲位置和极大值作为反映回波特性的特征量。

当 $T \to \infty$ 时，变换结果为

$$
X_{ip}(u) = 2\pi A_0 A_i A_\alpha\, e^{i\varphi_i + i\pi u^2 \cot\alpha}
$$
$$
\cdot e^{-i\pi(k\tau_i^2 + 2u\tau_i \csc\alpha)} \delta(f_0 - k\tau_i - u\csc\alpha)
\tag{5-20}
$$

变成冲激函数形式，即在信号参数不变的情况下，增大信号长度，可以将回波信号压缩为窄脉冲的形式。在实际中，信号长度有限，会产生具有一定宽度的脉冲峰，这将会带来分辨能力的问题。

在最佳分数阶 Fourier 变换域之外，即 $k \neq -\cot\alpha$ 时，计算结果为

$$
X_{ip}(u) = \begin{cases}
A_{pn}((c(T_2) - c(T_1)) + i(s(T_2) - s(T_1))), & k + \cot\alpha > 0 \\[2mm]
A_{pn}((c(T_2) - c(T_1)) - i(s(T_2) - s(T_1))), & k + \cot\alpha < 0
\end{cases}
\tag{5-21}
$$

式中

$$
A_{pn} = \frac{A_0 A_i A_\alpha}{\sqrt{2|k + \cot\alpha|}} e^{i\varphi_i + i\pi\mu^2 \cot\alpha + i\pi(k\tau_i^2 - 2f_0\tau_i)} e^{-i\pi \frac{(f_0 - k\tau_i - \mu\csc\alpha)^2}{k + \cot\alpha}}
\tag{5-22}
$$

而

$$
\begin{cases}
c(t) = \displaystyle\int_0^t \cos\left(\dfrac{\pi}{2} z^2\right) dz \\[3mm]
s(t) = \displaystyle\int_0^t \sin\left(\dfrac{\pi}{2} z^2\right) dz
\end{cases}
\tag{5-23}
$$

为菲涅耳积分形式。另外

$$
\begin{cases}
T_1 = \sqrt{2|k + \cot\alpha|}\left(\tau_i + \dfrac{f_0 - k\tau_i - u\csc\alpha}{k + \cot\alpha}\right) \\[3mm]
T_2 = \sqrt{2|k + \cot\alpha|}\left(\tau_i + T + \dfrac{f_0 - k\tau_i - u\csc\alpha}{k + \cot\alpha}\right)
\end{cases}
\tag{5-24}
$$

对于式（5-21），$X_{ip}(u)$ 在 (p,u) 平面上关于 (p_0, u_0) 中心对称，其中，$p_0 = \alpha_0/(\pi/2)$，

$u_0 = (f_0 - k\tau_i)\sin\alpha_0$，而 $\alpha_0 = \operatorname{arccot} - k$。数值计算表明，式（5-21）在 u 域上接近于矩形分布，$\cot\alpha$ 与 $-k$ 相差越大，矩形的宽度越大，高度越小。即变换阶次与最佳阶次相距越大，其变换结果的极大值越小，在最佳分数阶 Fourier 变换域中极大值最大。因而可以在 (p, u) 平面上通过搜索最大值的方法确定最佳分数阶 Fourier 变换阶次。

5.2.2　棱角反射回波

不同于镜反射回波，棱角反射回波的幅度因子随信号频率变化而变化。以图 2-30 中的棱角 A 为例，其幅度因子为

$$A_1 = \sqrt{\frac{c}{2(f_0 + kt - k\tau_1)a}}\frac{1}{\sin^{3/2}\theta\cos\theta} \tag{5-25}$$

时延因子和相位因子分别为 τ_1 和 φ_1，最佳分数阶 Fourier 变换为

$$S_{p1}(u) = A_\alpha A_0 \sqrt{\frac{c}{2a}}\frac{1}{\sin^{3/2}\theta\cos\theta}e^{i\pi(u^2\cot\alpha - 2f_0\tau_1 + k\tau_1^2) + i\varphi_1}$$

$$\cdot \int_{\tau_1}^{\tau_1 + T}\frac{1}{\sqrt{f_0 + k(t - \tau_1)}}e^{2i\pi(f_0 - k\tau_1 - u\csc\alpha)t}\,dt \tag{5-26}$$

考虑式（5-26）中的积分项，令其为 S_I，再令 $z = \sqrt{f_0 + k(t - \tau_1)}$，则有

$$S_I = \int_{\sqrt{f_0}}^{\sqrt{f_0 + kT}}\frac{2}{k}e^{i\frac{2\pi}{k}(f_0 - k\tau_1 - u\csc\alpha)(z^2 + k\tau_1 - f_0)}\,dz \tag{5-27}$$

当 $u = (f_0 - k\tau_1)\sin\alpha$ 时，积分结果为 $2/k$；其他情况下，再次利用变量代换，可以得到积分结果为

$$S_I = \begin{cases} A_S((c(W_2) - c(W_1)) + i(s(W_2) - s(W_1))), & u > (f_0 - k\tau_1)\sin\alpha \\ A_S((c(W_2) - c(W_1)) - i(s(W_2) - s(W_1))), & u < (f_0 - k\tau_1)\sin\alpha \end{cases} \tag{5-28}$$

式中

$$\begin{cases} A_S = \dfrac{2}{k}e^{i\frac{2\pi}{k}(f_0 - k\tau_1 - u\csc\alpha)(k\tau_1 - f_0)} \\ W_1 = 2\sqrt{|f_0 - k\tau_1 - u\csc\alpha|/k}\sqrt{f_0} \\ W_2 = 2\sqrt{|f_0 - k\tau_1 - u\csc\alpha|/k}\sqrt{f_0 + kT} \end{cases} \tag{5-29}$$

受幅度因子的影响，这种类型的几何声散射回波分量在最佳分数阶 Fourier 变换域不再是冲激或者 sinc 函数形式，而是近似于矩形分布，矩形的宽度与发射信号的参数 f_0、k 及 T 有关。但与镜反射回波一样，在最佳分数阶 Fourier 变换域的极大值位置仍为 $u_1 = (f_0 - k\tau_1)\sin\alpha$。

　　从时频面投影的物理意义上看，声散射回波幅度上的变化导致信号能量在时频面上的分布与线性调频脉冲信号有所不同，但其分布仍然还是一条斜线段，因而在最佳分数阶 Fourier 变换域仍会形成一个峰，极大值的位置也相同；而在非最佳分数阶 Fourier 变换域，主峰会变宽，根据 Parseval 准则，其幅值会小于最佳变换域的极大值。图 5-1 为幅度因子变化的声散射回波信号在分数阶 Fourier 变换域上的分布，可以发现其与线性调频脉冲信号相似。也就是说，对于参数未知的棱角反射回波信号，仍然可以通过在 (p,u) 平面上搜索极大值的方法确定最佳分数阶 Fourier 变换阶次，进而在最佳分数阶 Fourier 变换域进行分析处理。

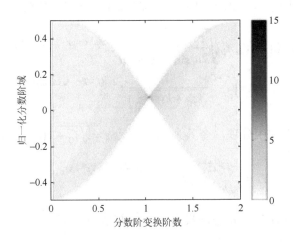

图 5-1　幅度变化的声散射回波信号的分数阶 Fourier 变换

　　对于含有多个声散射分量的回波信号，考虑到分数阶 Fourier 变换满足线性叠加性质，其变换结果为各个分量结果的叠加。图 5-2 为含有多个声散射分量的回波信号的分数阶 Fourier 变换仿真结果，其中各分量的幅度和时延因子不同。图 5-2 中，实线为利用极大值搜索得到的最佳分数阶 Fourier 变换域，在其之上每个散射分量形成对应的峰，因而在最佳变换域中可以根据峰的数目判断回波中所含的散射分量的个数。在最佳变换域之外，各分量相互干涉形成图中的条纹状分布。

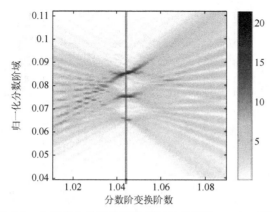

图 5-2　含有多个分量的回波信号的分数阶 Fourier 变换

在最佳分数阶 Fourier 变换域内，各声散射回波分量的时延因子与所形成的脉冲位置具有一定映射关系，通过获取极大值的位置可以计算各声散射回波分量的时延因子。对于图 2-30 所示的目标模型，可得到入射角变化时，在最佳分数阶 Fourier 变换中所形成的峰的变化特性，如表 5-1 所示，其反映了目标的几何尺寸及入射角的信息。

表 5-1　目标散射回波在分数阶 Fourier 变换域的变化特性

散射点	入射角范围	峰值点范围
棱角 A	$(0°,90°)\cup(90°,180°)$	$\left(f_0 - k\dfrac{L\cos\theta - 2R\sin\theta}{c}\right)\sin\alpha$
棱角 B	$(90°,180°)$	$\left(f_0 - k\dfrac{L\cos\theta + 2R\sin\theta}{c}\right)\sin\alpha$
棱角 D	$(0°,90°)\cup(90°,180°)$	$\left(f_0 + k\dfrac{L\cos\theta + 2R\sin\theta}{c}\right)\sin\alpha$
半侧柱面 E	$90°$	$\left(f_0 + k\dfrac{2R}{c}\right)\sin\alpha$
半球冠 F	$[0°,90°)$	$\left(f_0 + k\dfrac{L\cos\theta + 2R}{c}\right)\sin\alpha$
圆端面	$180°$	$\left(f_0 + k\dfrac{L}{c}\right)\sin\alpha$

当声波入射角变化时，时延量随之变化，在分数阶 Fourier 变换域会形成对应的变化曲线。在几何尺寸一定的情况下，仿真各个角度下的目标回波，通过分数阶 Fourier 变换可以得到时延-角度变化曲线，如图 5-3 所示。图 5-3 中仅仿真了各散射分量的时延因子的变化，并没有考虑幅度和相位因子。

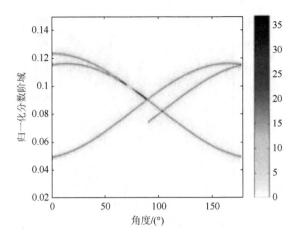

图 5-3　分数阶 Fourier 变换域中声散射分量随入射角的变化特性

5.3　声散射回波在离散分数阶 Fourier 变换域的分辨

数值计算时，受量纲归一化的影响，离散信号相对于原信号发生了尺度上的改变。分析离散分数阶 Fourier 变换域中声散射回波的特性，有助于促进实际应用。

5.3.1　离散分数阶 Fourier 变换域下散射回波的特性

量纲归一化会对分数阶 Fourier 变换结果产生影响。以第 i 个镜反射回波为例，在观测时间为 T_s 内长度为 T 的信号经过量纲归一化及两倍插值后为

$$x_i\left(\frac{n}{2\Delta x}\right)=\begin{cases}A_0A_i\exp(i\varphi_i)\mathrm{e}^{2i\pi f_0\left(\frac{nS}{2\Delta x}-\tau_i\right)+i\pi k\left(\frac{nS}{2\Delta x}-\tau_i\right)^2}, & n\in[N_1,N_2]\\0, & \text{其他}\end{cases}\quad(5\text{-}30)$$

式中，$N_1=\lceil 2f_sx\tau_i\rceil$；$N_2=\lfloor 2f_s(\tau_i+T)\rfloor$，$\lceil\cdot\rceil$ 和 $\lfloor\cdot\rfloor$ 分别表示向上和向下取整。将式（5-30）代入式（5-12）可得

$$X\left(\frac{m}{2\Delta x}\right)=\frac{A_0A_iA_\alpha}{2\Delta x}\mathrm{e}^{i\pi\gamma\left(\frac{m}{2\Delta x}\right)^2}\mathrm{e}^{i\varphi_i-i2\pi f_0\tau_i}$$

$$\cdot\sum_{n=N_1}^{N_2}\left(\mathrm{e}^{-i2\pi\beta\frac{mn}{(2\Delta x)^2}+i\pi\gamma\left(\frac{n}{2\Delta x}\right)^2}\mathrm{e}^{i2\pi f_0\frac{nS}{2\Delta x}+i\pi k\left(\frac{nS}{2\Delta x}-\tau_i\right)^2}\right)\quad(5\text{-}31)$$

令 $\gamma=-kS^2$，则可将式（5-31）计算并化简为

$$X_{ip}\left(\frac{m}{2\Delta x}\right) = \frac{A_0 A_i A_\alpha}{2\Delta x} e^{i\pi\gamma\left(\frac{m}{2\Delta x}\right)^2} e^{i\varphi_i - i2\pi f_0 \tau_i + i\pi k \tau_i^2}$$

$$\cdot e^{i\pi\left(-\frac{\beta m}{(2\Delta x)^2} + \frac{f_0 S}{2\Delta x} - \frac{kS\tau_i}{2\Delta x}\right)(N_1 + N_2)}$$

$$\cdot \sin\left(\pi\left(-\frac{\beta m}{(2\Delta x)^2} + \frac{f_0 S}{2\Delta x} - \frac{kS\tau_i}{2\Delta x}\right)(N_2 - N_1 + 1)\right)$$

$$\cdot \arcsin\left(\pi\left(-\frac{\beta m}{(2\Delta x)^2} + \frac{f_0 S}{2\Delta x} - \frac{kS\tau_i}{2\Delta x}\right)\right) \tag{5-32}$$

将该结果进行两倍抽取，并取模值，可得到声散射回波在离散分数阶 Fourier 变换域的分布为

$$\left|X_{ip}\left(\frac{m}{\Delta x}\right)\right| = \frac{A_0 A_i (N_2 - N_1 + 1)}{2\Delta x\sqrt{|\sin\alpha|}} \cdot \left|\sin\left(\pi\left(-\frac{\beta m}{(2\Delta x)^2} + \frac{f_0 S}{2\Delta x} - \frac{kS\tau_i}{2\Delta x}\right)(N_2 - N_1 + 1)\right)\right.$$

$$\left. \cdot (N_2 - N_1 + 1)^{-1} \cdot \arcsin\left(\pi\left(-\frac{\beta m}{(2\Delta x)^2} + \frac{f_0 S}{2\Delta x} - \frac{kS\tau_i}{2\Delta x}\right)\right)\right|$$

$$\tag{5-33}$$

这是 sinc 函数的离散形式，其极大值为

$$\left|X_{ip}\left(\frac{m}{\Delta x}\right)\right|_{\max} = \frac{A_0 A_i (N_2 - N_1 + 1)}{2\Delta x\sqrt{|\sin\alpha|}} \approx \frac{A_0 A_i 2 f_s T}{2\Delta x\sqrt{|\sin\alpha|}} = \frac{A_0 A_i \Delta x}{\sqrt{|\sin\alpha|}}\frac{T}{T_s} \tag{5-34}$$

式中，假定 $N_2 - N_1 + 1 \approx 2 f_s T$。极大值对应的位置为

$$\frac{m_i}{\Delta x} = (f_0 - k\tau_i)S\sin\alpha \tag{5-35}$$

零点宽度为

$$\frac{\Delta m}{\Delta x} = \frac{2S}{T}\sin\alpha \tag{5-36}$$

在离散分数阶 Fourier 变换域，每个声散射分量仍然表现为峰的形式，极大值位置与零点宽度和信号参数有关。在某些角度下，两个声散射分量间的时延差可能很小，受零点宽度的影响，会存在分辨能力受限的问题，讨论声散射分量在分数阶 Fourier 变换域的分辨能力具有很重要的意义。

在离散情况下，极大值位置与时延因子之间的映射关系为

$$\tau_i = \frac{f_0}{k} - \frac{m}{\Delta x}\frac{1}{kS\sin\alpha} \tag{5-37}$$

而映射到时间域后的零点宽度为

$$\Delta \tau_i = \frac{2}{B} \tag{5-38}$$

式中，B 为发射信号的带宽。从时域上看，分数阶 Fourier 变换能起到的脉冲压缩效果与匹配滤波器相同。此外，由式（5-38）可知，离散计算的精度为

$$\mathrm{d}\tau = \frac{1}{\sqrt{N}} \frac{1}{kS\sin\alpha} \tag{5-39}$$

其与观测时间长度有关。增加观测时间长度，可以提高计算精度。

5.3.2　仿真分析

对于棱角反射回波，难以给出具体分辨能力的解析表达式。通过仿真研究其在离散分数阶 Fourier 变换域中的计算精度和分辨能力，其中，计算精度取变换结果中相邻两点间的距离；分辨能力取最大值两侧分别下降到最大值的 $\sqrt{2}\,/\,2$ 倍后的两点间的距离，即半功率宽度。

首先仿真观测时间一定时信号长度对变换结果的影响。发射信号初始频率为 2kHz，采样频率为 100kHz，观测时间为 5ms。在调频斜率分别为 5、10 及 20（单位为 kHz/ms）时分别得到了信号长度为 0.1~5ms 下的计算精度和分辨能力，如图 5-4 所示。在调频斜率一定的情况下，随着信号长度的增加，信号带宽增大，因而分辨能力的数值呈下降趋势，即分辨能力提高。而在相同的时间长度下，调频斜率越大，分辨能力越高。计算精度与信号长度无关，因而没有变化。但受计算精度的影响，分辨能力会出现阶梯型变化。

接着仿真信号长度一定时观测时间长短对变换结果的影响。仿真信号长度为 2ms，观测时间范围为 2~5ms，其他参数与上述仿真相同，结果如图 5-5 所示。随着观测时间长度的增加，计算精度的数值变小，即所得到的精度提高。而对于分辨能力来说，其会随观测时间长度的变化总体上呈下降趋势，其中会有波动现象，波动范围为对应计算精度的大小。波动现象是由于主峰宽度不是计算精度的整数倍，采样后在主峰内会存在一个采样点的差异。

通过对图 5-4 和图 5-5 的分析可知，声散射回波在离散分数阶 Fourier 变换域的分辨能力实际上受发射信号带宽的影响，而与观测时间的长短无关。信号长度一定时通过增加调频斜率，或者调频斜率一定时通过增加信号长度，都可以提高分辨能力。但在实际声呐目标探测中，这些参数不能无限制地增加，还要综合考虑换能器的工作带宽及作用距离等因素。而对于计算精度，可以发现

其与观测时间有关,这是分数阶 Fourier 变换的离散计算方法所决定的。随着观测时间的增加,计算精度提高,也可以在一定程度上影响分辨能力,但不能从根本上突破分辨能力的限制。

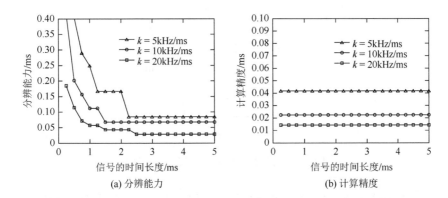

(a) 分辨能力　　　　　　　　　(b) 计算精度

图 5-4　相同观测时间下信号长度对分辨能力和计算精度的影响

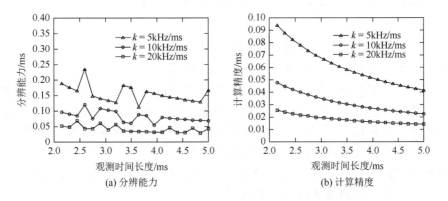

(a) 分辨能力　　　　　　　　　(b) 计算精度

图 5-5　相同信号长度下观测时间对分辨能力和计算精度的影响

5.3.3　实验数据处理

为研究目标的散射特性,在消声水池中利用主动声呐系统采集目标模型的散射回波信号。声呐采用收发合置换能器基阵,发射换能器发射不同参数的线性调频脉冲信号,接收换能器接收信号后送入数据采集器以文件形式保存。模型为球冠形圆柱体,固定在旋转装置上进行旋转,目标与换能器的一些特殊姿态如图 5-6 所示,分别对应 5 种声波入射条件。实验数据处理结果中,频率利用采样频率进行归一化,时延以数据点数表示。

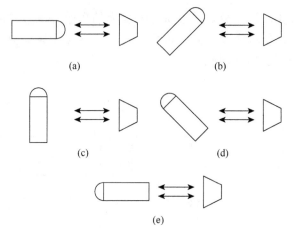

图 5-6　目标与换能器间的姿态示意图

取姿态（d）对应的目标回波数据，其时域波形、频谱分析、WVD 以及分数阶 Fourier 变换结果如图 5-7 所示。其中，按照发射信号的参数计算得到理论上最佳分数阶 Fourier 变换阶数为 1.0760，处理时阶数在 1～1.15 范围内以步长 0.00015 变化。从时域波形以及频谱分析结果中难以看出有关目标声散射分量的信息，而从 WVD 上可以看出若干时频分布线，但无法判断信号自项与交叉项，难以准确分析。从分数阶 Fourier 变换结果中，可以观察到三个明显的能量聚集区域，如图 5-7（d）所示，对应于三个声散射分量。相对于其他分析方法，分数阶 Fourier 变换能够较清晰地分析信号，对每个分量都能取得良好的分离效果。另外还可以看出，每个分量的极大值对应的横坐标不同，换言之，每个分量的最佳分数阶 Fourier 变换阶次不同。这说明在实际情况中，水下目标的各散射分量相对于发射信号会发生一些变化，分数阶 Fourier 变换有助于分析这些变化，提供更多的目标特征信息。

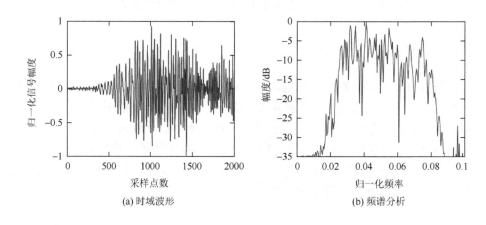

(a) 时域波形　　　　　　　　　　　　(b) 频谱分析

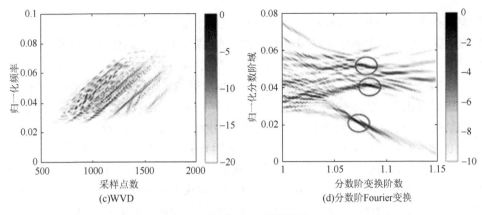

(c)WVD

(d)分数阶 Fourier 变换

图 5-7　水下目标回波数据处理

取图 5-6 中每种姿态对应的数据，分别利用匹配滤波器和分数阶 Fourier 变换进行处理，其中分数阶 Fourier 变换阶数的范围和步长与图 5-7 相同，通过搜索最大值确定最佳阶数，结果如图 5-8 所示。对于图 5-8（a）所示状态，仅有一个半球冠的镜面反射，理论上声散射回波的幅度恒定，从处理结果中可以看出两种方法都得到了一个明显的峰值，其位置一致。在图 5-8（b）的状态中，除半球冠的镜面反射外，还有两个棱角反射波，但因棱角反射波相对镜面反射波很小，在处理结果中仅能看到一个较大的峰值。图 5-8（c）和图 5-8（e）状态分别仅有一个圆柱面和端面的镜反射波，分别形成一个峰值。图 5-8（d）状态在声波所能到达

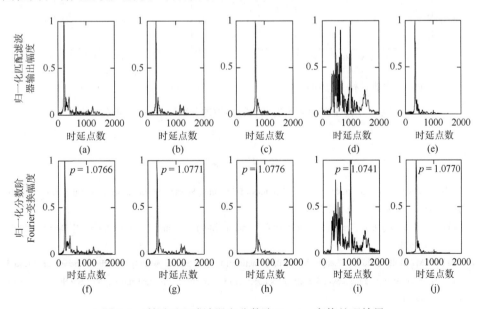

图 5-8　利用匹配滤波器和分数阶 Fourier 变换处理结果

的亮区存在三个棱角，故存在三个棱角反射波。但由于棱角反射波幅度较小，而且幅度随频率变化，图中每个峰相对镜反射回波较宽，而且容易受到干扰的影响。可以看出，分数阶 Fourier 变换具有和匹配滤波器相同的声散射回波分析效果，但分数阶 Fourier 变换的优势在于能够调节变换阶次以取得与实际信号相匹配的最佳效果。

　　下面对比不同发射信号参数的目标回波分数阶 Fourier 变换结果，讨论参数对处理结果的影响。图 5-9 中发射信号长度为 1000 采样点。图 5-9（a）中归一化带宽为 0.02～0.08，图 5-9（b）中归一化带宽为 0.05～0.08，利用分数阶 Fourier 变换域与时延的映射关系可以得到时间-角度信息。可以看出，前者在声散射分量随角度变化的表现上明显优于后者。图 5-9（a）中带宽较大，分辨能力较强，所形成的主峰较窄，因而在一些角度下对于相邻较近的声散射回波在图 5-9（a）中能够分辨出，而在图 5-9（b）中无法分辨。在图 5-9（a）中，可以明显地观察到声散射回波随角度的变化曲线，能够清楚地分析目标在不同声波入射角下的声散射回波特性。所以在实际水下目标探测时，为了获得较高的分类识别效果，可以在条件允许的情况下增大带宽，这样能在分析中获得较强的分辨能力。

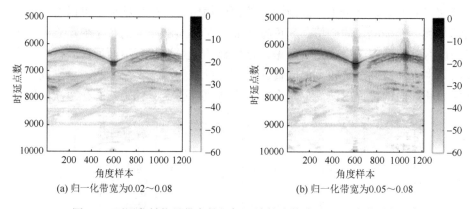

(a) 归一化带宽为0.02～0.08　　　　　　　　(b) 归一化带宽为0.05～0.08

图 5-9　不同发射信号带宽的目标回波的分数阶 Fourier 变换分析

参 考 文 献

[1] Jacob R，Thomas T，Unnikrishnan A. Applications of fractional Fourier transform in sonar signal processing [J]. IETE Journal of Research，2009，55（1）：16-27.

[2] Barbu M，Kaminsky E J，Trahan R E. Fractional Fourier transform for sonar signal processing [J]. Oceans，2005，1-3：1630-1635.

[3] Tant K M M，Mulholland A J，Langer M，et al. A fractional Fourier transform analysis of the scattering of ultrasonic waves [J]. Proceedings of the Royal Society of London A：Mathematical，Physical and Engineering Sciences，2015，471（2175）：1-15.

[4] Yu G，Yang T C，Piao S. Estimating the delay-Doppler of target echo in a high clutter underwater environment using

wideband linear chirp signals：Evaluation of performance with experimental data[J]. The Journal of the Acoustical Society of America，2017，142（4）：2047-2057.

[5]　李秀坤，孟祥夏，夏峙. 水下目标几何声散射回波在分数阶 Fourier 变换域中的特性[J]. 物理学报，2015，64（6）：064302.

[6]　Yu G，Piao S，Han X. FrFT based detection and delay time estimation of moving target in strong reverberation[J]. IET Radar，Sonar & Navigation，2017，11（9）：1367-1372.

[7]　Jia H，Li X，Meng X. Rigid and elastic acoustic scattering signal separation for underwater target [J]. The Journal of the Acoustical Society of America，2017，142（2）：653-665.

[8]　陶然，邓兵，王越.分数阶 Fourier 变换及其应用[M].北京：清华大学出版社，2009：13-19.

[9]　Liu F，Xu H，Tao R，et al. Research on resolution between multi-component LFM signals in the fractional Fourier domain[J].Science China Information Sciences，2012，55（6）：1301-1312.

[10]　Ozaktas H M，　Arikan O，Kutay M A，et al. Digital computation of the fractional Fourier transform[J].IEEE Transactions on Signal Processing，1996，44（9）：2141-2150.

第6章 水下目标多角度声散射特征

水下人工目标的几何形状通常不是完全对称的，目标的声散射传递函数随声波入射角的改变呈现空间变化的特性。并且在实际的水下目标探测过程中，声呐的搭载平台是运动的，目标受到声波照射时的声波入射角也是时变的。因此，基于单次目标回波信号进行的特征提取不能保证改变声波入射角后的普适性[1-3]。为了观察实际目标声散射随声波入射角的变化规律，美国相关学者提出了一种实验研究手段，称为结构声学鉴别[4,5]，该方法已经成为实验室条件下研究目标多角度声散射特征的一种重要实验研究手段。

对于圆柱壳结构的水下目标，在声呐接收端处较容易观察到的弹性声散射成分是由第一阶亚声速反对称 Lamb 波（A_{0-} 波）引起的中频增强回波（mid-frequency enhancement，MFE）。MFE 的频率与重复周期可以反映目标的物理特性，如目标的壳体直径与厚度等[6-10]。美国海军研究机构领导的水下未爆弹药（unexploded ordnance，UXO）探测项目就是研究不同弹药目标的 MFE 频谱特性差异提取特征[11]，进而识别目标。MFE 的频谱特征与声波入射角有关，UXO 探测项目通过测量数种炮弹目标在声波入射角连续变化下的声散射信号，分析各目标的 MFE 在角度-频率谱上干涉条纹的差异，并采用时频分析方法对 MFE 进行分析[12,13]，结果表明从目标声散射的角度-频率谱上提取特征识别形状相同但材质不同的圆柱形弹性目标模型是可行的。

受现有信号处理方法分辨率的限制，在实验中一般难以观察到清晰的目标弹性声散射成分信号。因此本章研究目标声散射成分信号分离处理方法，提取独立的目标弹性声散射成分，对目标回波中的弱几何声散射成分进行时延估计[14]，以获得较为完整的目标声散射成分时序结构。

6.1 目标声散射成分信号分离

6.1.1 目标回波解调频

根据目标回波亮点模型，决定目标回波信号中声散射成分信号特性的关键性参数有三个，分别是时延因子、幅频响应因子与相位跳变因子。这三个参数中，时延因子与幅频响应因子对获得目标声散射成分时序结构比较重要，而相位跳变因子需要根据目标局部形状计算，且对目标声散射成分的时域与频域特性基本没有影响，因此暂不考虑。几何声散射与弹性声散射虽然具有不同的幅频响应特性，但二者的频率调制特性基本一致，为简化分析，这两类声散射成分信号可以视为一个线性调频信号的不同时延复制。忽略目标声散射成分的幅频响应特性与相位跳变，只考虑各个声散射成分的时延，此时目标回波信号中，单个声散射的时域冲激响应可以简化表示为

$$h_i[n] = \delta[n - \tau_i] \tag{6-1}$$

设主动声呐发射信号为线性调频脉冲，调频范围为 $f_0 \sim f_1$，脉冲宽度为 N 个采样点，则其调频斜率为 $k = (f_0 - f_1)/N$，发射信号可以表示为

$$s[n] = e^{2i\pi(f_0 + 0.5kn)n} \tag{6-2}$$

则单个目标声散射成分的信号形式为

$$\begin{aligned} x_i[n] &= s[n] * h_i[n] \\ &= e^{2i\pi f_0(n-\tau_i) + i\pi k(n-\tau_i)^2} \end{aligned} \tag{6-3}$$

解调频是采用一个时间固定，而频率、调频斜率与待处理信号相同的 LFM 信号作为参考信号，用它与回波信号进行差频处理。设在目标与声呐接收端之间存在一个与声呐接收端距离为 R_{ref} 的参考点，对应的双程时延为 $T_{\text{ref}} = 2R_{\text{ref}}/c$。将发射信号在该参考点处的时延复制作为参考信号，其信号形式记为

$$s_{\text{ref}}[n] = e^{2i\pi f_0(n-\tau_{\text{ref}}) + i\pi k(n-\tau_{\text{ref}})^2} \tag{6-4}$$

将式（6-3）与式（6-4）进行共轭相乘，回波信号的差频处理结果为

$$\begin{aligned} y_i[n] &= s_{\text{ref}}[n] \cdot x_i^*[n] \\ &= e^{2i\pi kn(\tau_i - \tau_{\text{ref}})} e^{i\pi k(\tau_{\text{ref}}^2 - \tau_i^2)} e^{2i\pi f_0(\tau_i - \tau_{\text{ref}})} \end{aligned} \tag{6-5}$$

回波信号经过差频处理后，变为一个频率与时延成正比的单频信号。为便于计算，在信号处理时令参考点处于观察窗 0 点，则式（6-5）中 $\tau_{\text{ref}} = 0$，τ_i 代表目标声散射成分到参考点的时延，式（6-5）改写为

$$y_i[n] = e^{2i\pi k\tau_i n} e^{2i\pi(f_0\tau_i - 0.5k\tau_i^2)} \tag{6-6}$$

由式（6-6）可知，单个目标声散射成分的时延与其解调频后得到的单频信号频率具有明确的线性对应关系，为

$$f_i = k\tau_i = 2kR_i/c \tag{6-7}$$

式中，R_i 为目标声散射成分相对参考点的距离。进一步推广结果，一个线性调频信号的多个不同时延复制经过解调频后得到的结果为一组不同频率的单频信号，对解调频后结果加以窄带带通滤波，可实现对目标回波中各声散射信号成分的分离。

6.1.2 仿真分析

根据目标声散射理论，目标几何声散射与弹性声散射具有不同的幅频响应特

性。虽然各种声散射成分具体的幅频响应细节需要通过数值计算方法得到，但总体上，目标几何声散射的幅频响应可以覆盖整个发射信号频段，而弹性声散射的幅频响应只存在于某一个特殊的并较窄的范围内。对于 A_{0-} 波，其幅频响应的包络主要集中在发射信号频段的中高频范围内，在进行信号仿真时需要考虑这个问题。

　　仿真主动声呐发射信号为 LFM 脉冲，归一化频率范围为 0.02～0.08，脉冲宽度为 1000 个采样点。在这种情况下，单个目标几何声散射的时域波形与频谱如图 6-1 所示，单个弹性声散射的频谱如图 6-2 所示。

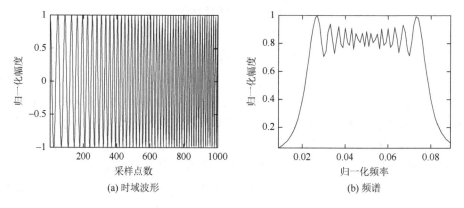

(a) 时域波形　　　　　　　　　　　(b) 频谱

图 6-1　单个仿真目标几何声散射

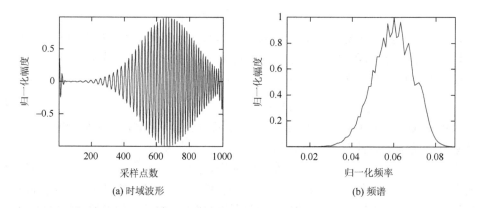

(a) 时域波形　　　　　　　　　　　(b) 频谱

图 6-2　单个仿真目标弹性声散射

　　仿真目标回波中包含两个几何声散射成分与两个弹性声散射成分，这四个声散射成分的时延分别为 300 点、600 点、900 点与 1100 点，时域波形与频谱如图 6-3 所示。

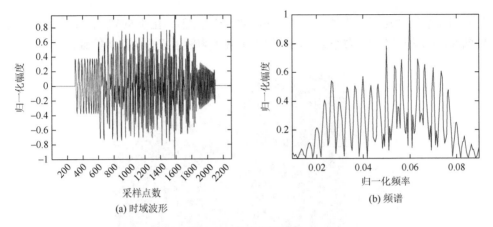

(a) 时域波形　　　　　　　　　(b) 频谱

图 6-3　仿真目标回波

仿真结果显示，单纯从时域波形或频谱上无法辨识仿真目标回波信号中的各个声散射成分，尤其在频域上，各个声散射成分在时间上存在不同的延迟，出现相位干涉现象，频谱包络不是连续平滑的。

以仿真发射信号作为参考信号对仿真目标回波信号进行匹配滤波，其结果如图 6-4 所示。

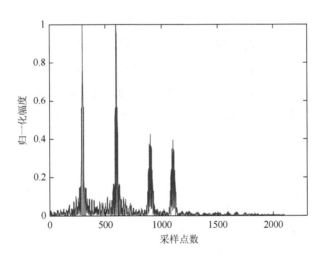

图 6-4　仿真目标回波信号的匹配滤波

在无混响与环境噪声的干扰，并且目标声散射信号的调频特性与发射信号一致的情况下，目标回波信号的匹配滤波结果中可以观察到目标声散射成分的匹配峰，且弹性声散射成分的匹配峰要低于几何声散射成分。采用 WVD 获得仿真目标回波信号的时频分布，结果如图 6-5 所示。根据声散射成分的频率分布范围，可以判断出该目标回波中包含几何声散射成分与弹性声散射成分,但是由于 WVD 存在固有的交叉项问题,无法从时频分布结果中准确辨识出各类声散射成分的具体数量。

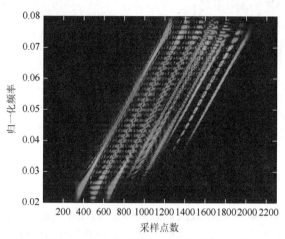

图 6-5　仿真目标回波信号的时频分布

根据式(6-7),四个仿真声散射成分经过解调频处理后得到的单频信号频率分别为

$$
\begin{aligned}
f_1 &= k\tau_1 = 6\times10^{-5}\times300 = 0.018 \\
f_2 &= k\tau_2 = 6\times10^{-5}\times600 = 0.036 \\
f_3 &= k\tau_3 = 6\times10^{-5}\times900 = 0.054 \\
f_4 &= k\tau_4 = 6\times10^{-5}\times1100 = 0.066
\end{aligned}
\tag{6-8}
$$

目标回波信号经过解调频处理后,其频谱如图 6-6 所示。

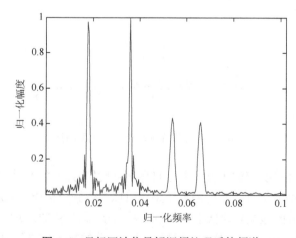

图 6-6　目标回波信号解调频处理后的频谱

忽略精度误差，图 6-6 中仿真的目标声散射成分解调频后的单频信号的频率与式（6-8）的计算结果基本一致。根据这四个频点设计窄带滤波器并进行滤波分离各个声散射成分，分离出的四个声散射成分的时域波形与频谱如图 6-7 与图 6-8 所示。

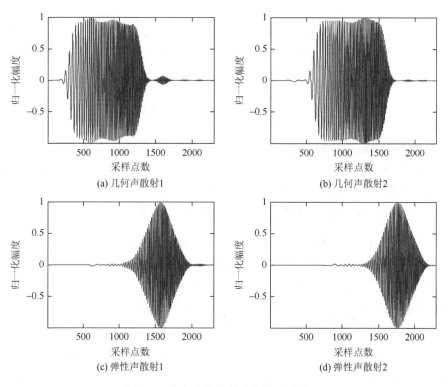

图 6-7　分离出声散射成分的时域波形

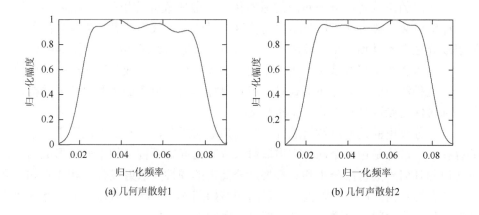

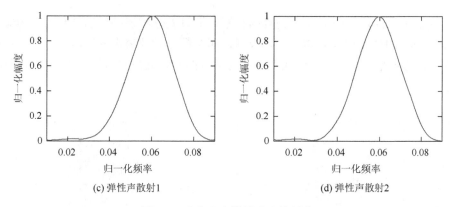

(c) 弹性声散射1　　　　　　　　　　　(d) 弹性声散射2

图 6-8　分离出声散射成分的频谱

　　将分离出声散射的时域波形（图 6-7）、频谱（图 6-8）与仿真目标声散射信号的时域波形（图 6-1）、频谱（图 6-2）相比较，可以发现，分离出的声散射成分在波形与频谱特性上基本与仿真声散射成分一致。

　　计算分离出的声散射成分与原始仿真声散射成分的相关系数，结果如表 6-1 所示。

表 6-1　分离出的声散射成分与原始声散射成分的相关系数

声散射成分	相关系数
几何声散射 1	0.9933
几何声散射 2	0.9938
弹性声散射 1	0.9940
弹性声散射 2	0.9939

　　分离出的声散射成分与对应的原始仿真声散射成分的相关系数都在 0.99 以上，即解调频分离方法可以基本保留仿真信号的全部波形信息。提取分离各个声散射成分独立的时频分布并叠加后，总的仿真目标回波时频分布如图 6-9 所示。

　　从图 6-9 中可以很清楚地辨识出两个仿真几何声散射成分与两个弹性声散射成分，这种清晰的时频分布形式对于识别目标回波中包含的声散射成分结构，判断目标属性与参数具有十分重要的意义。

　　单个分离出的几何声散射成分或弹性声散射成分，其频谱上观察不到干涉峰的存在。干涉峰是由多个同种类声散射成分时延间隔不同，相干叠加形成的。将分离出的几何声散射成分 1 和 2 叠加，分离出的弹性声散射成分 1 和 2 叠加，合成后的目标几何声散射与弹性声散射的频谱如图 6-10 所示。合成后的目标几何声散射与弹性声散射的频谱上具有与理论一致的干涉现象。

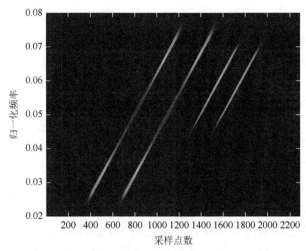

图 6-9　仿真目标回波经过声散射分离处理后的时频分布

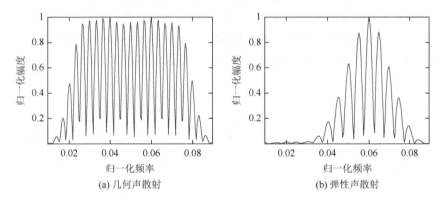

(a) 几何声散射　　　　　　　　　　　　　(b) 弹性声散射

图 6-10　分离出的声散射成分的频谱

6.2　目标几何声散射时延估计

6.2.1　时延的谱估计方法

目标声散射成分经过解调频处理后得到的单频信号频率与原始声散射成分的时延间有线性对应关系，对式（6-6）进行 Fourier 变换，根据频谱上谱峰的位置和式（6-7），可以得到原始目标声散射成分的时延。此时时延估计的分辨率受单频信号频域分辨率的影响，根据 Fourier 变换理论，单频信号的频率分辨率 Δf 取决于信号的有效长度 N 以及采样频率 f_s：

$$\Delta f = f_s / N \tag{6-9}$$

因此，对式（6-6）进行 Fourier 变换可以分辨的几何亮点间最小时延间隔为

$$\Delta \tau = \Delta f / k = f_s / (kN) = 1 / B \qquad (6-10)$$

式中，B 为声呐发射信号带宽。线性调频信号的常规时延估计是匹配滤波，而根据匹配滤波器理论，线性调频信号的匹配滤波输出主瓣宽度为 $1/B$，与式（6-10）相等，说明基于 Fourier 变换的常规谱估计方法与匹配滤波对目标几何亮点的时延分辨率是一致的。与 Fourier 变换相比，现代谱估计方法的一个优势是在信噪比满足一定条件时，可以实现对信号频率的超分辨，获得比 Fourier 变换更高的频率分辨性能，代表性方法有自回归移动平均（auto-regressive moving-average，ARMA）方法、多重信号分类（multiple signal classification，MUSIC）方法、基于旋转不变技术的信号参数估计（estimating signal parameter rotational invariant technology，ESPRIT）方法等。

设主动声呐发射线性调频信号的调频范围为 0.02~0.08，脉冲宽度为 1000 个采样点。根据前面的分析，匹配滤波与常规谱估计方法的时延分辨率大约为 17 个采样点。仿真包含两个几何亮点的目标回波信号，设两个亮点间时延间隔为理论最小时延分辨间隔的 1.5 倍，第一个几何亮点相对参考点的时延为 200 个采样点，第二个几何亮点相对参考点的时延为 223 个采样点。仿真目标回波信号的匹配滤波、时延常规谱估计与时延高分辨谱估计结果如图 6-11 所示。

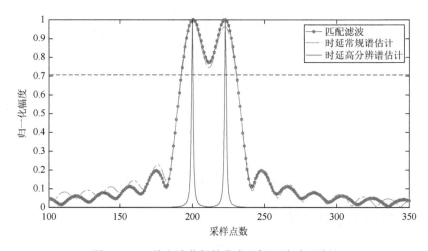

图 6-11 三种方法获得的仿真目标回波时延估计

从图 6-11 中可见，匹配滤波与常规谱估计方法对目标几何亮点的时延估计结果基本一致，二者都具有较宽的主瓣以及较高的旁瓣干扰，在半功率点以上才能分辨两个亮点的谱峰，在实际存在混响与环境噪声的情况下会进一步降低对几何亮点时延的分辨性能。而时延高分辨谱估计方法不仅可以获得极高的时延分辨率，并且不存在旁瓣干扰，理论上可以提高对目标几何亮点时延的估计性能。

对于目标表面产生的各种类型的几何亮点，除球面散射亮点以外，其他类型几何亮点的散射强度均与声波入射角有关，因此在目标回波中各个几何亮点的强度并不一致，强几何亮点会影响对弱几何亮点的识别与分析，导致无法获得完整的目标几何亮点时延结构。针对这个问题，本节提出目标几何亮点的"分离-高分辨"处理方法，在式（6-6）的基础上，通过窄带滤波逐一分离出目标回波中的各个几何亮点，然后采用时延高分辨谱估计对分离出的各个几何亮点进行时延估计。完整的信号处理流程如图 6-12 所示。

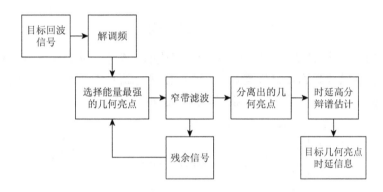

图 6-12　目标回波"分离-高分辨"处理流程

6.2.2　仿真分析

仿真包含三个几何亮点的目标回波信号，单个亮点归一化频率范围为 0.02～0.08，脉冲宽度为 1000 个采样点，三个亮点相对参考点时延分别为 200 点、600 点与 1000 点，分别乘以幅度系数 1、0.4 与 0.1。仿真目标回波信号的时域波形、时延常规谱估计与时频分布如图 6-13 所示。

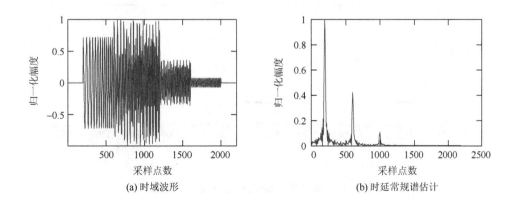

(a) 时域波形　　　　　　　　　(b) 时延常规谱估计

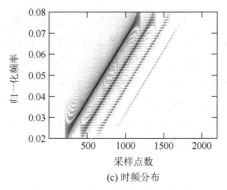

(c) 时频分布

图 6-13　仿真三亮点目标回波信号

图 6-13 仿真结果显示，即使在无杂波干扰的情况下，从时延常规谱估计与时频分布上也难以观察到弱目标亮点。按图 6-12 所示流程对仿真目标回波信号进行处理，目标回波中各声散射成分逐一分离过程如图 6-14 所示。

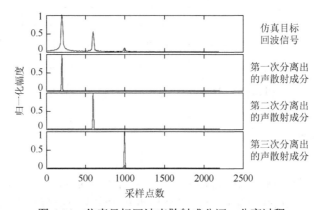

图 6-14　仿真目标回波声散射成分逐一分离过程

将分离出的声散射成分合成在一起，得到的目标时延估计与时频分布如图 6-15

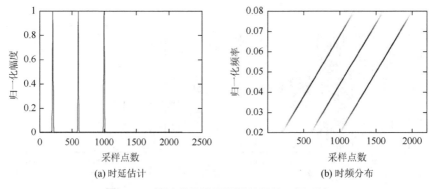

(a) 时延估计　　　　　　　　　　　　　　(b) 时频分布

图 6-15　经过高分辨解调频处理的目标回波

所示。仿真目标回波信号经过高分辨解调频处理后,弱目标亮点得到了突出,目标回波中各亮点的时延被识别出来,可以准确地判断目标的几何声散射结构。

6.3 实验数据处理

6.3.1 目标回波结构分析

目标的声散射结构是近似左右对称的,为简化分析过程中的工作量,选择声波入射角在 90°~135°的部分目标回波数据进行分析,其角度-距离图与角度-频率谱如图 6-16 所示。

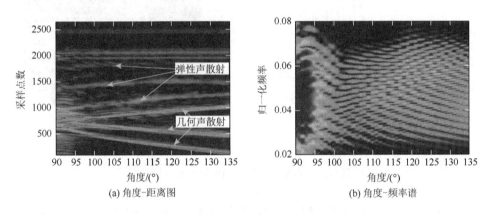

(a) 角度-距离图　　　　　　　　(b) 角度-频率谱

图 6-16　90°~135°内的目标回波信号

在 90°~135°的声波入射角范围内可以观察到六个声散射成分,根据声散射成分的时延随角度的变化规律,可以判断其中有三个几何声散射与三个弹性声散射,如图 6-16(a)所示。在第三个弹性声散射成分上面有一个声程比较稳定的回波成分,判断可能为水池池壁的散射。从图 6-16(a)可知,由于线性调频信号的脉冲压缩效应,在目标回波的角度-距离图上可以分辨出几何声散射与弹性声散射,但相邻声散射成分的时延差小于发射信号脉冲宽度,无法从时域上分离各声散射成分。

图 6-16(b)所示的目标回波的角度-频率谱上可以观察到主要是倾斜方向为从左上到右下的几何干涉条纹,但在中高频范围可以观察到叠加了另外一种倾斜方向的干涉条纹。选择声波入射角为 110°时的目标回波数据进行处理,该段数据的时域波形、匹配滤波、频谱与时频分布如图 6-17 所示。

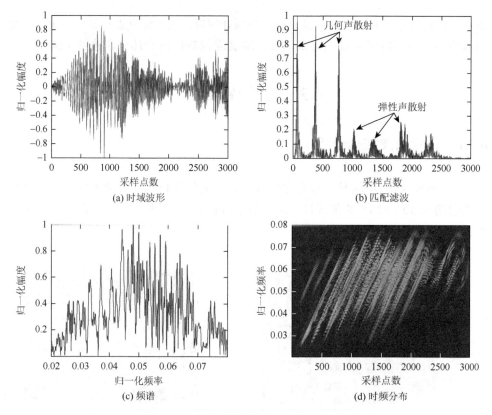

图 6-17　声波入射角为 110°时的目标回波

从图 6-17（b）中可以观察到 6 个目标声散射成分匹配形成的峰，根据图 6-17（a）中各种声散射成分时延随声波入射角的变化规律，可以判断出这 6 个峰所对应的声散射成分中，前三个属于几何声散射，后三个属于弹性声散射。但是由于声散射成分之间的混叠，在图 6-17（c）与图 6-17（d）中无法观察到弹性声散射成分应该具有的中频增强效应。

对该目标回波信号进行解调频并作出频谱图，结果如图 6-18 所示。

分别以归一化频点 0.01、0.026、0.042、0.056、0.078 以及 0.108 为中心设计带通滤波器，滤波后的各个声散射成分的时域波形、频谱与时频分布如图 6-19 所示。

图 6-19 处理结果显示，目标声散射成分 1、2、3 的波形包络要比声散射成分 4、5、6 的波形包络宽。声散射成分 4、5、6 在频域上的分布比较集中，并且主要分布在中高频范围中。从时频分布上也能验证这一点，声散射成分 1、2、3 的时频分布较为完整、清晰，而声散射成分 4、5、6 的时频分布基本上只有中高频范围的一段。这种现象与目标弹性声散射成分中 $A_{0\_}$ 波的中频增强效应是基本吻合的。

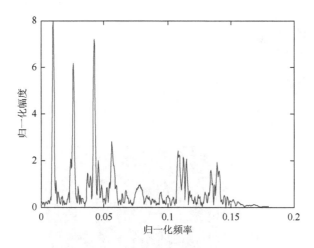

图 6-18　110°目标回波解调频后的频谱图

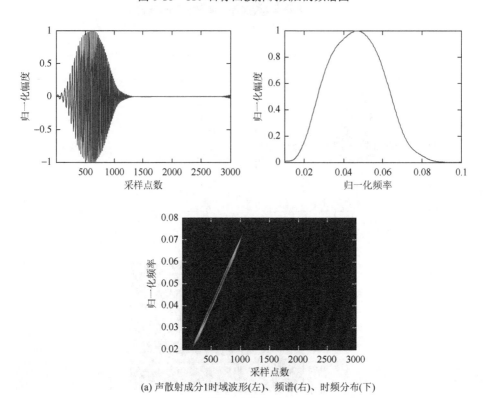

(a) 声散射成分1时域波形(左)、频谱(右)、时频分布(下)

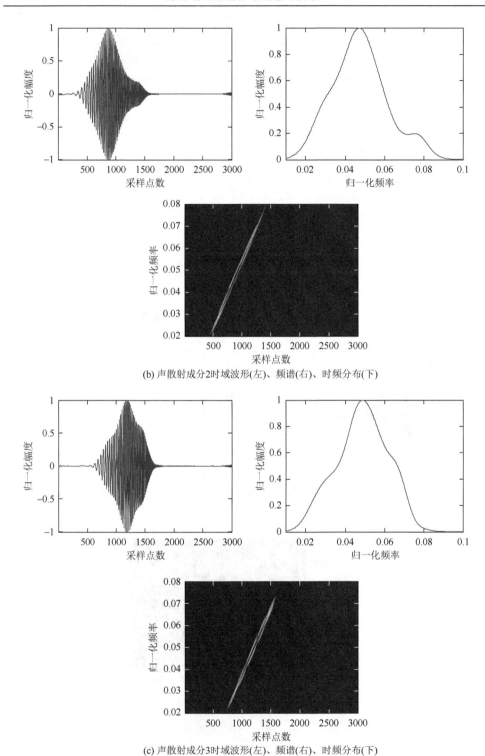

(b) 声散射成分2时域波形(左)、频谱(右)、时频分布(下)

(c) 声散射成分3时域波形(左)、频谱(右)、时频分布(下)

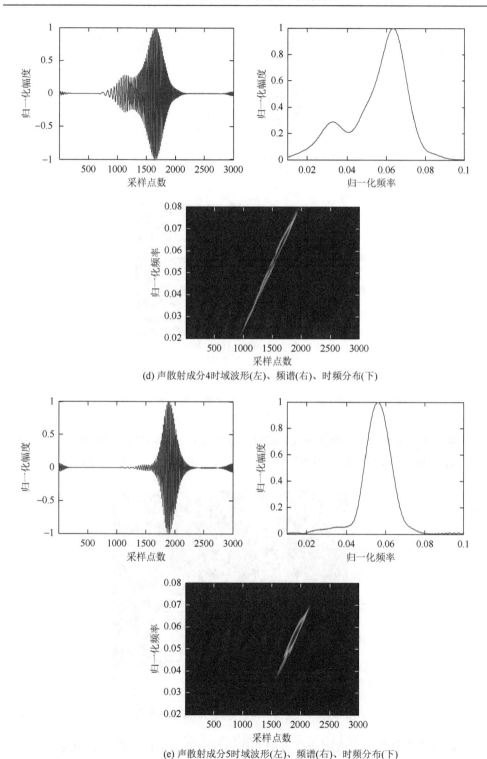

(d) 声散射成分4时域波形(左)、频谱(右)、时频分布(下)

(e) 声散射成分5时域波形(左)、频谱(右)、时频分布(下)

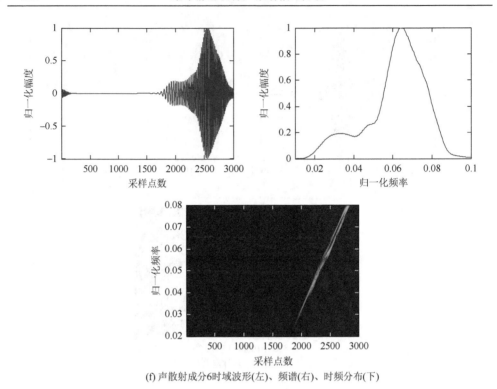

(f) 声散射成分6时域波形(左)、频谱(右)、时频分布(下)

图 6-19 分离后目标声散射成分的时域波形、频谱与时频分布

将以上分离出的 6 个声散射成分的时频分布叠加，结果如图 6-20 所示，此时可以清楚地识别出目标回波信号中所包含的各类声散射成分的数目、时频分布与时序结构。

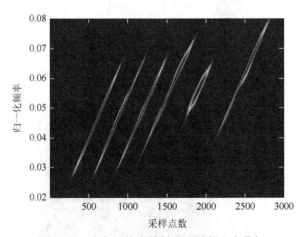

图 6-20 分离出的声散射成分时频分布叠加

将分离出的弹性声散射成分叠加并作出频谱图，结果如图 6-21 所示。

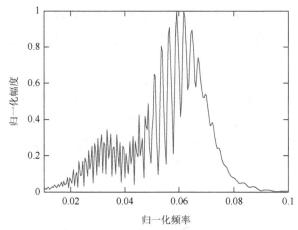

图 6-21　分离出的弹性声散射成分叠加后的频谱图

　　分离出的三个弹性声散射成分叠加并进行 Fourier 变换后，其频谱上具有中频增强效应的特征以及一系列明显的干涉峰。采用相同的处理方法对声波入射角 90°～135°内的所有目标回波数据进行处理，可以获得纯的目标弹性声散射的角度-距离图与角度-频率谱，如图 6-22 所示。

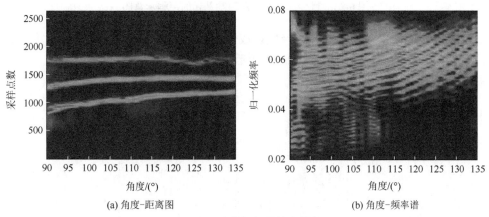

(a) 角度-距离图　　　　　　　　　　　　(b) 角度-频率谱

图 6-22　纯的目标弹性声散射

　　经过分离方法处理后，可以清楚地观察到目标弹性声散射成分时延随声波入射角的变化规律，并且在角度-频率谱上可以观察到清晰的碗型干涉条纹，与目标弹性声散射的理论角度-频率谱分布特性相一致。

6.3.2　目标声散射时延估计

　　通过几何声散射成分时延可以对目标几何形状进行估计，其关键是获得目标回波中全部几何声散射成分的时延信息。本节以 110° 目标回波为例进行研究。110° 目标回波信号中可以直接观察到六个声散射成分，分别是三个几何声散射成分和三个弹性声散射成分。但根据实验条件，此时应该有四个几何声散射成分，分别是目标模型头部散射、目标尾部棱角散射与两根吊绳的散射。各个几何声散射成分距声呐基元的声程示意图如图 6-23 所示，其中声呐基元距目标模型中心点的距离 L_0 已知，约为 10.5m。按从左至右的顺序，声呐基元距目标模型头部、第一根吊绳、第二根吊绳以及目标尾部棱角的距离分别记为 L_1、L_2、L_3 与 L_4，根据简单的几何关系计算，$L_0 \sim L_4$ 的大小关系为 $L_1 < L_2 < L_0 < L_4 < L_3$。

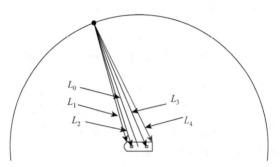

图 6-23　目标几何亮点距声呐基元的声程示意图

从目标回波信号中去除弹性声散射成分，只保留几何声散射成分，计算它们距离声呐基元的声程，结果如图 6-24 所示。

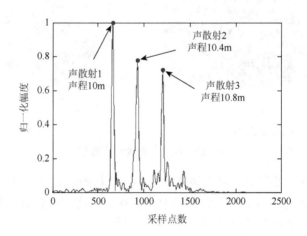

图 6-24　110° 目标回波中几何声散射距声呐基元的声程

根据几何声散射成分声程的计算结果，声散射 1、声散射 2 与声散射 3 分别对应图 6-23 中的 L_1、L_2 与 L_3，目标尾部棱角散射的 L_4 由于能量较弱，无法在目标回波信号的时延常规谱估计结果中观察到。继续将上述三个几何声散射成分从目标回波信号中去除，观察剩余信号成分。剩余信号的匹配滤波结果如图 6-25 所示。

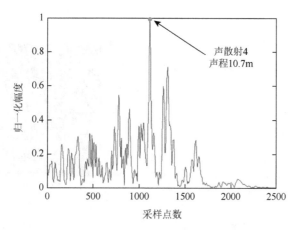

图 6-25　处理后剩余信号的匹配滤波结果

当抑制了能量较强的几何声散射后，突出了原本能量较弱的几何声散射，其声程测量结果为 10.7m，与目标尾部棱角散射基本一致。将几何声散射成分 4 从目标回波信号中分离出来，然后对几何声散射成分 1~4 进行时延高分辨谱估计，合成后的结果如图 6-26 所示。

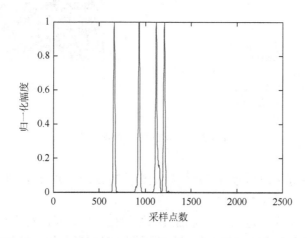

图 6-26　110°目标回波中几何声散射的时延高分辨谱估计结果

继续对 130°与 150°目标回波信号进行处理并估计目标的几何形状。130°与 150°情况下，声波信号也是从目标模型头部方向倾斜入射，应该接收到目标模型头部散射、目标尾部棱角散射与两根吊绳散射，所不同的是散射成分之间的时延间隔要大于 110°的情况。130°与 150°目标回波的匹配滤波与时频分布分别如图 6-27 与图 6-28 所示。

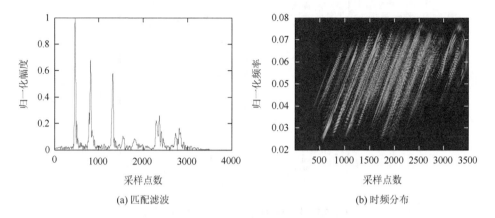

(a) 匹配滤波   (b) 时频分布

图 6-27　130°的目标回波信号

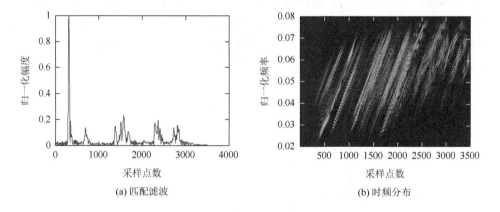

(a) 匹配滤波   (b) 时频分布

图 6-28　150°的目标回波信号

对这两个目标回波信号进行声散射成分分离处理，并对分离后的声散射成分进行时频分布，结果如图 6-29 所示。

从图 6-29 中可知，这两个目标回波的原始信号中均只能观察到三个几何声散射成分，即目标模型头部散射与两根吊绳散射，目标尾部棱角散射由于能量较弱，所以在两个目标回波的原始信号中均无法观察到这个散射成分，这一点与 110°目标回波的情况是一致的。

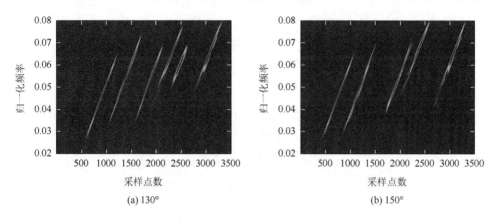

图 6-29　目标回波声散射成分分离处理后的时频分布

用目标声散射成分分离抑制的方法寻找 130° 与 150° 目标回波中的目标尾部棱角散射成分,并将其与其他三个几何声散射成分进行时延高分辨谱估计,结果如图 6-30 所示。

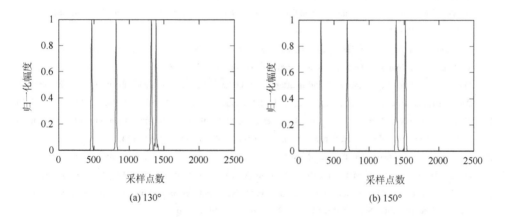

图 6-30　目标回波中几何声散射的时延高分辨谱估计结果

综合图 6-29 与图 6-30 的目标几何声散射时延估计结果,计算目标几何声散射形成位置的空间坐标,结果如图 6-31 所示。

在图 6-31 中,目标模型示意图是为了帮助对目标几何声散射形成区域空间坐标计算结果进行验证;另外,圆形标记表示常规方法可以识别出的目标几何声散射成分,方形标记表示的是通过本节方法才能识别出的目标尾部棱角散射成分。

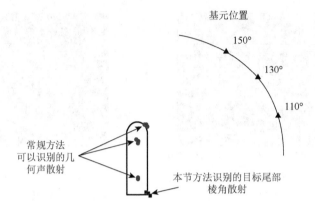

图 6-31　目标几何声散射形成位置的空间坐标

参 考 文 献

[1] 汤渭霖，陈德智. 水中有限弹性柱的回波结构[J]. 声学学报，1988，13（1）：29-37.

[2] 汤渭霖. 声呐目标回波的亮点模型[J]. 声学学报，1994，19（2）：92-100.

[3] 范军. 水下复杂目标回声特性研究[D]. 上海：上海交通大学，2001.

[4] Houston B H，Bucaro J A，Yoder T，et al.Broadband low frequency sonar for non-imaging based identification[C]. OCEANS'02 MTS/IEEE，IEEE，2002：383-387.

[5] Ferguson B G ，Wyber R J. Generalized framework for real aperture，synthetic aperture，and tomographic sonar imaging[J].IEEE Journal of Oceanic Engineering，2009，34（3）：225-238.

[6] Marston P L，Sun N H . Resonance and interference scattering near the coincidence frequency of a thin spherical shell：An approximate ray synthesis[J]. Journal of the Acoustical Society of America，1998，92（6）：3315-3319.

[7] Zhang L G，Sun N H，Marston P L . Midfrequency enhancement of the backscattering of tone bursts by thin spherical shells[J]. The Journal of the Acoustical Society of America，1992，91（4）：1862-1874.

[8] Marston P L . Backscattering near the coincidence frequency of a thin cylindrical shell：Surface wave properties from elasticity theory and an approximate ray synthesis[J]. The Journal of the Acoustical Society of America，1995，97（2）：777-783.

[9] Bao X L. Echoes and helical surface waves on a finite elastic cylinder excited by sound pulses in water[J]. The Journal of the Acoustical Society of America，1993，94（3）：1461-1466.

[10] Morse S F，Marston P L，Kaduchak G . High-frequency backscattering enhancements by thick finite cylindrical shells in water at oblique incidence：Experiments，interpretation，and calculations[J]. The Journal of the Acoustical Society of America，1998，103（2）：785-794.

[11] Bucaro J A，Simpson H，Kraus L，et al. Bistatic scattering from submerged unexploded ordnance lying on a sediment[J]. The Journal of the Acoustical Society of America，2009，126（5）：2315-2323.

[12] Anderson S D，Sabra K G，Zakharia M E，et al. Time-frequency analysis of the bistatic acoustic scattering from a spherical elastic shell[J]. The Journal of the Acoustical Society of America，2012，131（1）：164-173.

[13] Bucaro J A，Houston B H，Saniga M，et al. Broadband acoustic scattering measurements of underwater unexploded ordnance（UXO）[J]. The Journal of the Acoustical Society of America，2008，123（2）：738-746.

[14] Xia Z，Li X K，Meng X X. High resolution time-delay estimation of underwater target geometric scattering[J]. Applied Acoustics，2016，114：111-117.